清清楚楚算钢筋　明明白白用软件

钢筋软件操作与实例详解

广联达软件股份有限公司　编写

U0277939

中国建材工业出版社

第二章 钢筋的软件操作步骤和软件答案

在第一章里我们讲解了钢筋的计算原理。这一章我们通过一个实际工程（1号写字楼，以下简称"本图"），分别用软件和手工来计算一下钢筋，目的是让大家熟悉一下软件的操作步骤和调整方法，同时也想通过实际工程验证一下软件计算的准确性。

下面我们进入软件。

第一节 进入软件

单击"开始"→单击"程序"→单击"广联达建设工程造价管理整体解决方案"→单击"广联达钢筋抽样GGJ2009"→单击"新建向导"进入"新建工程：第一步 工程名称"对话框→填写工程名称为"1号写字楼"，如图2.1.1所示。

单击"下一步"进入"新建工程：第二步 工程信息"对话框，根据"建施2"结构说明和"建施8"修改"结构类型"为"框架－剪力墙结构"；"抗震等级"为"二级抗震"；"设防烈度"和软件默认一样，不用修改（图2.1.2）。

单击"下一步"进入"新建工程：第三步 编制信息"对话框，如图2.1.3所示（此对话框因为和计算钢筋没有关系，我们在这里不用填写）。

单击"下一步"进入"新建工程：第四步 比重设置"对话框，如图2.1.4所示（如果没有特殊要求，此对话框不用填写）。

单击"下一步"进入"新建工程：第五步 弯钩设置"对话框，如图2.1.5所示（如果没有特殊要求，此对话框不用填写）。

单击"下一步"进入"新建工程：第六步 完成"对话框，如图2.1.6所示（检查前面填写的信息是否正确，如果不正确，单击"上一步"返回，如果没有发现错误向下进行）。

单击"完成"进入"工程信息"界面。

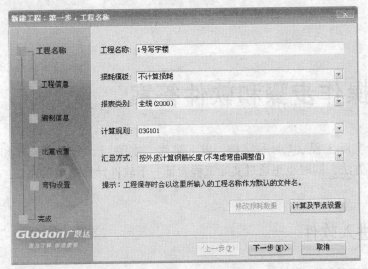

图 2.1.1

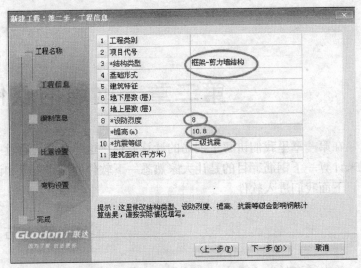

图 2.1.2

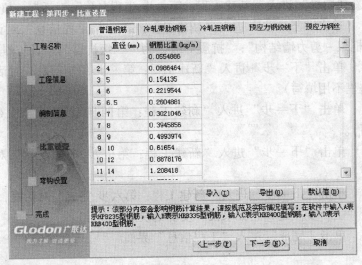

图 2.1.3

图 2.1.4

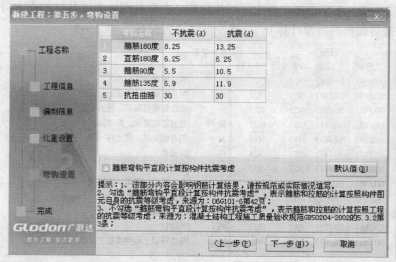 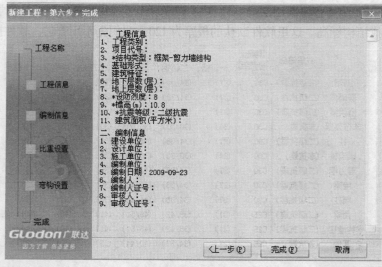

图 2.1.5　　　　　　　　　　　　　　　　　　图 2.1.6

第二节　建立楼层

建立楼层，一般根据工程的剖面图建立，计算钢筋的层高 = 上一层的结构标高 - 下一层的结构标高。基础层一般不含垫层，如果一时找不到某些层的层高数据，可以先画图，在做的过程中找到层高数据再填写也不迟。

下面我们建立"1 号写字楼"的楼层。

单击"楼层设置"→单击"插入楼层"按钮三次（1 号写字楼添加三次，其他工程根据实际情况决定添加次数）。→填写"楼层定义"如图 2.2.1 所示（基础层层高 = 0.6，首层层高 = 3.55 - （ - 1 ） = 4.55，2 层层高 = 7.15 - 3.55 = 3.6，3 层层高 = 10.75 -

	编码	楼层名称	层高（m）	首层	底标高（m）	相同层数	板厚（mm）	建筑面积（m²）
1	4	屋面层	0.6	☐	10.75	1	120	
2	3	第3层	3.6	☐	7.15	1	120	
3	2	第2层	3.6	☐	3.55	1	120	
4	1	首层	4.55	☑	-1	1	120	
5	0	基础层	0.6		-1.6	1	500	

图 2.2.1

7.15 =3.6，屋面层层高 =11.35 −10.75 =0.6。我们这份图纸是教学用图，在剖面图上标上了结构标高，大部分图纸需要从结构图上寻找结构标高。这里软件默认的板厚为120，我们先不用管它，软件按后面画的板厚计算）。→修改首层"底标高"为"−1"。

	抗震等级	混凝土强度等级	锚固					搭接					保护层厚(mm)	备注
			一级钢	二级钢	三级钢	冷扎带肋	冷扎扭	一级钢	二级钢	三级钢	冷扎带肋	冷扎扭		
基础	(二级抗震)	C30	(27)	(34/38)	(41/45)	(35)	(35)	(33)	(41/46)	(50/54)	(42)	(42)	40	包含所有的基础构件,不含基础梁
基础梁	(二级抗震)	C30	(27)	(34/38)	(41/45)	(35)	(35)	(33)	(41/46)	(50/54)	(42)	(42)	30	包含基础主梁和基础次梁
框架梁	(二级抗震)	C30	(27)	(34/38)	(41/45)	(35)	(35)	(33)	(41/46)	(50/54)	(42)	(42)	30	包含楼层框架梁、屋面框架梁、框支梁、
非框架梁	(非抗震)	C30	(24)	(30/33)	(36/39)	(30)	(35)	(29)	(36/40)	(44/47)	(36)	(42)	30	包含非框架梁、井字梁
柱	(二级抗震)	C30	(27)	(34/38)	(41/45)	(35)	(35)	(38)	(48/54)	(58/63)	(49)	(49)	30	包含框架柱、框支柱
现浇板	(非抗震)	C30	(24)	(30/33)	(36/39)	(30)	(35)	(29)	(36/40)	(44/47)	(36)	(42)	15	现浇板
剪力墙	(二级抗震)	C30	(27)	(34/38)	(41/45)	(35)	(35)	(33)	(41/46)	(50/54)	(42)	(42)	15	仅包含墙身
墙梁	(二级抗震)	C30	(27)	(34/38)	(41/45)	(35)	(35)	(33)	(41/46)	(50/54)	(42)	(42)	30	包含连梁、暗梁、边框梁
墙柱	(二级抗震)	C30	(27)	(34/38)	(41/45)	(35)	(35)	(38)	(48/54)	(58/63)	(49)	(49)	30	包含暗柱、端柱
圈梁	(二级抗震)	C25	(31)	(38/42)	(46/51)	(41)	(40)	(44)	(54/59)	(65/72)	(58)	(56)	25	包含圈梁、过梁
构造柱	(二级抗震)	C25	(31)	(38/42)	(46/51)	(41)	(40)	(44)	(54/59)	(65/72)	(58)	(56)	25	构造柱
其他	(非抗震)	C25	(27)	(34/37)	(40/44)	(35)	(40)	(33)	(41/45)	(48/53)	(42)	(48)	25	包含除以上构件类型之外的所有构件类型

复制到其他楼层　　默认值(D)

图 2.2.2

注意：这里注意可以修改"楼层名称"为"屋面层"，不能修改"楼层编码"。

　　　根据"建施2"的结构说明修改"混凝土强度等级"和"保护层厚"如图 2.2.2 所示→单击"复制到其他楼层"出现"复制到其他楼层"对话框（如图 2.2.3 所示，软件默认是所有楼层都有"√"，本图每层强度等级和保护层一样，不用改）。→单击"确定"，楼层的"混凝土强度等级"和"保护层厚"就复制好了。

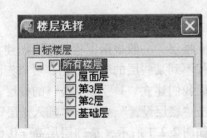

图 2.2.3

第三节　建立轴网

建立轴线需要了解以下一些名词：

1. 下开间：就是图纸下边的轴号和轴距。

2. 上开间：就是图纸上边的轴号和轴距。

3. 左进深：就是图纸左边的轴号和轴距。

4. 右进深：就是图纸右边的轴号和轴距。

下面我们开始建立轴网。

建立下开间：单击"绘图输入"进入"首层"绘图界面→单击"轴网"→单击"定义"按钮，进入轴网管理对话框→单击"新建"进入"新建正交轴网"对话框→单击"下开间"→单击"轴距"按照"建施3－首层平面图"填写，在轴距第一格填写6000→敲回车→填写6000→敲回车→填写6900→敲回车→填写3300→敲回车→填写3000→敲回车→填写6000→敲回车→填写结果如图2.3.1所示。

建立左进深：单击"左进深"→在轴距第一格填写6000→敲回车→填写3000→敲回车→填写1500→敲回车→将轴号D改为C′→填写4500→敲回车→→将轴号D′改为D。

建立上开间：单击"上开间"→在轴距第一格填写3000→敲回车→将轴号2改为1→填写3000→敲回车→轴号2′改为2→填写6000→敲回车→填写6900→敲回车→填写3300→敲回车→填写3000→敲回车→填写6000→敲回车→填写结果如图2.3.2所示。

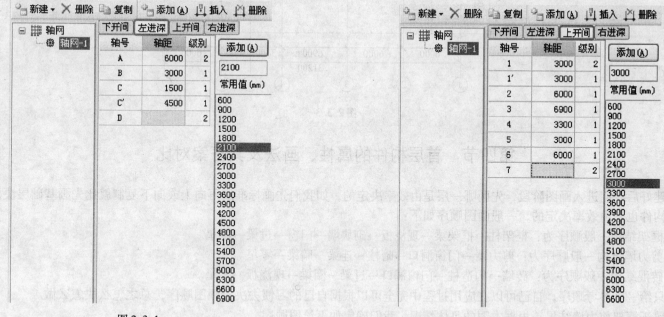

图2.3.1　　　　　　　　　　　　　　　　　　　　　图2.3.2

403

右进深和左进深相同时，不建右进深（图纸是相同的）。

左键双击"轴网-1"，出现"请输入角度"对话框（本图与 x 方向的夹角为0）→单击"确定"轴网就建好了，如图2.3.3所示。

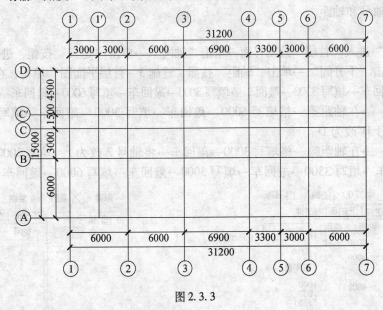

图2.3.3

第四节　首层构件的属性、画法及其答案对比

轴网建好后我们进入画图阶段，先画哪一层是由效率决定的，如我们先画标准层再向上或向下复制就比先画基础层快，某一层先画哪个构件也是由效率决定的，一般画图顺序如下：

（1）框架结构一般顺序为：框架柱→框架梁→现浇板→砌块墙→门窗→过梁→零星。

（2）剪力墙结构一般顺序为：剪力墙→门窗洞口→暗柱→连梁→暗梁→零星。

（3）砖混结构一般顺序为：砖墙→构造柱→门窗洞口→过梁→圈梁→现浇板→零星。

这里只给一个参考顺序，自己可以在应用过程中完全可以根据自己的习惯去决定画图顺序，总之怎么快怎么做。

本图属于框架剪力墙结果，根据本图的具体情况，我们确定如下绘图顺序。

首层是按框架柱→墙（含剪力墙和砌块墙）→门窗洞口→过梁→端柱、暗柱→连梁→暗梁→框架梁→板→楼梯→墙体加筋，其他层也按此顺序稍做修改。

一、首层框架柱的属性和画法

1. 建柱子属性

（1）KZ1 的属性编辑

左键单击"柱"下拉菜单→单击"柱"→单击"定义"出现新建框架柱对话框→单击"新建"下拉菜单→单击"新建矩形柱"出现属性编辑对话框，如图 2.4.1 所示，修改 KZ1 属性编辑，如图 2.4.2 所示。

（2）Z1 的属性编辑

单击"新建"下拉菜单→单击"新建矩形柱"修改 Z1 属性编辑，如图 2.4.3 所示。

属性编辑

	属性名称	属性值
1	名称	KZ-1
2	类别	框架柱
3	截面宽(B边)(mm)	400
4	截面高(H边)(mm)	400
5	全部纵筋	
6	角筋	4B22
7	B边一侧中部筋	3B20
8	H边一侧中部筋	3B20
9	箍筋	A10@100/200
10	肢数	4×4
11	柱类型	(中柱)
12	其他箍筋	

图 2.4.1

属性编辑

	属性名称	属性值
1	名称	KZ1
2	类别	框架柱
3	截面宽(B边)(mm)	700
4	截面高(H边)(mm)	600
5	全部纵筋	
6	角筋	4B25
7	B边一侧中部筋	4B25
8	H边一侧中部筋	3B25
9	箍筋	A10@100/200
10	肢数	5×4
11	柱类型	(中柱)
12	其他箍筋	

图 2.4.2

属性编辑

	属性名称	属性值
1	名称	Z1
2	类别	框架柱
3	截面宽(B边)(mm)	250
4	截面高(H边)(mm)	250
5	全部纵筋	
6	角筋	4B20
7	B边一侧中部筋	1B20
8	H边一侧中部筋	1B20
9	箍筋	A8@200
10	肢数	2×2
11	柱类型	(中柱)
12	其他箍筋	

图 2.4.3

单击"绘图"退出。

2. 画框架柱

（1）KZ1 的画法

单击"柱"下拉菜单→单击"柱"→选择 KZ1（前面的步骤如果没有切换构件可以不操作）。→根据"结施2"分别单击 KZ1 所在的位置，画好的 KZ1，如图 2.4.4 所示。

（2）Z1 的画法

选择"Z1"→改"不偏移"为"正交"→根据图纸标注填写 $x = 0$，$y = 1225$→单击（4/A）交点→填写偏移值 $x = 225$，$y = 1225$→单击（5/A）交点→单击右键结束，画好的 Z1，如图 2.4.4 所示。

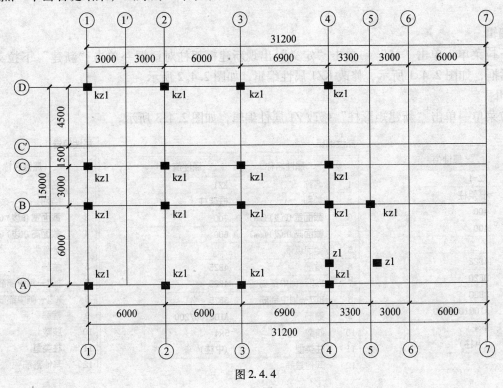

图 2.4.4

二、首层墙的属性和画法

1. 建立墙的属性

（1）建剪力墙属性

单击"墙"下拉菜单→单击"剪力墙"→单击"定义"→单击"新建"下拉菜单→单击"新建剪力墙"→根据"结施11"的"剪力墙身表"建立剪力墙的属性编辑，如图 2.4.5 所示→单击"绘图"退出。

（2）建陶粒砌块墙的属性

1）砌块墙 250 的属性定义

单击"墙"下拉菜单→单击"砌体墙"→单击"定义构件"→单击"新建"下拉菜单→单击"新建砌体墙"→根据"建施3"改属性编辑，如图 2.4.6 所示。

2）砌块墙 200 的属性定义

用同样的方法建砌块墙 200 的墙属性定义，如图 2.4.7 所示→单击"绘图"退出。

属性编辑

	属性名称	属性值
1	名称	Q1
2	厚度(mm)	300
3	轴线距左墙皮距离(mm)	(150)
4	水平分布钢筋	(2)B12@200
5	垂直分布钢筋	(2)B12@200
6	拉筋	A6@400×400

图 2.4.5

属性编辑

	属性名称	属性值
1	名称	砌块墙250
2	厚度(mm)	250
3	轴线距左墙皮距离(mm)	(125)

图 2.4.6

属性编辑

	属性名称	属性值
1	名称	砌块墙200
2	厚度(mm)	200
3	轴线距左墙皮距离(mm)	(100)
4	⊞ 其他属性	

图 2.4.7

2. 画墙

（1）画砌块墙

1）画砌块墙 250 厚的墙

根据"建施 3 - 首层平面图"，我们看出，250 的外墙全与柱子的外皮对齐，我们可以先画到轴线上，再用"对齐"的方法将其与柱子外皮对齐，操作步骤如下：

单击"墙"下拉菜单里的"砌体墙"→选择"砌块墙 250"→将"正交"变为"不偏移"→单击"直线"画法→单击（5/B）交点→单击（5/A）交点→单击（1/A）交点→单击（1/D）交点→单击（5/D）交点→单击（5/C）交点→单击右键结束。

2）画砌块墙 200 厚的墙

选择"砌块墙 200"→单击"直线"画法→单击（1/C）交点→单击（5/C）交点→单击右键结束→单击（1/B）交点→单击（3/B）交点→单击右键结束→单击（1/C'）交点→单击（2/C'）交点→单击右键结束→单击（1'/C'）交点→单击（1'/D）交点→单击右键结束→单击（2/A）交点→单击（2/B）交点→单击右键结束→单击（2/C）交点→单击（2/D）交点→单击（3/A）交点→单击（3/B）交点→单击右键结束→单击（3/C）交点→单击（3/D）交点→单击右键结束→单击（4/A）交点→单击（4/B）交点→单击右键结束→单击（4/C）交点→单击（4/D）交点→单击右键结束。

（2）画剪力墙

1）画外墙剪力墙

根据"建施3"我们看出，A、D轴线的剪力墙全与柱外皮对齐，其余的剪力墙全在轴线上，我们先将墙画到轴线上，在用"对齐"的方法将"剪力墙"偏移到与柱子外皮对齐。

单击"墙"下拉菜单里的"剪力墙"→选择Q1→单击"直线"按钮→单击（5/D）交点→单击（7/D）交点→单击（7/A）交点→单击（5/A）交点→单击右键结束。

2）画内墙剪力墙

单击（6/D）交点→单击（6/A）交点→单击右键结束→单击（5/C）交点→单击（7/C）交点→单击右键结束。

已经画好的剪力墙如图2.4.8所示。

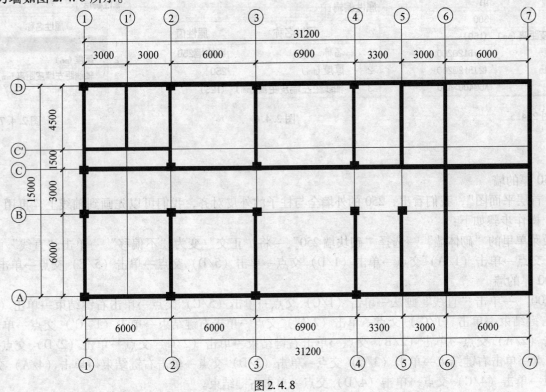

图2.4.8

408

（3）设置外墙靠柱边

这样砌块墙和剪力墙虽然画好了，但是墙的位置不对，需要设置墙外皮和柱子外皮对齐，操作步骤如下：

单击墙下拉菜单里的"砌体墙"（或"剪力墙"）→单击"选择"按钮→从左向右拉框选择 D 轴线上的所有的墙→单击右键出现右键下拉菜单→单击"单图元对齐"→单击 D 轴线上柱子的上侧边线→再单击墙外边线这样→D 轴线上的墙就偏移好了。

用同样的方法偏移 A 轴线、1 轴线、5 轴线上的墙。偏移好的墙如图 2.4.9 所示。

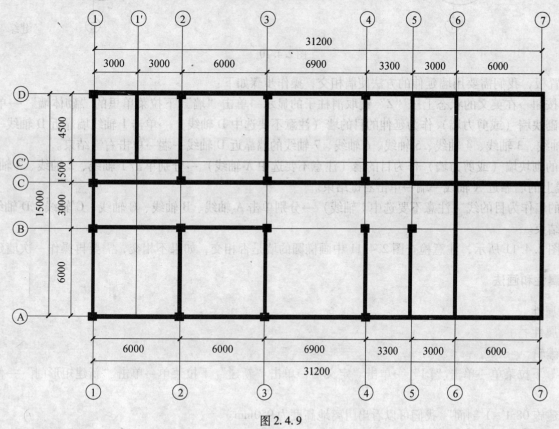

图 2.4.9

（4）墙延伸

墙虽然按照图纸的要求和外墙对齐了，但是又出现了另一个问题，墙和墙之间就不相交了，如图 2.4.10 所示（在英文状态下按 "Z" 键取消柱子显示此图），

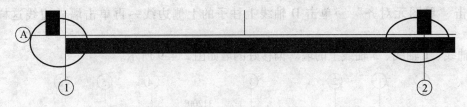

图 2.4.10

这会影响到布置板，我们需要用墙延伸的方法使墙相交，操作步骤如下：

单击 "选择" 按钮→在英文的状态上按 "Z" 键取消柱子的显示→单击 "墙" 下拉菜单里的 "砌体墙" →单击 "延伸" 按钮 →单击 D 轴线旁的砌块墙（或剪力墙）作为延伸的目的墙（注意不要选中 D 轴线）→单击 1 轴线墙靠近 D 轴线一端→用同样的方法单击 1′轴线、2 轴线、3 轴线、4 轴线、5 轴线、6 轴线、7 轴线的墙靠近 D 轴线一端→单击右键结束。

单击 A 轴线旁的砌块墙（或剪力墙）作为目的墙（注意不要选中 A 轴线）→分别单击 1 轴线、2 轴线、3 轴线、4 轴线、5 轴线、6 轴线、7 轴线上的墙靠近 A 轴线　端→单击右键结束。

单击 1 轴线旁的墙作为目的线（注意不要选中 1 轴线）→分别单击 A 轴线、B 轴线、C 轴线、C′轴线、D 轴线上的墙靠近 1 轴线一段→单击右键结束。

延伸好的墙如图 2.4.11 所示，注意检查图 2.4.11 中画椭圆的墙是否相交，如果不相交，需要再操作一次墙延伸。

三、首层窗的属性和画法

1. 建立门窗的属性

（1）建立门的属性

1）M1 的属性编辑

单击 "门窗洞" 下拉菜单→单击 "门" →单击 "定义" →单击 "新建" 下拉菜单→单击 "新建矩形门" →修改属性编辑如图 2.4.12 所示。

提示：根据 "建施08 1 – 1 剖面" 我们可以看出门离地高度为 950mm。

计算公式如下：（ – 0.05）–（ – 1）= 0.95m

2）M2 的属性编辑

单击"新建"下拉菜单→单击"新建矩形门"→修改属性编辑如图 2.4.13 所示。

3）M3 的属性编辑

单击"新建"下拉菜单→单击"新建矩形门"→修改属性编辑如图 2.4.14 所示。

4）M4 的属性编辑

单击"新建"下拉菜单→单击"新建矩形门"→修改属性编辑如图 2.4.15 所示→单击"绘图"退出。

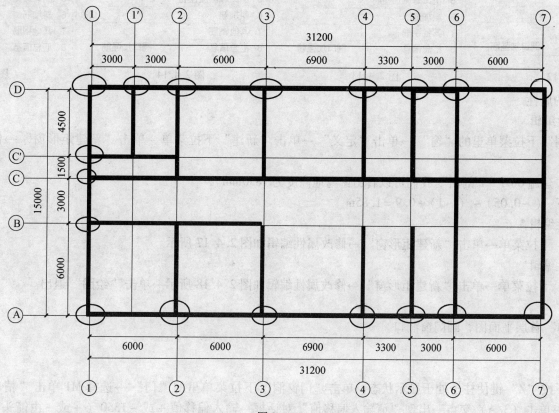

图 2.4.11

属性编辑	
属性名称	属性值
1 名称	M1
2 洞口宽度(mm)	4200
3 洞口高度(mm)	2900
4 离地高度(mm)	950
5 洞口每侧加强筋	
6 斜加筋	
7 其他钢筋	
8 汇总信息	洞口加强筋

图 2.4.12

属性编辑	
属性名称	属性值
1 名称	M2
2 洞口宽度(mm)	900
3 洞口高度(mm)	2400
4 离地高度(mm)	950
5 洞口每侧加强筋	
6 斜加筋	
7 其他钢筋	
8 汇总信息	洞口加强筋

图 2.4.13

属性编辑	
属性名称	属性值
1 名称	M3
2 洞口宽度(mm)	750
3 洞口高度(mm)	2100
4 离地高度(mm)	950
5 洞口每侧加强筋	
6 斜加筋	
7 其他钢筋	
8 汇总信息	洞口加强筋

图 2.4.14

属性编辑	
属性名称	属性值
1 名称	M4
2 洞口宽度(mm)	2100
3 洞口高度(mm)	2700
4 离地高度(mm)	950
5 洞口每侧加强筋	
6 斜加筋	
7 其他钢筋	
8 汇总信息	洞口加强筋

图 2.4.15

（2）建立窗的属性

1）C1 的属性编辑

单击"门窗洞"下拉菜单里的"窗"→单击"定义"→单击"新建"下拉菜单→单击"新建矩形窗"→修改属性编辑如图 2.4.16 所示。

提示：根据"建施08 1－1 剖面"我们可以看出窗离地高度为 1850mm。

计算公式如下：（－0.05）－（－1）＋0.9＝1.85m

2）C2 的属性编辑

单击"新建"下拉菜单→单击"新建矩形窗"→修改属性编辑如图 2.4.17 所示。

3）C3 的属性编辑

单击"新建"下拉菜单→单击"新建矩形窗"→修改属性编辑如图 2.4.18 所示→单击"绘图"退出。

2. 画门窗

依据"建施3"首层平面图，画门窗洞口。

（1）画门

1）画 M1

在英文状态下按"Z"键使柱子处于显示状态→单击"门窗洞"下拉菜单里的"门"→选择 M1 单击"精确布置"按钮→单击 A 轴线砌块墙→单击（3/A）交点→出现"请输入偏移值"对话框→输入偏移值 ＋或－1350（＋或－由箭头决定，如果门的位置和箭头的方向相同，就填写正值；如果门的位置和箭头的方向相反，就填写负值）→单击"确定"M1 就画好了。

412

	属性编辑	
	属性名称	属性值
1	名称	C1
2	洞口宽度(mm)	1500
3	洞口高度(mm)	2000
4	**离地高度(mm)**	1850
5	洞口每侧加强筋	
6	斜加筋	
7	其他钢筋	
8	汇总信息	洞口加强筋

图 2.4.16

	属性编辑	
	属性名称	属性值
1	名称	C2
2	洞口宽度(mm)	3000
3	洞口高度(mm)	2000
4	**离地高度(mm)**	1850
5	洞口每侧加强筋	
6	斜加筋	
7	其他钢筋	
8	汇总信息	洞口加强筋

图 2.4.17

	属性编辑	
	属性名称	属性值
1	名称	C3
2	洞口宽度(mm)	3300
3	洞口高度(mm)	2000
4	**离地高度(mm)**	1850
5	洞口每侧加强筋	
6	斜加筋	
7	其他钢筋	
8	汇总信息	洞口加强筋

图 2.4.18

2）画 M2

画（2/B）交点左 M2：选择 M2→单击"精确布置"按钮→单击 B 轴线砌块墙→单击（2/B）交点出现"请输入偏移值"对话框→输入偏移值 + 或 −350→单击"确定"，（2/B）交点左 M2 就画好了。

复制 M2 到其他位置：单击"选择"按钮→单击已经画好的 M2→单击右键→单击"复制"→单击（2/B）交点→单击（3/B）交点→单击（2/C）交点→单击（3/C）交点→单击（4/C）交点→单击右键结束。

画（4/C）交点右 M2：单击"精确布置"按钮→单击 C 轴线砌块墙→单击（4/C）交点出现"请输入偏移值"对话框→输入偏移值 + 或 −350→单击"确定"，这样（4/C）交点右的 M2 就画好了。

画（6/C）交点左和上 M2：单击"精确布置"按钮→单击 C 轴剪力墙→单击（6/C）交点出现"请输入偏移值"对话框→输入偏移值 + 或 −450→单击"确定"，这样 C 轴线剪里墙上的 M2 就画好了。

画 6 轴线上的 M2：单击 6 轴线墙→单击（6/C）交点出现"请输入偏移值"对话框→输入偏移值 + 或 −450→单击"确定"，这样 6 轴线上的 M2 就画好了。

3）画 M3

选择 M3→单击"精确布置"按钮→单击 C′轴线上的砌块墙→单击（1′/C′）交点出现"请输入偏移值"对话框→输入偏移值 + 或 −220→单击"确定"，这样一个 M3 就画好了，用同样的方法画另一个 M3。

4）画 M4

选择 M4→单击"精确布置"按钮→单击 6 轴线剪力墙→单击（6/C）交点出现"请输入偏移值"对话框→输入偏移值 + 或 −450→单击"确定"，这样一个 M4 就画好了。

（2）画窗

1）画C1

画1轴线C1：单击"门窗洞"下拉菜单里的"窗"→选择C1→单击"精确布置"按钮→单击1轴线砌块墙→单击（1/B）交点出现"请输入偏移值"对话框→输入偏移值＋或－750→单击"确定"。

画D/1－1′的C1：单击D轴线砌块墙→单击（1/D）交点出现"请输入偏移值"对话框→输入偏移值＋或－750→单击"确定"。

画D/1′－2的C1：单击D轴线砌块墙→单击（2/D）交点出现"请输入偏移值"对话框→输入偏移值＋或－750→单击"确定"。

画D/4－5的C1：单击D轴线砌块墙→单击（4/D）交点出现"请输入偏移值"对话框→输入偏移值＋或－900→单击"确定"。

画D/5－6的C1：单击D轴线剪力墙→单击（5/D）交点出现"请输入偏移值"对话框→输入偏移值＋或－750→单击"确定"。

画A/4－5的C1：单击A轴线砌块墙→单击（4/A）交点出现"请输入偏移值"对话框→输入偏移值＋或－900→单击"确定"。

画A/5－6的C1：单击A轴线剪力墙→单击（5/A）交点出现"请输入偏移值"对话框→输入偏移值＋或－750→单击"确定"。

2）画C2

画A/1－2的C2：单击"门窗洞"下拉菜单里的"窗"→选择C2→单击"精确布置"按钮→单击A轴线砌块墙→单击（1/A）交点出现"请输入偏移值"对话框→输入偏移值＋或－1500→单击"确定"。

画A/2－3的C2：→单击A轴线砌块墙→单击（2/A）交点出现"请输入偏移值"对话框→输入偏移值＋或－1500→单击"确定"。

画A/6－7的C2：→单击A轴线剪力墙→单击（6/A）交点出现"请输入偏移值"对话框→输入偏移值＋或－1500→单击"确定"。

画D/2－3的C2：→单击D轴线砌块墙→单击（2/D）交点出现"请输入偏移值"对话框→输入偏移值＋或－1500→单击"确定"。

画D/6－7的C2：→单击D轴线剪力墙→单击（6/D）交点出现"请输入偏移值"对话框→输入偏移值＋或－1500→单击"确定"。

3）画 C3

画 D/3 – 4 的 C3：单击"门窗洞"下拉菜单里的"窗"→选择 C3→单击"精确布置"按钮→单击 D 轴线墙→单击（3/D）交点出现"请输入偏移值"对话框→输入偏移值 + 或 – 1800→单击"确定"。

四、首层过梁的属性、画法及其答案对比

查看本图只有 M2 和 M3 上有过梁，我们就分别建立 M2 和 M3 上的过梁。

1. GL – M2 的属性、画法及其答案对比

（1）建立 GL – M2 属性

单击"门窗洞"下拉菜单里的"过梁"→单击"定义"→单击"新建"下拉菜单→单击"新建矩形过梁"→单击"其他属性"前面的" + "号将其展开→单击"锚固搭接"前面的" + "号将其展开→根据"建施 2"修改过梁的属性编辑如图 2.4.19。

→单击"绘图"退出。

注意：过梁属于非抗震构件，而过梁强效等级软件里需要在圈梁里调整，圈梁又属于抗震构件，所以，需要在属性定义里直接调整过梁的锚固长度值为 27（查图集 C25 非抗震过梁的锚固长度为 27d）。

（2）画 GL – M2

我们用布置的方法画 M2 上的过梁：单击"门窗洞"下拉菜单里的"过梁"→选择 GL – M2→单击"智能布置"下拉菜单→单击"门、窗、门联窗、墙洞、带形窗、带形洞"→单击"构件"下拉菜单→单击"批量选择"→出现"批量选择构件图元对话框"→单击"M2"前方框→单击"确定"→单击右键结束（这样多布置了剪力墙上的两根过梁，需要删除）→分别单击 C 轴线和 6 轴线剪力墙上的过梁→单击右键→单击"删除"→单击"是"→单击右键结束。

（3）GL – M2 钢筋答案软件手工对比

1）GL – M2 钢筋的手工答案

GL – M2 钢筋的手工答案见表 2.4.1。

属性编辑

	属性名称	属性值	附加
1	名称	GL-M2	
2	截面宽度(mm)		☐
3	截面高度(mm)	120	☐
4	全部纵筋	3A12	☐
5	上部纵筋		☐
6	下部纵筋		☐
7	箍筋		☐
8	肢数	1	☐
9	备注		☐
10	⊟ 其他属性		
11	─ 其他箍筋		
12	─ 侧面纵筋		☐
13	─ 拉筋	A6@200	☐
14	─ 汇总信息	过梁	
15	─ 保护层厚度(	(25)	☐
16	─ 起点伸入墙	250	☐
17	─ 终点伸入墙	250	
18	─ 位置	洞口上方	
19	─ 计算设置	按默认计算设置	
20	─ 搭接设置	按默认搭接设置	
21	⊟ 锚固搭接		
22	─ 混凝土强度	(C25)	☐
23	─ 抗震等级	(二级抗震)	☐
24	─ 一级钢筋锚	27	
25	─ 二级钢筋锚	(38/42)	
26	─ 三级钢筋锚	(46/51)	
27	─ 一级钢筋搭	(44)	
28	─ 二级钢筋搭	(54/59)	

图 2.4.19

表 2.4.1　GL－M2 钢筋手工答案

构件名称:GL－M2,首层根数:6 根

序号	筋号	直径	级别	手工答案		长度	根数	软件答案	
				公式				长度	根数
1	过梁纵筋	12	一级钢	长度计算公式	$900 + 250 - 25 + 10 \times 12 + 12.5 \times 12$	1395	3	1395	3
				长度公式描述	净长＋支座宽－保护层＋锚固长度＋两倍弯钩				
2	过梁箍筋	6	一级钢	长度计算公式	$(200 - 2 \times 25) + 2 \times (75 + 1.9 \times d) + (2 \times d)$	335		335	
				长度公式描述	(墙宽－2×保护层)＋2×[max(75,10×直径)＋1.9×直径]＋(2×直径)				
				根数计算公式	$[(900 + 250 - 25 - 50)/200] + 1$		7		7
				根数公式描述	[(净跨＋支座宽－保护层－起步距离)/箍筋间距]＋1				

2) GL－M2 钢筋的软件答案

单击"汇总计算"按钮→单击"计算"→等汇总完毕单击"确定"→单击"编辑钢筋"按钮→单击某个 GL－M2，软件计算结果见表2.4.2。

表 2.4.2　GL－M2 钢筋软件计算结果

构件名称:GL－M2,软件计算单根重量:4.236kg,首层根数:6 根

序号	筋号	直径	级别	软件答案		长度	根数	手工答案	
				公式				长度	根数
1	过梁全部纵筋.1	12	一级钢	长度计算公式	$900 + 250 - 25 + 10 \times d + 12.5 \times d$	1395	3	1395	3
				长度公式描述	净长＋支座宽－保护层＋锚固＋两倍弯钩				
2	过梁其他箍筋.1	6	一级钢	长度计算公式	$(200 - 2 \times 25) + 2 \times (75 + 1.9 \times d) + (2 \times d)$	335		335	
				根数计算公式	$Ceil(1085/200) + 1$		7		7

由表 2.4.2 可以看出，软件的计算结果和手工一致。

2. GL－M3 的属性、画法及其答案对比

(1) 建立 GL－M3 属性

单击"门窗洞"下拉菜单里的"过梁"→单击"定义构件"→单击"新建"下拉菜单→单击"新建矩形过梁"→根据"建施2"改过梁的属性如图 2.4.20 所示。

→单击"绘图"退出。

（2）画 GL – M3

我们用"点"式画法画 M3 上的过梁：单击"门窗洞"下拉菜单里的"过梁"→选择 GL – M3→单击"点"→单击 C′轴线上 1′ – 2 处的 M3→单击右键结束→单击"定义"按钮，修改 GL – M3 的属性如图 2.4.21→单击"绘图"退出→单击"点"→单击 C′轴线上 1 – 1′处的 M3→单击右键结束。

	属性名称	属性值
1	名称	GL-M3
2	截面宽度（mm）	
3	截面高度（mm）	120
4	全部纵筋	3A12
5	上部纵筋	
6	下部纵筋	
7	箍筋	
8	肢数	1
9	备注	
10	⊟ 其他属性	
11	— 其他箍筋	
12	— 侧面纵筋	
13	— 拉筋	A6@200
14	— 汇总信息	过梁
15	— 保护层厚度（	(25)
16	— 起点伸入墙	220
17	— 终点伸入墙	250
18	— 位置	洞口上方
19	— 计算设置	按默认计算设置
20	— 搭接设置	按默认搭接设置
21	⊟ 锚固搭接	
22	— 混凝土强度	(C25)
23	— 抗震等级	(二级抗震)
24	— 一级钢筋锚	27
25	— 二级钢筋锚	(38/42)
26	— 三级钢筋锚	(46/51)

图 2.4.20

	属性名称	属性值
1	名称	GL-M3
2	截面宽度（mm）	
3	截面高度（mm）	120
4	全部纵筋	3A12
5	上部纵筋	
6	下部纵筋	
7	箍筋	
8	肢数	1
9	备注	
10	⊟ 其他属性	
11	— 其他箍筋	
12	— 侧面纵筋	
13	— 拉筋	A6@200
14	— 汇总信息	过梁
15	— 保护层厚度（mm）	(25)
16	— 起点伸入墙内长	250
17	— 终点伸入墙内长	220
18	— 位置	洞口上方
19	— 计算设置	按默认计算设置计
20	— 搭接设置	按默认搭接设置计
21	⊟ 锚固搭接	
22	— 混凝土强度等级	(C25)
23	— 抗震等级	(二级抗震)
24	— 一级钢筋锚固	27
25	— 二级钢筋锚固	(38/42)
26	— 三级钢筋锚固	(46/51)

图 2.4.21

417

（3）GL－M3 钢筋答案软件手工对比

单击"汇总计算"→单击"计算"→等汇总完毕单击"确定"→单击"编辑钢筋"按钮使其显示（查看计算结果前都要汇总一次，以后此段文字省略）。GL－M3 钢筋的软件答案见表2.4.3。

表2.4.3　GL－M3 钢筋软件答案

构件名称:GL－M3,软件计算单根重量:4.036kg,首层根数:2 根

序号	筋号	直径	级别	单根软件答案			长度	根数	手工答案	
					公式				长度	根数
1	过梁全部纵筋.1	12	一级钢	长度计算公式	$1220-25-25+12.5 \times d$		1320	3	1320	3
				长度公式描述	净长＋支座宽－保护层＋支座宽－保护层＋两倍弯钩					
2	过梁其他箍筋.1	6	一级钢	长度计算公式	$(200-2 \times 25)+2 \times(75+1.9 \times d)+(2 \times d)$		335		335	
				根数计算公式	$Ceil(1085/200)+1$			7		7

五、首层端柱、暗柱的属性和画法

1. 首层、端柱、暗柱的属性

（1）DZ1 的属性编辑

单击"墙"下拉菜单→单击"端柱"→单击"定义"出现新建端柱对话框→单击"新建"下拉菜单→单击"新建参数化端柱"出现选择"参数化图形"对话框→选择"参数化截面类型"为"端柱"→选择图形号"DZ－a1"如图2.4.22 所示。

→根据图纸"剪力墙柱表"填写参数（将图纸转个90 度填写更方便）如图2.4.23 所示。

→单击"确定"出现端柱"属性编辑"对话框→根据图纸"剪力墙柱表"改"属性编辑"如图2.4.24 所示。

图2.4.24 只计算了箍筋1 和箍筋2，而箍筋3 和箍筋4 需要在"其他箍筋"里填写，操作步骤如下：

→单击"其他箍筋"后面"三点"按钮→出现"其他箍筋类型设置"对话框→单击"新建"两次→根据"剪力墙柱表"DZ1 填写箍筋信息如图2.4.25 所示。

单击"确定"DZ1 的钢筋"属性编辑"就建好了如图2.4.26 所示。

DZ1 截面及配筋图如图2.4.27 所示。

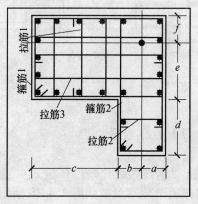

图 2.4.22

参数

	属性名称	属性值
1	a(mm)	150
2	b(mm)	150
3	c(mm)	300
4	d(mm)	400
5	e(mm)	350
6	f(mm)	350

图 2.4.23

属性编辑

	属性名称	属性值
1	名称	DZ1
2	类别	端柱
3	编辑多边形	DZ-a1形
4	截面宽(B边)(mm)	600
5	截面高(H边)(mm)	1100
6	全部纵筋	24B22
7	箍筋1	A10@100/200
8	箍筋2	A10@100/200
9	箍筋3	
10	箍筋4	
11	拉筋1	
12	拉筋2	
13	拉筋3	A10@100/200

图 2.4.24

其他箍筋类型设置

	箍筋图号	箍筋信息	图形	
1	R5	A10@100/200	281	540
2	195	A10@100/200	540	146

图 2.4.25

属性编辑

	属性名称	属性值
1	名称	DZ1
2	类别	端柱
3	截面形状	DZ-a1形
4	截面宽(B边)(m	600
5	截面高(H边)(m	1100
6	全部纵筋	24B22
7	箍筋1	A10@100/200
8	箍筋2	A10@100/200
9	拉筋1	
10	拉筋2	
11	拉筋3	A10@100/200
12	其他箍筋	195,195
13	备注	
14	⊞ 其他属性	
26	⊞ 锚固搭接	

图 2.4.26

419

解释：2.4.25 图中的 281 和 146 是怎么来的？

281 和 146 分别属于 DZ1 的箍筋 3 和箍筋 4 的一个边，根据非外围箍筋 2（2×2）外皮预算长度计算公式：箍筋长度 = $\underline{((b-2C-D)/(n-1) \times x+D) \times 2+}$ $(h-2C) \times 2+\max(10d, 75) \times 2+1.9d \times 2+(8 \times d)$，281 和 146 都来自公式的画线部分，计算如下：

箍筋 3 的 h 边长度 = $[(600-2 \times 30-22)/(5-1)] \times 2+22=281$mm，箍筋 4 的 b 边长度 = $[(700-2 \times 30-22)/(6-1)]+22=145.6$（取整）$=146$mm。

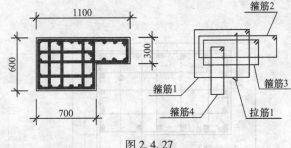

图 2.4.27

2. DZ2 的属性编辑

单击"新建"下拉菜单→单击"新建矩形端柱"→根据"剪力墙柱表"修改属性编辑如图 2.4.28 所示。

（3）AZ1 的属性编辑

单击"墙"下拉菜单里的"暗柱"→单击"定义构件"→单击"新建"下拉菜单→单击"新建参数化暗柱"进入"选择参数化图形"对话框→"参数化截面类型"选择"T形"→选择"T-a"图形→根据"剪力墙柱表"填写参数如图 2.4.29 所示。

→单击"确定"进入暗柱属性编辑对话框→根据"剪力墙柱表"改"属性编辑"如图 2.4.30 所示。

属性编辑

	属性名称	属性值
1	名称	DZ2
2	类别	端柱
3	截面宽(B边)(m)	700
4	截面高(H边)(m)	600
5	全部纵筋	
6	角筋	4B25
7	B边一侧中部筋	4B25
8	H边一侧中部筋	3B25
9	箍筋	A10@100/200
10	肢数	5×4
11	柱类型	(中柱)
12	其他箍筋	
13	备注	
14 ⊞	芯柱	
19 ⊞	其他属性	
32 ⊞	锚固搭接	

图 2.4.28

参数

	属性名称	属性值
1	a(mm)	600
2	b(mm)	300
3	c(mm)	300
4	d(mm)	300
5	e(mm)	300

图 2.4.29

属性编辑

	属性名称	属性值
1	名称	AZ1
2	类别	暗柱
3	截面形状	T-a形
4	截面宽(B边)(m)	1200
5	截面高(H边)(m)	600
6	全部纵筋	24B18
7	箍筋1	A10@100
8	箍筋2	A10@100
9	拉筋1	A10@100
10	拉筋2	
11	其他箍筋	
12	备注	
13 ⊞	其他属性	
25 ⊞	锚固搭接	

图 2.4.30

（4）AZ2 的属性编辑

单击"新建"下拉菜单→单击"新建参数化暗柱"进入"选择参数化图形"对话框→"参数化截面类型"选择"L形"→选择"L－c"图形→根据"剪力墙柱表"填写参数如图2.4.31所示。

→单击"确定"进入暗柱属性编辑对话框→根据"剪力墙柱表"改"属性编辑"如图2.4.32所示。

（5）AZ3 的属性编辑

单击"新建"下拉菜单→单击"新建参数化暗柱"进入"选择参数化图形"对话框→"参数化截面类型"选择"一字形"→选择"一字形"图形→根据"剪力墙柱表"填写参数如图2.4.33所示。

属性编辑

	属性名称	属性值
1	名称	AZ2
2	类别	暗柱
3	截面形状	L-c形
4	截面宽(B边)(m)	600
5	截面高(H边)(m)	600
6	全部纵筋	15B18
7	箍筋1	A10@100
8	箍筋2	A10@100
9	拉筋1	
10	拉筋2	
11	其他箍筋	
12	备注	
13 ⊞	其他属性	
25 ⊞	锚固搭接	

参数

	属性名称	属性值
1	a(mm)	300
2	b(mm)	300
3	c(mm)	300
4	d(mm)	300

参数

	属性名称	属性值
1	b1(mm)	250
2	b2(mm)	250
3	h1(mm)	150
4	h2(mm)	150

图2.4.31   图2.4.32   图2.4.33

→单击"确定"进入暗柱属性编辑对话框→根据"剪力墙柱表"改"属性编辑"如图2.4.34所示。

（6）AZ4 的属性编辑

单击"新建"下拉菜单→单击"新建参数化暗柱"进入"选择参数化图形"对话框→"参数化截面类型"选择"一字形"→选择"一字形"图形→根据"剪力墙柱表"填写参数如图2.4.35所示。

→单击"确定"进入暗柱属性编辑对话框→根据"剪力墙柱表"改"属性编辑"如图2.4.36所示。

属性编辑

	属性名称	属性值
1	名称	AZ3
2	类别	暗柱
3	**截面形状**	一字形
4	截面宽 (B边) (mm)	500
5	截面高 (H边) (mm)	300
6	全部纵筋	10B18
7	箍筋1	A10@100
8	拉筋1	
9	其他箍筋	
10	**备注**	
11	⊞ 其他属性	
23	⊞ 锚固搭接	

参数

	属性名称	属性值
1	b1 (mm)	450
2	b2 (mm)	450
3	h1 (mm)	150
4	h2 (mm)	150

属性编辑

	属性名称	属性值
1	名称	AZ4
2	类别	暗柱
3	**截面形状**	一字形
4	截面宽 (B边) (mm)	900
5	截面高 (H边) (mm)	300
6	全部纵筋	12B18
7	箍筋1	A10@100
8	拉筋1	A10@100
9	其他箍筋	
10	**备注**	
11	⊞ 其他属性	
23	⊞ 锚固搭接	

图 2.4.34	图 2.4.35	图 2.4.36

（7） AZ5 的属性编辑

单击"新建"下拉菜单→单击"新建参数化暗柱"进入"选择参数化图形"对话框→"参数化截面类型"选择"十字形"→选择"十字形"图形→根据"剪力墙柱表"填写参数如图 2.4.37 所示。

→单击"确定"进入暗柱属性编辑对话框→根据"剪力墙柱表"改"属性编辑"如图 2.4.38 所示。

（8） AZ6 的属性编辑

单击"新建"下拉菜单→单击"新建参数化暗柱"进入"选择参数化图形"对话框→"参数化截面类型"选择"T 形"→选择"T－b"图形→根据"剪力墙柱表"填写参数如图 2.4.39 所示。

→单击"确定"进入暗柱属性编辑对话框→根据"剪力墙柱表"改"属性编辑"如图 2.4.40 所示。

2. 画首层端柱和暗柱

画首层端柱和暗柱依据"结施 2"柱子定位图。

（1） DZ1 的画法

单击"墙"下拉菜单里的"端柱"→选择"DZ1"→单击"旋转点"按钮→单击（5/C）交点→单击（5/D）交点→单击右键结束，DZ1 就画好了。但是位置不对，我们需要将其移动到（5/D）交点。操作步骤如下：

选中画好的 DZ1→单击右键出现右键菜单→选择"移动"按钮→选择（5/C）交点→单击（5/D）交点→单击右键结束，这样

DZ1 虽然画好了，但位置还不对，需要和外墙皮对齐，我们后面再讲解对齐的方法。

图 2.4.37（参数）

	属性名称	属性值
1	a(mm)	300
2	b(mm)	300
3	c(mm)	300
4	d(mm)	300
5	e(mm)	300
6	f(mm)	300

图 2.4.38（属性编辑）

	属性名称	属性值
1	名称	AZ5
2	类别	暗柱
3	截面形状	十字形
4	截面宽（B边）(mm)	900
5	截面高（H边）(mm)	900
6	全部纵筋	24B18
7	箍筋1	A10@100
8	箍筋2	A10@100
9	拉筋1	
10	拉筋2	
11	其他箍筋	
12	备注	
13	⊞ 其他属性	
25	⊞ 锚固搭接	

图 2.4.39（参数）

	属性名称	属性值
1	a(mm)	300
2	b(mm)	300
3	c(mm)	300
4	d(mm)	300
5	e(mm)	300

图 2.4.40（属性编辑）

	属性名称	属性值
1	名称	AZ6
2	类别	暗柱
3	截面形状	T-b形
4	截面宽（B边）(mm)	600
5	截面高（H边）(mm)	900
6	全部纵筋	19B18
7	箍筋1	A10@100
8	箍筋2	A10@100
9	拉筋1	
10	拉筋2	
11	其他箍筋	
12	备注	
13	⊞ 其他属性	
25	⊞ 锚固搭接	

（2）DZ2 的画法

单击"墙"下拉菜单里的"端柱"→选择"DZ2"→单击（5/C）交点→单击右键结束。

（3）AZ1 的画法

单击"墙"菜单里的"暗柱"→选择"AZ1"→单击"点"按钮→单击（6/D）交点→单击右键结束。

（4）AZ2 的画法

单击"墙"菜单里的"暗柱"→选择"AZ2"→单击"点"按钮→单击（7/D）交点→单击右键结束。

（5）AZ3 的画法（D 轴线）

单击"墙"下拉菜单里的"暗柱"→选择"AZ3"→单击"按墙位置绘制柱"下拉菜单→单击"自适应布置柱"→单击 D/6－7轴 C2 两边和 C/5－6 轴线 M2 左侧以及 6 轴线 M2 上侧→单击右键结束，这样 AZ3 就画好了。

（6）AZ4 的画法

选择"AZ4"→单击"按墙位置绘制柱"下拉菜单→单击"自适应布置柱"→单击 M4 下侧→单击右键结束，这样 AZ4 就画好了。

（7） AZ5 的画法

选择"AZ5"→单击"点"按钮→单击（6/C）交点→单击右键结束。

（8） AZ6 的画法

选择"AZ6"→单击"点"按钮→单击（7/C）交点→单击右键结束，这样 AZ6 就画好了。

（9）柱子靠墙边

这时我们虽然将柱子都画好了，但是 D 轴线上的 DZ1、AZ1、AZ2 的位置都不对，我们用"对齐"的方法将柱和墙外皮对齐，操作步骤如下：

单击"墙"下拉菜单里的"暗柱"→单击"选择"按钮→分别选中 D 轴线要偏移的柱→单击右键出现右键菜单→单击"批量对齐"→单击 D 轴线剪力墙外侧边线→单击右键结束。

（10）柱子镜像

从图纸中可以看出，D 轴线上的 DZ1、AZ1、AZ2、AZ3 在 A 轴线上也有，而且是镜像关系，下面我们用镜像的方法将其镜像到 A 轴线上，操作步骤如下：

镜像需要对称轴，我们先来做一条对称轴，对称轴距离 B 轴线 1500。

单击"轴线"下拉菜单→单击"辅助轴线"→单击"平行"按钮→单击 B 轴线（注意不要选择交点）→输入"偏移距离"1500→单击"确定"。

单击"墙"下拉菜单里的"暗柱"或"端柱"→单击"选择"按钮→按住左键从左到右拉框选择 D 轴线要镜像的柱→单击"镜像"按钮→单击对称轴上的任意两个轴线交点，会出现"确认"对画框，问"是否删除原来的图元"→单击"否"→单击右键结束，这样就把 D 轴线的柱镜像到 A 轴线。

六、首层连梁的属性、画法及其答案对比

1. LL1 – 300 × 1600 的属性、画法及其答案对比

（1）建立 LL1 – 300 × 1600 属性

单击"门窗洞"下拉菜单→单击"连梁"→单击"定义"→单击"新建"下拉菜单→单击"新建矩形连梁"→根据"结施 11"连梁表修改 LL1 – 300 × 1600 属性编辑如图 2.4.41 所示。

	属性名称	属性值
1	名称	LL1-300×1600
2	截面宽度 (mm)	300
3	截面高度 (mm)	1600
4	轴线距梁左边	(150)
5	全部纵筋	
6	上部纵筋	4B22
7	下部纵筋	4B22
8	箍筋	A10@100 (2)
9	肢数	2
10	拉筋	4A6
11	备注	
12	⊟ 其他属性	
13	— 侧面纵筋	
14	— 其他箍筋	
15	— 汇总信息	连梁
16	— 保护层厚度 (mm)	(30)
17	— 顶层连梁	否
18	— 交叉钢筋	
19	— 暗撑边长 (mm)	
20	— 暗撑纵筋	
21	— 暗撑箍筋	
22	— 计算设置	按默认计算设置
23	— 节点设置	按默认节点设置
24	— 搭接设置	按默认搭接设置
25	— 起点顶标高 (mm)	洞口顶标高加连
26	— 终点顶标高 (mm)	洞口顶标高加连
27	⊞ 锚固搭接	

属性编辑

图 2.4.41

说明：连梁拉筋排数为水平筋排数的一半，计算如下：水平筋排数＝［（1600－15×2）/200］－1＝6.85（取7排），拉筋排数＝7/2＝3.5（取4排）。

（2）画 LL1－300×1600 连梁

单击"门窗洞"下拉菜单里的"连梁"→选择"LL1－300×1600"→单击"点"按钮→单击 A/5－6 上的 C1→单击 D/5－6 上的 C1→单击右键结束。

（3）LL1－300×1600 钢筋答案软件手工对比

汇总计算后查看 LL1－300×1600 钢筋的软件答案见表2.4.4。

表2.4.4　LL1－300×1600 钢筋软件答案

构件名称：LL1－300×1600,位置：A/5－6、D/5－6,软件计算单构件钢筋重量：110.405kg,数量：2 根

序号	筋号	直径	级别	软件答案		长度	根数	手工答案	
					公式			长度	根数
1	连梁上部纵筋.1	22	二级	长度计算公式	$1500 + 34 \times d + 34 \times d$	2996	4	2996	4
				长度公式描述	净长＋锚固＋锚固				
2	连梁下部纵筋.1	22	二级	长度计算公式	$1500 + 34 \times d + 34 \times d$	2996	4	2996	4
				长度公式描述	净长＋锚固＋锚固				
3	连梁箍筋.1	10	一级	长度计算公式	$2 \times [(300 - 2 \times 30) + (1600 - 2 \times 30)] + 2 \times (11.9 \times d) + (8 \times d)$	3878		3878	
				根数计算公式	$Ceil[(1500 - 100)/100] + 1$		15		15
4	连梁拉筋.1	6	一级	长度计算公式	$(300 - 2 \times 30) + 2 \times (75 + 1.9 \times d) + (2 \times d)$	425		425	
				根数计算公式	$4 \times [Ceil(1500 - 100/200) + 1]$		32		32

2. LL2－300×1600 的属性、画法及其答案对比

（1）建立 LL2－300×1600 属性

单击"门窗洞"下拉菜单里的"连梁"→单击"定义"→单击"新建"下拉菜单→单击"新建矩形连梁"→根据连梁表修改 LL2－300×1600 属性编辑如图2.4.42 所示。

（2）画 LL2 - 300 ×1600 连梁

选择"LL2 - 300 ×1600"→单击"点"按钮→单击 A/6 - 7 上的 C2→单击右键结束。

（3）LL2 - 300 ×1600 钢筋答案软件手工对比

汇总计算后查看 LL2 - 300 ×1600 钢筋的软件答案见表 2.4.5。

表 2.4.5　LL2 - 300 ×1600 钢筋软件答案

构件名称:LL2 - 300 ×1600,位置:A/6 - 7、D/6 - 7,软件计算单构件钢筋重量:185.096kg,数量:2 根

序号	筋号	直径	级别	公式		长度	根数	长度	根数
							软件答案		手工答案
1	连梁上部纵筋.1	22	二级	长度计算公式	$3000 + 34 \times d + 34 \times d$	4496	4	4496	4
				长度描述公式	净长 + 锚固 + 锚固				
2	连梁下部纵筋.1	22	二级	长度计算公式	$3000 + 34 \times d + 34 \times d$	4496	4	4496	4
				长度描述公式	净长 + 锚固 + 锚固				
3	连梁箍筋.1	10	一级	长度计算公式	$2 \times [(300 - 2 \times 30) + (1600 - 2 \times 30)] + 2 \times (11.9 \times d) + (8 \times d)$	3878		3878	
				根数计算公式	$Ceil(3000 - 100/100) + 1$		30		30
4	连梁拉筋.1	6	一级	长度计算公式	$(300 - 2 \times 30) + 2 \times (75 + 1.9 \times d) + (2 \times d)$	425		425	
				根数计算公式	$4 \times [Ceil(3000 - 100/200) + 1]$		64		64

3. LL3 - 300 ×900 的属性、画法及其答案对比

（1）建立 LL3 - 300 ×900 属性

单击"门窗洞"下拉菜单里的"连梁"→单击"定义"→单击"新建"下拉菜单→单击"新建矩形连梁"→根据连梁表修改 LL3 - 300 ×900 属性编辑如图 2.4.43 所示。

→单击"绘图"退出。

属性编辑

	属性名称	属性值
1	名称	LL2-300×1600
2	截面宽度(mm)	300
3	截面高度(mm)	1600
4	轴线距梁左边	(150)
5	全部纵筋	
6	上部纵筋	4B22
7	下部纵筋	4B22
8	箍筋	A10@100(2)
9	肢数	2
10	拉筋	4A6
11	备注	
12	其他属性	
13	侧面纵筋	
14	其他箍筋	
15	汇总信息	连梁
16	保护层厚度(mm)	(30)
17	顶层连梁	否
18	交叉钢筋	
19	暗撑边长(mm)	
20	暗撑纵筋	
21	暗撑箍筋	
22	计算设置	按默认计算设置
23	节点设置	按默认节点设置
24	搭接设置	按默认搭接设置
25	起点顶标高(mm)	洞口顶标高加连
26	终点顶标高(mm)	洞口顶标高加连
27	锚固搭接	

图 2.4.42

（2）画 LL3 – 300 × 900 连梁

选择"LL3 – 300 × 900"→单击"点"按钮→单击 6/A – C 间的 M4→单击右键结束。

（3）LL3 – 300 × 900 钢筋答案软件手工对比

汇总计算后查看 LL3 – 300 × 900 钢筋的软件答案见表 2.4.6。

表 2.4.6　LL3 – 300 × 900 钢筋软件答案

构件名称:LL3 – 300 × 900,位置:6/A – C,软件计算单构件钢筋重量:120.004kg,数量:1 根

序号	筋号	直径	级别	软件答案		长度	根数	手工答案 长度	手工答案 根数
1	连梁上部纵筋.1	22	二级	长度计算公式	$2100 + 34 \times d + 34 \times d$	596	4	3596	4
				长度公式描述	净长 + 锚固 + 锚固				
2	连梁下部纵筋.1	22	二级	长度计算公式	$2100 + 34 \times d + 34 \times d$	3596	4	3596	4
				长度公式描述	净长 + 锚固 + 锚固				
3	连梁箍筋.1	10	一级	长度计算公式	$2 \times [(300 - 2 \times 30) + (900 - 2 \times 30)] + 2 \times (11.9 \times d) + (8 \times d)$	2478		2478	
				根数计算公式	$Ceil(2100 - 100/100) + 1$		21		21
4	连梁拉筋.1	6	一级	长度计算公式	$(300 - 2 \times 30) + 2 \times (75 + 1.9 \times d) + (2 \times d)$	425		425	
				根数计算公式	$2 \times [Ceil(2100 - 100/200) + 1]$		22		22

图 2.4.43 属性编辑

	属性名称	属性值
1	名称	LL3-300×900
2	截面宽度(mm)	300
3	截面高度(mm)	900
4	轴线距梁左边	(150)
5	全部纵筋	
6	上部纵筋	4B22
7	下部纵筋	4B22
8	箍筋	A10@100(2)
9	肢数	2
10	拉筋	2A6
11	备注	
12	其他属性	
13	侧面纵筋	
14	其他箍筋	
15	汇总信息	连梁
16	保护层厚度(mm)	(30)
17	顶层连梁	否
18	交叉钢筋	
19	暗撑边长(mm)	
20	暗撑纵筋	
21	暗撑箍筋	

4. LL4 – 300 × 1200 的属性、画法及其答案对比

（1）建立 LL4 – 300 × 1200 属性

单击"门窗洞"下拉菜单里的"连梁"→单击"定义"→单击"新建"下拉菜单→单击"新建矩形连梁"→根据连梁表修改 LL4 – 300 × 1200 属性编辑如图 2.4.44 所示。

（2）画 LL4 – 300 × 1200 连梁

单击"门窗洞"下拉菜单里的"连梁"→选择"LL4 – 300 × 1200"→单击"点"按钮→单击 C/5 – 6 上的 M2,单击 6/C – D 上的 M2→单击右键结束。

（3）LL4 -300×1200 钢筋答案软件手工对比

汇总计算后查看 LL4 -300×1200 钢筋的软件答案见表2.4.7。

表 2.4.7　LL4 -300×1200 钢筋软件答案

构件名称:LL4 -300×1200,位置:C/5 -6、6/C -D,软件计算单构件钢筋重量:75.693kg,数量:2 根

序号	筋号	直径	级别	公式		长度	根数	长度	根数
						软件答案		手工答案	
1	连梁上部纵筋.1	22	二级	长度计算公式	$900 + 34 \times d + 34 \times d$	2396	4	2396	4
				长度公式描述	净长 + 锚固 + 锚固				
2	连梁下部纵筋.1	22	二级	长度计算公式	$900 + 34 \times d + 34 \times d$	2396	4	2396	4
				长度公式描述	净长 + 锚固 + 锚固				
3	连梁箍筋.1	10	一级	长度计算公式	$2 \times [(300 - 2 \times 30) + (1200 - 2 \times 30)] + 2 \times (11.9 \times d) + (8 \times d)$	3078		3078	
				根数计算公式	$Ceil(900 - 100/100) + 1$		9		9
4	连梁拉筋.1	6	一级	长度计算公式	$(300 - 2 \times 30) + 2 \times (75 + 1.9 \times d) + (2 \times d)$	425		425	
				根数计算公式	$3 \times [Ceil(900 - 100/200) + 1]$		15		15

属性编辑

	属性名称	属性值
1	名称	LL4-300×1200
2	截面宽度(mm)	300
3	截面高度(mm)	1200
4	轴线距梁左边	(150)
5	全部纵筋	
6	上部纵筋	4B22
7	下部纵筋	4B22
8	箍筋	A10@100(2)
9	肢数	2
10	拉筋	3A6
11	备注	
12	⊟ 其他属性	
13	— 侧面纵筋	
14	— 其他箍筋	
15	— 汇总信息	连梁
16	— 保护层厚度(mm)	(30)
17	— 顶层连梁	否
18	— 交叉钢筋	
19	— 暗撑边长(mm)	
20	— 暗撑纵筋	
21	— 暗撑箍筋	

图 2.4.44

5. LL1 -300×500 的属性、画法及其答案对比

（1）建立 LL1 -300×500 属性

单击"门窗洞"下拉菜单里的"连梁"→单击"定义"→单击"新建"下拉菜单→单击"新建矩形连梁"→根据连梁表修改
LL1 -300×500 属性编辑如图2.4.45 所示。

注意将起点顶标高和终点顶标高修改为：洞口底标高；否则将因与 LL1 -300×1600 重复而无法布置。

（2）画 LL1 -300×500 连梁

选择"LL1 -300×500"→单击"点"按钮→单击 A/5 -6 上的 C1，单击 D/5 -6 上的 C1→单击右键结束。

（3）LL1 - 300×500 钢筋答案软件手工对比

汇总计算后在"动态观察"状态下选中 LL1 - 300×500，查看 LL1 - 300×500 钢筋的软件答案见表 2.4.8。

表 2.4.8　LL1 - 300×500 钢筋软件答案

构件名称:LL1 - 300×500,位置:A/5 - 6、D/5 - 6,软件计算单构件钢筋重量:83.468kg,数量:2 根

序号	首层 筋号	直径	级别	软件答案		长度	根数	手工答案	
				公式				长度	根数
1	连梁上部纵筋.1	22	二级	长度计算公式	$1500 + 34 \times d + 34 \times d$	2996	4	2996	4
				长度公式描述	净长 + 锚固 + 锚固				
2	连梁下部纵筋.1	22	二级	长度计算公式	$1500 + 34 \times d + 34 \times d$	2996	4	2996	4
				长度公式描述	净长 + 锚固 + 锚固				
3	连梁箍筋.1	10	一级	长度计算公式	$2 \times [(300 - 2 \times 30) + (500 - 2 \times 30)] + 2 \times (11.9 \times d) + (8 \times d)$	1678		1678	
				根数计算公式	$Ceil[(1500 - 100)/150] + 1$		11		11
4	连梁拉筋.1	6	一级	长度计算公式	$(300 - 2 \times 30) + 2 \times (75 + 1.9 \times d) + (2 \times d)$	425		425	
				根数计算公式	$Ceil(1500 - 100/300) + 1$		6		6

6. LL2 - 300×500 的属性、画法及其答案对比

（1）建立 LL2 - 300×500 属性

单击"门窗洞"下拉菜单里的"连梁"→单击"定义"→单击"新建"下拉菜单→单击"新建矩形连梁"→根据连梁表修改 LL2 - 300×500 属性编辑如图 2.4.46 所示。

（2）画 LL2 - 300×500 连梁

选择"LL2 - 300×500"→单击"点"按钮→单击 A/6 - 7 上的 C2→单击 D/6 - 7 上的 C2→单击右键结束。

属性编辑

	属性名称	属性值
1	名称	LL1-300×500
2	截面宽度(mm)	300
3	截面高度(mm)	500
4	轴线距梁左边	(150)
5	全部纵筋	
6	上部纵筋	4B22
7	下部纵筋	4B22
8	箍筋	A10@150(2)
9	肢数	2
10	拉筋	A6
11	备注	
12	其他属性	
13	侧面纵筋	
14	其他箍筋	
15	汇总信息	连梁
16	保护层厚度(mm)	(30)
17	顶层连梁	否
18	交叉钢筋	
19	暗撑边长(mm)	
20	暗撑纵筋	
21	暗撑箍筋	
22	计算设置	按默认计算设置
23	节点设置	按默认节点设置
24	搭接设置	按默认搭接设置
25	起点顶标高(mm)	洞口底标高
26	终点顶标高(mm)	洞口底标高

图 2.4.45

（3）LL2 – 300×500 钢筋答案软件手工对比

汇总计算后在"动态观察"状态下选中 LL2 – 300×500，查看 LL2 – 300×500 钢筋的软件答案见表 2.4.9。

表 2.4.9 LL2 – 300×500 钢筋软件答案

构件名称：LL2 – 300×500，位置：A/6 – 7、D/6 – 7，软件计算单构件钢筋重量：130.094kg，数量：2 根

序号	首层 筋号	直径	级别	公式		长度	根数	长度	根数
							软件答案		手工答案
1	连梁上部纵筋.1	22	二级	长度计算公式	$3000 + 34 \times d + 34 \times d$	4496	4	4496	4
				长度公式描述	净长 + 锚固 + 锚固				
2	连梁下部纵筋.1	22	二级	长度计算公式	$3000 + 34 \times d + 34 \times d$	4496	4	4496	4
				长度公式描述	净长 + 锚固 + 锚固				
3	连梁箍筋.1	10	一级	长度计算公式	$2 \times [(300 - 2 \times 30) + (500 - 2 \times 30)] + 2 \times (11.9 \times d) + (8 \times d)$	1678		1678	
				根数计算公式	$Ceil(3000 - 100/150) + 1$		21		21
4	连梁拉筋.1	6	一级	长度计算公式	$(300 - 2 \times 30) + 2 \times (75 + 1.9 \times d) + (2 \times d)$	425		425	
				根数计算公式	$Ceil(3000 - 100/300) + 1$		11		11

7. LL3 – 300×500 的属性、画法

（1）建立 LL3 – 300×500 属性

单击"门窗洞"下拉菜单里的"连梁"→单击"定义"→单击"新建"下拉菜单→单击"新建矩形连梁"→根据连梁表修改 LL3 – 300×500 属性编辑如图 2.4.47 所示。

（2）画 LL3 – 300×500 连梁

选择"LL3 – 300×500"→单击"点"按钮→单击 6/A – C 上的 M4→单击右键结束。

8. LL4 – 300×500 的属性、画法

（1）建立 LL4 – 300×500 属性

	属性名称	属性值
1	名称	LL2-300×500
2	截面宽度(mm)	300
3	截面高度(mm)	500
4	轴线距梁左边	(150)
5	全部纵筋	
6	上部纵筋	4B22
7	下部纵筋	4B22
8	箍筋	A10@150 (2)
9	肢数	2
10	拉筋	A6
11	备注	
12	⊟ 其他属性	
13	— 侧面纵筋	
14	— 其他箍筋	
15	— 汇总信息	连梁
16	— 保护层厚度(mm)	(30)
17	— 顶层连梁	否
18	— 交叉钢筋	
19	— 暗撑边长(mm)	
20	— 暗撑纵筋	
21	— 暗撑箍筋	
22	— 计算设置	按默认计算设置
23	— 节点设置	按默认节点设置
24	— 搭接设置	按默认搭接设置
25	— 起点顶标高(mm)	洞口底标高
26	— 终点顶标高(mm)	洞口底标高
27	⊞ 锚固搭接	

图 2.4.46

单击“门窗洞”下拉菜单里的“连梁”→单击“定义”→单击“新建”下拉菜单→单击“新建矩形连梁”→根据连梁表修改 LL4 - 300×500 属性编辑如图 2.4.48 所示。

	属性名称	属性值
1	名称	LL3-300×500
2	截面宽度(mm)	300
3	截面高度(mm)	500
4	轴线距梁左边	(150)
5	全部纵筋	
6	上部纵筋	4B22
7	下部纵筋	4B22
8	箍筋	A10@150 (2)
9	肢数	2
10	拉筋	A6
11	备注	
12	其它属性	
13	侧面纵筋	
14	其它箍筋	
15	汇总信息	连梁
16	保护层厚度(mm)	(30)
17	顶层连梁	否
18	交叉钢筋	
19	暗撑边长(mm)	
20	暗撑纵筋	
21	暗撑箍筋	
22	计算设置	按默认计算设置
23	节点设置	按默认节点设置
24	搭接设置	按默认搭接设置
25	起点顶标高(mm)	洞口底标高
26	终点顶标高(mm)	洞口底标高
27	锚固搭接	

图 2.4.47

	属性名称	属性值
1	名称	LL4-300×500
2	截面宽度(mm)	300
3	截面高度(mm)	500
4	轴线距梁左边	(150)
5	全部纵筋	
6	上部纵筋	4B22
7	下部纵筋	4B22
8	箍筋	A10@150 (2)
9	肢数	2
10	拉筋	A6
11	备注	
12	其他属性	
13	侧面纵筋	
14	其他箍筋	
15	汇总信息	连梁
16	保护层厚度(mm)	(30)
17	顶层连梁	否
18	交叉钢筋	
19	暗撑边长(mm)	
20	暗撑纵筋	
21	暗撑箍筋	
22	计算设置	按默认计算设置
23	节点设置	按默认节点设置
24	搭接设置	按默认搭接设置
25	起点顶标高(mm)	洞口底标高
26	终点顶标高(mm)	洞口底标高
27	锚固搭接	

图 2.4.48

（2）画 LL4 - 300×500 连梁

选择"LL4 - 300×500"→单击"点"按钮→单击 C/5 - 6 上的 M2，单击 6/C - D 上的 M2→单击右键结束。

LL3 - 300×500、LL4 - 300×500 因为顶标高在基础层内，需要在基础层里对这两个连梁的钢筋量，这里暂不汇总。

七、首层暗梁的属性、画法及其答案对比

1. 建立首层暗梁属性

单击"墙"下拉菜单→单击"暗梁"→单击"定义"→单击"新建"下拉菜单→单击"新建暗梁"→根据"结施 11"暗梁表建立首层暗梁的属性如图 2.4.49。

1. 画首层暗梁

单击"墙"下拉菜单里的"暗梁"→选择"AL1 - 250×500"→分别单击 A、C、D、6、7 轴线的剪力墙→单击右键结束。

2. 首层暗梁钢筋答案软件手工对比

（1）A、D 轴线暗梁

汇总计算后查看首层 A、D 轴线暗梁钢筋的软件答案见表 2.4.10。

	属性名称	属性值
1	名称	AL1
2	类别	暗梁
3	截面宽度(mm)	300
4	截面高度(mm)	500
5	轴线距梁左边	(150)
6	全部纵筋	
7	上部钢筋	4B20
8	下部钢筋	4B20
9	箍筋	A10@150(2)
10	肢数	2
11	拉筋	
12	备注	
13 ⊞	其他属性	
23 ⊞	锚固搭接	

图 2.4.49

表 2.4.10　首层 A、D 轴线暗梁钢筋软件答案

构件名称:A、D 轴线暗梁,软件计算单构件钢筋重量:220.033kg,数量:2 段											

				软件答案		长度	根数	搭接	手工答案		
序号	筋号	直径	级别		公式	长度	根数	搭接	长度	根数	搭接
1	暗梁上部纵筋.1	20	二级	长度计算公式	$7800 + 34 \times d + 34 \times d$	9160	4		9160	4	
				长度公式描述	净长 + 锚固 + 锚固						
2	暗梁下部纵筋.1	20	二级	长度计算公式	$7800 + 34 \times d + 34 \times d$	9160	4		9160	4	
				长度公式描述	净长 + 锚固 + 锚固						
3	暗梁箍筋.1	10	一级	长度计算公式	$2 \times [(300 - 2 \times 30) + (500 - 2 \times 30)] + 2 \times (11.9 \times d) + (8 \times d)$	1678			1678		
				根数计算公式	$\mathrm{Ceil}(550 - 75 - 75/150) + 1 + \mathrm{Ceil}(3000 - 75 - 75/150) + 1 + \mathrm{Ceil}(550 - 75 - 75/150) + 1 + \mathrm{Ceil}(1500 - 75 - 75/150) + 1$		38			38	

（2）C 轴线暗梁

汇总计算后查看首层 C 轴线暗梁钢筋的软件答案见表2.4.11。

表 2.4.11　首层 C 轴线暗梁钢筋软件答案

构件名称：C 轴线暗梁，软件计算单构件钢筋重量：215.079kg，数量：1 段

序号	筋号	直径	级别	软件答案		长度	根数	搭接	长度	根数	搭接
									手工答案		
					公式						
1	暗梁上部纵筋.1	20	二级	长度计算公式	$552 + 34 \times d + 41 \times d$	2052	4		2160	4	
				长度公式描述	净长 + 锚固 + 搭接						
2	暗梁上部纵筋.2	20	二级	长度计算公式	$5252 + 41 \times d + 34 \times d$	6752	4		6460	4	
				长度公式描述	净长 + 搭接 + 锚固						
3	暗梁下部纵筋.1	20	二级	长度计算公式	$552 + 34 \times d + 41 \times d$	2052	4		2160	4	
				根数计算公式	净长 + 锚固 + 搭接						
4	暗梁下部纵筋.2	20	二级	长度计算公式	$5252 + 41 \times d + 34 \times d$	6752	4		6460	4	
				长度公式描述	净长 + 搭接 + 锚固						
5	暗梁箍筋.1	10	一级	长度计算公式	$2 \times [(300 - 2 \times 30) + (500 - 2 \times 30)] + 2 \times (11.9 \times d) + (8 \times d)$	1678			1678		
				根数计算公式	$Ceil(800 - 75 - 75/150) + 1 + Ceil(5100 - 75 - 75/150) + 1$		40			40	

在对量的过程中，你会发现暗梁的纵筋长度和手工答案不一致，因为软件默认的节点设置不对，需要对软件的节点设置进行修改，操作步骤如下：

单击"工程设置"→单击"计算设置"→单击"节点设置"→单击"剪力墙"，使剪力墙前面带"·"→单击"第4 行节点 1"后的"三个点"，弹出"选择节点构造图"对话框→单击"节点2"→单击"确定"→单击"绘图输入"回到绘图界面→单击 "汇总计算"重新计算，结果见表2.4.12。

表 2.4.12　首层 C 轴线暗梁钢筋软件答案

构件名称:C 轴线暗梁,软件计算单构件钢筋重量:211.449kg,数量:1 段

序号	筋号	直径	级别	公式		长度	根数	搭接	长度	根数	搭接
				软件答案					手工答案		
1	暗梁上部纵筋.1	20	二级	长度计算公式	$800 + 34 \times d + 34 \times d$	2160	4		2160	4	
				长度公式描述	净长 + 锚固 + 锚固						
2	暗梁上部纵筋.2	20	二级	长度计算公式	$5100 + 34 \times d + 34 \times d$	6460	4		6460	4	
				长度公式描述	净长 + 锚固 + 锚固						
3	暗梁下部纵筋.1	20	二级	长度计算公式	$800 + 34 \times d + 34 \times d$	2160	4		2160	4	
				长度公式描述	净长 + 锚固 + 锚固						
4	暗梁下部纵筋.2	20	二级	长度计算公式	$5100 + 34 \times d + 34 \times d$	6460	4		6460	4	
				长度公式描述	净长 + 锚固 + 锚固						
5	暗梁箍筋.1	10	一级	长度计算公式	$2 \times [(300 - 2 \times 30) + (500 - 2 \times 30)] + 2 \times (11.9 \times d) + (8 \times d)$	1678			1678		
				根数计算公式	$\text{Ceil}(800 - 75 - 75/150) + 1 + \text{Ceil}(5100 - 75 - 75/150) + 1$		40			40	

（3）6 轴线暗梁

汇总计算后查看首层 6 轴线暗梁钢筋的软件答案见表 2.4.13。

表 2.4.13　首层 6 轴线暗梁钢筋软件答案

构件名称:6 轴线暗梁,软件计算单构件钢筋重量:296.308kg,数量:1 段

序号	筋号	直径	级别	公式		长度	根数	搭接	长度	根数	搭接
				软件答案					手工答案		
1	暗梁上部纵筋.1	20	二级	长度计算公式	$3850 + 34 \times d + 34 \times d$	5210	4		5210	4	
				长度公式描述	净长 + 锚固 + 锚固						
2	暗梁上部纵筋.2	20	二级	长度计算公式	$5250 + 34 \times d + 34 \times d$	6610	4		6610	4	
				长度公式描述	净长 + 锚固 + 锚固						

序号	筋号	直径	级别		软件答案				手工答案		
					公式	长度	根数	搭接	长度	根数	搭接
3	暗梁下部纵筋.1	20	二级	长度计算公式	$3850 + 34 \times d + 34 \times d$	5210	4		5210	4	
				长度公式描述	净长 + 锚固 + 锚固						
4	暗梁下部纵筋.2	20	二级	长度计算公式	$5250 + 34 \times d + 34 \times d$	6610	4		6610	4	
				长度公式描述	净长 + 锚固 + 锚固						
5	暗梁箍筋.1	10	一级	长度计算公式	$2 \times [(300 - 2 \times 30) + (500 - 2 \times 30)] + 2 \times (11.9 \times d) + (8 \times d)$	1678			1678		
				根数计算公式	$Ceil(3850 - 75 - 75/150) + 1 + Ceil(5250 - 75 - 75/150) + 1$		61			61	

（4）7 轴线暗梁

汇总计算后查看首层 7 轴线暗梁钢筋的软件答案见表 2.4.14。

表 2.4.14 首层 7 轴线暗梁钢筋软件答案

构件名称:7 轴线暗梁,软件计算单构件钢筋重量:404.043kg,数量:1 段

序号	筋号	直径	级别		软件答案				手工答案		
					公式	长度	根数	搭接	长度	根数	搭接
1	暗梁上部纵筋.1	20	二级	长度计算公式	$14400 + 34 \times d + 34 \times d$	15760	4	1	15760	4	1
				长度公式描述	净长 + 锚固 + 锚固						
2	暗梁下部纵筋.2	20	二级	长度计算公式	$14400 + 34 \times d + 34 \times d$	15760	4	1	15760	4	1
				长度公式描述	净长 + 锚固 + 锚固						
3	暗梁箍筋.1	10	一级	长度计算公式	$2 \times [(300 - 2 \times 30) + (500 - 2 \times 30)] + 2 \times (11.9 \times d) + (8 \times d)$	1678			1678		
				根数计算公式	$Ceil(5250 - 75 - 75/150) + 1 + Ceil(8250 - 75 - 75/150) + 1$		90			90	

八、首层梁的属性、画法及其答案对比

1. KL1 - 300×700 的属性、画法及其答案对比

（1） KL1 - 300×700 的属性编辑

435

单击"梁"下拉菜单→单击"梁"→单击"定义"→单击"新建"下拉菜单→单击"新建矩形梁"→根据"结施3"填写 KL1 – 300 × 700 的属性编辑如图 2.4.50 所示。

→单击"绘图"退出。

（2） KL1 – 300 × 700 的画法

画梁："单击"梁"下拉菜单里的"梁"→选择 KL1 – 300 × 700→单击"直线"画法→单击（1/A）交点→单击（5/A）交点→单击右键结束。

对齐：单击"选择"按钮→单击画好的 KL1 – 300 × 700→单击右键出现右键菜单→单击"单图元对齐"→单击 A 轴线的任意一根柱下侧外边线→单击 KL1 下侧外边线→单击右键结束。

找支座：单击"重提梁跨"→单击画好的 KL1 – 300 × 700（如果画面遮住 KL1 – 300 × 700，按住滚轮移动整个图形，使 KL1 – 300 × 700 显示出来）→单击右键结束。

（3） KL1 – 300 × 700 钢筋答案软件手工对比

汇总计算后查看 KL1 – 300 × 700 钢筋的软件答案见表 2.4.15。

属性编辑

	属性名称	属性值
1	名称	KL1-300×700
2	类别	楼层框架梁
3	截面宽度 (mm)	300
4	截面高度 (mm)	700
5	轴线距梁左边	(150)
6	跨数量	
7	箍筋	A10@100/200 (2)
8	肢数	2
9	上部通长筋	4B25
10	下部通长筋	4B25
11	侧面纵筋	
12	拉筋	
13	其他箍筋	
14	备注	

图 2.4.50

表 2.4.15 KL1 – 300 × 700 钢筋软件答案

构件名称:KL1 – 300 × 700,软件计算单构件钢筋重量:900.561kg,数量:1 根

序号	筋号	直径	级别		公式	长度	根数	搭接	长度	根数	搭接
					软件答案				**手工答案**		
1	1. 上通长筋 .1	25	二级	长度计算公式	$700 - 30 + 15 \times d + 21500 + 34 \times d$	23395	4	2	23395	4	2
				长度公式描述	支座宽 – 保护层 + 弯折 + 净长 + 直锚						
2	1. 下通长筋1	25	二级	长度计算公式	$700 - 30 + 15 \times d + 21500 + 34 \times d$	23395	4	2	23395	4	2
				长度公式描述	支座宽 – 保护层 + 弯折 + 净长 + 直锚						
3	1. 箍筋1	10	一级	长度计算公式	$2 \times [(300 - 2 \times 30) + (700 - 2 \times 30)] + 2 \times (11.9 \times d) + (8 \times d)$	2078			2078		
				根数计算公式	$2 \times [\text{ceil}(1000/100) + 1] + \text{ceil}(3200/200) - 1$		37			37	
4	2. 箍筋1	10	一级	长度计算公式	$2 \times [(300 - 2 \times 30) + (700 - 2 \times 30)] + 2 \times (11.9 \times d) + (8 \times d)$	2078			2078		
				根数计算公式	$2 \times [\text{ceil}(1000/100) + 1] + \text{ceil}(3200/200) - 1$		37			37	

序号	筋号	直径	级别	软件答案		长度	根数	搭接	手工答案		
				公式					长度	根数	搭接
5	3. 箍筋1	10	一级	长度计算公式	$2 \times [(300 - 2 \times 30) + (700 - 2 \times 30)] + 2 \times (11.9 \times d) + (8 \times d)$	2078			2078		
				根数计算公式	$2 \times [\text{ceil}(1000/100) + 1] + \text{ceil}(4100/200) - 1$		42			42	
6	4. 箍筋1	10	一级	长度计算公式	$2 \times [(300 - 2 \times 30) + (700 - 2 \times 30)] + 2 \times (11.9 \times d) + (8 \times d)$	2078			2078		
				根数计算公式	$2 \times [\text{ceil}(1000/100) + 1] + \text{ceil}(500/200) - 1$		24			24	

2. KL2 – 300 × 700 的属性、画法及其答案对比

（1）KL2 – 300 × 700 的属性编辑

用同样的方法建立 KL2 – 300 × 700 的属性编辑如图 2.4.51 所示。

（2）KL2 – 300 × 700 的画法

画梁："单击"梁"下拉菜单里的"梁"→选择 KL2 – 300 × 700→单击"直线"画法→单击（1/B）交点→单击（5/B）交点→单击右键结束。

找支座：单击"重提梁跨"→单击画好的 KL2 – 300 × 700→单击右键结束。

原位标注：单击"原位标注"下拉菜单→单击"梁平法表格"→单击画好的 KL2 – 300 × 700→填写原位标注见表 2.4.16。

属性编辑	
	属性名称	属性值
1	名称	KL2-300×700
2	类别	楼层框架梁
3	截面宽度(mm)	300
4	截面高度(mm)	700
5	轴线距梁左边	(150)
6	跨数量	
7	箍筋	A10@100/200 (2)
8	肢数	2
9	上部通长筋	2B25
10	下部通长筋	4B25
11	侧面纵筋	
12	拉筋	
13	其他箍筋	
14	备注	
15	⊞ 其他属性	
23	⊞ 锚固搭接	

图 2.4.51

表 2.4.16 KL2 – 300 × 700 的原位标注

跨号	上部钢筋		
	左支座钢筋	跨中钢筋	右支座钢筋
1	4B25		
2	4B25		
3	4B25		4B25
4		4B25	

填写完毕后单击右键结束。

注意：要填写第三跨右支座或第四跨左支座。

437

（3）KL2－300×700 钢筋答案软件手工对比

汇总计算后查看 KL2－300×700 钢筋的软件答案见表 2.4.17。

表 2.4.17　KL2－300×700 钢筋软件答案

构件名称:KL2－300×700,软件计算单构件钢筋重量:865.742kg,数量:1 根

序号	筋号	直径	级别	软件答案		长度	根数	搭接	手工答案 长度	根数	搭接
1	1. 上通长筋1	25	二级	长度计算公式	$700-30+15\times d+21500+700-30+15\times d$	23590	2	2	23590	2	2
				长度公式描述	支座宽－保护层＋弯折＋净长＋支座宽－保护层＋弯折						
2	1. 左支座筋1	25	二级	长度计算公式	$700-30+15\times d+(5300/3)$	2812	2		2812	2	
				长度公式描述	支座宽－保护层＋弯折＋伸入跨中长度						
3	1. 右支座筋1	25	二级	长度计算公式	$(5300/3)+700+(5300/3)$	4234	2		4234	2	
				长度公式描述	伸入跨中长度＋支座宽＋伸入跨中长度						
4	1. 下通长筋1	25	二级	长度计算公式	$700-30+15\times d+21500+700-30+15\times d$	23590	4	2	23590	4	2
				长度公式描述	支座宽－保护层＋弯折＋净长＋支座宽－保护层＋弯折						
5	1. 箍筋1	10	一级	长度计算公式	$2\times[(300-2\times30)+(700-2\times30)]+2\times(11.9\times d)+(8\times d)$	2078			2078		
				根数计算公式	$2\times[\text{ceil}(1000/100)+1]+\text{ceil}(3200/200)-1$		37			37	
6	2. 右支座筋1	25	二级	长度计算公式	$(6200/3)+700+(6200/3)$	4834	2		1834	2	
				长度公式描述	伸入跨中长度＋支座宽＋伸入跨中长度						
7	2. 箍筋1	10	一级	长度计算公式	$2\times[(300-2\times30)+(700-2\times30)]+2\times(11.9\times d)+(8\times d)$	2078			2078		
				根数计算公式	$2\times[\text{ceil}(1000/100)+1]+\text{ceil}(3200/200)-1$		37			37	
8	3. 箍筋1	10	一级	长度计算公式	$2\times[(300-2\times30)+(700-2\times30)]+2\times(11.9\times d)+(8\times d)$	2078			2078		
				根数计算公式	$2\times[\text{ceil}(1000/100)+1]+\text{ceil}(4100/200)-1$		42			42	
9	4. 跨中筋1	25	二级	长度计算公式	$(6200/3)+700+2600+700-30+15\times d$	6412	2		6412	2	
				长度公式描述	伸入跨中长度＋支座宽＋净长＋支座宽－保护层＋弯折						
10	4. 箍筋1	10	一级	长度计算公式	$2\times[(300-2\times30)+(700-2\times30)]+2\times(11.9\times d)+(8\times d)$	2078			2078		
				根数计算公式	$2\times[\text{ceil}(1000/100)+1]+\text{ceil}(500/200)-1$		24			24	

3. KL3 - 300 × 700 的属性、画法及其答案对比

（1）KL3 - 300 × 700 的属性编辑

KL3 - 300 × 700 的属性编辑如图 2.4.52 所示。

（2）KL3 - 300 × 700 的画法

画梁："单击"梁"下拉菜单里的"梁"→选择 KL3 - 300 × 700→单击（1/C）交点→单击（5/C）交点→单击右键结束。

找支座：单击"重提梁跨"→单击画好的 KL3 - 300 × 700→单击右键结束。

原位标注：单击"原位标注"下拉菜单→单击"梁平法表格"→单击画好的 KL3 - 300 × 700→填写原位标注见表 2.4.18。

属性编辑

	属性名称	属性值
1	名称	KL3-300×700
2	类别	楼层框架梁
3	截面宽度(mm)	300
4	截面高度(mm)	700
5	轴线距梁左边	(150)
6	跨数量	
7	箍筋	A10@100/200 (2)
8	肢数	2
9	上部通长筋	2B25
10	下部通长筋	4B25
11	侧面纵筋	
12	拉筋	
13	其他箍筋	
14	备注	
15	其他属性	
23	锚固搭接	

图 2.4.52

表 2.4.18 KL3 - 300 × 700 的原位标注

跨号	上部钢筋		
	左支座钢筋	跨中钢筋	右支座钢筋
1	6B25 4/2		
2	6B25 4/2		
3	6B25 4/2		6B25 4/2
4		6B25 4/2	

填写完毕后单击右键结束。

注意：要填写第三跨右支座或第四跨左支座。

（3）KL3 - 300 × 700 钢筋答案软件手工对比

汇总计算后查看 KL3 - 300 × 700 钢筋的软件答案见表 2.4.19。

表 2.4.19 KL3 -300 ×700 钢筋软件答案

构件名称:KL3 -300 ×700,软件计算单构件钢筋重量:984.542kg,数量:1 根

序号	筋号	直径	级别	软件答案		长度	根数	搭接	手工答案		
					公式	长度	根数	搭接	长度	根数	搭接
1	1. 上通长筋1	25	二级	长度计算公式	$700 - 30 + 15 \times d + 21500 + 700 - 30 + 15 \times d$	23590	2	2	23590	2	2
				长度公式描述	支座宽 - 保护层 + 弯折 + 净长 + 支座宽 - 保护层 + 弯折						
2	1. 左支座筋1	25	二级	长度计算公式	$700 - 30 + 15 \times d + (5300/3)$	2812	2		2812	2	
				长度公式描述	支座宽 - 保护层 + 弯折 + 伸入跨中长度						
3	1. 右支座筋1	25	二级	长度计算公式	$(5300/3) + 700 + (5300/3)$	4234	2		4234	2	
				长度公式描述	伸入跨中长度 + 支座宽 + 伸入跨中长度						
4	1. 左支座筋2	25	二级	长度计算公式	$700 - 30 + 15 \times d + (5300/4)$	2370	2		2370	2	
				长度公式描述	支座宽 - 保护层 + 弯折 + 伸入跨中长度						
5	1. 右支座筋2	25	二级	长度计算公式	$(5300/4) + 700 + (5300/4)$	3350	2		3350	2	
				长度公式描述	伸入跨中长度 + 支座宽 + 伸入跨中长度						
6	1. 下通长筋1	25	二级	长度计算公式	$700 - 30 + 15 \times d + 21500 + 700 - 30 + 15 \times d$	23590	4	2	23590	4	2
				长度公式描述	支座宽 - 保护层 + 弯折 + 净长 + 支座宽 - 保护层 + 弯折						
7	1. 箍筋1	10	二级	长度计算公式	$2 \times \left[(300 - 2 \times 30) + (700 - 2 \times 30) \right] + 2 \times (11.9 \times d) + (8 \times d)$	2078			2078		
				根数计算公式	$2 \times \left[\text{ceil}(1000/100) + 1 \right] + \text{ceil}(3200/200) - 1$		37			37	
8	2. 右支座筋1	25	二级	长度计算公式	$(6200/3) + 700 + (6200/3)$	4834	2		4834	2	
				长度公式描述	伸入跨中长度 + 支座宽 + 伸入跨中长度						
9	2. 右支座筋2	25	二级	长度计算公式	$(6200/4) + 700 + (6200/4)$	3800	2		3800	2	
				长度公式描述	伸入跨中长度 + 支座宽 + 伸入跨中长度						
10	2. 箍筋1	10	一级	长度计算公式	$2 \times \left[(300 - 2 \times 30) + (700 - 2 \times 30) \right] + 2 \times (11.9 \times d) + (8 \times d)$	2078			2078		
				根数计算公式	$2 \times \left[\text{ceil}(1000/100) + 1 \right] + \text{ceil}(3200/200) - 1$		37			37	
11	3. 箍筋1	10	一级	长度计算公式	$2 \times \left[(300 - 2 \times 30) + (700 - 2 \times 30) \right] + 2 \times (11.9 \times d) + (8 \times d)$	2078			2078		
				根数计算公式	$2 \times \left[\text{ceil}(1000/100) + 1 \right] + \text{ceil}(4100/200) - 1$		42			42	

序号	筋号	直径	级别	软件答案		长度	根数	搭接	手工答案 长度	根数	搭接
				公式							
12	4. 跨中筋1	25	二级	长度计算公式	$(6200/3)+700+2600+700-30+15\times d$	6412	2		6412	2	
				长度公式描述	伸入跨中长度 + 支座宽 + 净长 + 支座宽 - 保护层 + 弯折						
13	4. 跨中筋2	25	二级	长度计算公式	$(6200/4)+700+2600+700-30+15\times d$	5895	2		5895	2	
				长度公式描述	伸入跨中长度 + 支座宽 + 净长 + 支座宽 - 保护层 + 弯折						
14	4. 箍筋1	10	一级	长度计算公式	$2\times\left[(300-2\times30)+(700-2\times30)\right]+2\times(11.9\times d)+(8\times d)$	2078			2078		
				根数计算公式	$2\times\left[\,ceil(1000/100)+1\right]+ceil(500/200)-1$		24			24	

4. KL4 – 300×700 的属性、画法及其答案对比

（1）KL4 – 300×700 的属性编辑

KL4 – 300×700 的属性编辑如图2.4.53所示。

（2）KL4 – 300×700 的画法

画梁："单击"梁"下拉菜单里的"梁"→选择 KL4 – 300×700→单击（1/D）交点→单击（5/D）交点→单击右键结束。

对齐：单击右键结束画梁状态→单击画好的 KL4 – 300×700→单击"单图元对齐"→单击 D 轴线的任意一根柱上侧外边线→单击 KL4 上侧外边线→单击右键结束。

找支座：单击"重提梁跨"→单击画好的 KL4 – 300×700→单击右键结束。

原位标注：单击"原位标注"下拉菜单→单击"梁平法表格"→单击画好的 KL4 – 300×700→填写原位标注见表2.4.20。

表2.4.20 KL4 – 300×700 的原位标注

跨号	上部钢筋			下部钢筋		次梁宽度	吊筋
	左支座钢筋	跨中钢筋	右支座钢筋	通长筋	下部钢筋	250	2B18
1	6B25 4/2				6B25 2/4		
2	6B25 4/2				6B25 2/4		
3	6B25 4/2		6B25 4/2		6B25 2/4		
4		6B25 4/2			4B25		

属性编辑

	属性名称	属性值
1	名称	KL4-300×700
2	类别	楼层框架梁
3	截面宽度(mm)	300
4	截面高度(mm)	700
5	轴线距梁左边	(150)
6	跨数量	
7	箍筋	A10@100/200 (2)
8	肢数	2
9	上部通长筋	2B25
10	下部通长筋	
11	侧面纵筋	
12	拉筋	
13	其他箍筋	
14	备注	
15	其他属性	
23	锚固搭接	

图2.4.53

填写完毕后单击右键结束。

注意：填写吊筋一定要填写次梁宽度。

（3）KL4 - 300 × 700 钢筋答案软件手工对比

汇总计算后查看 KL4 - 300 × 700 钢筋的软件答案见表 2.4.21。

表 2.4.21 KL4 - 300 × 700 钢筋软件答案

构件名称：KL4 - 300 × 700,软件计算单构件钢筋重量：1205.055kg,数量：1 根

序号	筋号	直径	级别	软件答案		长度	根数	搭接	长度	根数	搭接
					公式				手工答案		
1	1. 上通长筋1	25	二级	长度计算公式	$700 - 30 + 15 \times d + 21500 + 34 \times d$	23395	2	2	23395	2	2
				长度公式描述	支座宽 - 保护层 + 弯折 + 净长 + 直锚						
2	1. 左支座筋1	25	二级	长度计算公式	$700 - 30 + 15 \times d + (5300/3)$	2812	2		2812	2	
				长度公式描述	支座宽 - 保护层 + 弯折 + 伸入跨中长度						
3	1. 右支座筋1	25	二级	长度计算公式	$(5300/3) + 700 + (5300/3)$	4234	2		4234	2	
				长度公式描述	伸入跨中长度 + 支座宽 + 伸入跨中长度						
4	1. 左支座筋2	25	二级	长度计算公式	$700 - 30 + 15 \times d + (5300/4)$	2370	2		2370	2	
				长度公式描述	支座宽 - 保护层 + 弯折 + 伸入跨中长度						
5	1. 右支座筋2	25	二级	长度计算公式	$(5300/4) + 700 + (5300/4)$	3350	2		3350	2	
				长度公式描述	伸入跨中长度 + 支座宽 + 伸入跨中长度						
6	1. 下部钢筋1	25	二级	长度计算公式	$700 - 30 + 15 \times d + 5300 + 34 \times d$	7195	4		7195	4	
				长度公式描述	支座宽 - 保护层 + 弯折 + 净长 + 直锚						
7	1. 下部钢筋2	25	二级	长度计算公式	$700 - 30 + 15 \times d + 5300 + 34 \times d$	7195	2		7195	2	
				长度公式描述	支座宽 - 保护层 + 弯折 + 净长 + 直锚						
8	1. 吊筋1	18	二级	长度计算公式	$250 + 2 \times 50 + 2 \times 20 \times d + 2 \times 1.414 \times (700 - 2 \times 30)$	2880	2		2882	2	
				长度公式描述	次梁宽度 + 2×50 + 2×吊筋锚固 + 2×斜长						
9	1. 箍筋1	10	一级	长度计算公式	$2 \times [(300 - 2 \times 30) + (700 - 2 \times 30)] + 2 \times (11.9 \times d) + (8 \times d)$	2078			2078		
				根数计算公式	$2 \times [\text{ceil}(1000/100) + 1] + \text{ceil}(3200/200) - 1$		37			37	

442

续表

序号	筋号	直径	级别	软件答案		长度	根数	搭接	手工答案		
					公式				长度	根数	搭接
10	2. 右支座筋1	25	二级	长度计算公式	$(6200/3)+700+(6200/3)$	4834	2		4834	2	
				长度公式描述	伸入跨中长度 + 支座宽 + 伸入跨中长度						
11	2. 右支座筋2	25	二级	长度计算公式	$(6200/4)+700+(6200/4)$	800	2		3800	2	
				长度公式描述	伸入跨中长度 + 支座宽 + 伸入跨中长度						
12	2. 下部钢筋1	25	二级	长度计算公式	$34 \times d + 5300 + 34 \times d$	7000	4		7000	4	
				长度公式描述	直锚 + 净长 + 直锚						
13	2. 下部钢筋2	25	二级	长度计算公式	$34 \times d + 5300 + 34 \times d$	7000	2		7000	2	
				长度公式描述	直锚 + 净长 + 直锚						
14	2. 箍筋1	10	二级	长度计算公式	$2 \times [(300 - 2 \times 30) + (700 - 2 \times 30)] + 2 \times (11.9 \times d) + (8 \times d)$	2078			2078		
				根数计算公式	$2 \times [\text{ceil}(1000/100) + 1] + \text{ceil}(3200/200) - 1$		37			37	
15	3. 下部钢筋1	25	二级	长度计算公式	$34 \times d + 6200 + 34 \times d$	7900	4		7900	4	
				长度公式描述	直锚 + 净长 + 直锚						
16	3. 下部钢筋2	25	二级	长度计算公式	$34 \times d + 6200 + 34 \times d$	7900	2		7900	2	
				长度公式描述	直锚 + 净长 + 直锚						
17	3. 箍筋1	10	一级	长度计算公式	$2 \times [(300 - 2 \times 30) + (700 - 2 \times 30)] + 2 \times (11.9 \times d) + (8 \times d)$	2078			2078		
				根数计算公式	$2 \times [\text{ceil}(1000/100) + 1] + \text{ceil}(4100/200) - 1$		42			42	
18	4. 跨中筋1	25	二级	长度计算公式	$(6200/3)+700+2600+34 \times d$	6217	2		6217	2	
				长度公式描述	伸入跨中长度 + 支座宽 + 净长 + 直锚						
19	4. 跨中筋2	25	二级	长度计算公式	$(6200/4)+700+2600+34 \times d$	5700	2		5700	2	
				长度公式描述	伸入跨中长度 + 支座宽 + 净长 + 直锚						
20	4. 下部钢筋1	25	二级	长度计算公式	$34 \times d + 2600 + 34 \times d$	4300	4		4300	4	
				长度公式描述	直锚 + 净长 + 直锚						
21	4. 箍筋1	10	一级	长度计算公式	$2 \times [(300 - 2 \times 30) + (700 - 2 \times 30)] + 2 \times (11.9 \times d) + (8 \times d)$	2078			2078		
				根数计算公式	$2 \times [\text{ceil}(1000/100) + 1] + \text{ceil}(500/200) - 1$		24			24	

5. KL5 – 300×700 的属性、画法及其答案对比

（1）KL5 – 300×700 的属性编辑

KL5 – 300×700 的属性编辑如图 2.4.54 所示。

单击"绘图"退出。

（2）KL5 – 300×700 的画法

画梁："单击"梁"下拉菜单里的"梁"→选择 KL5 – 300×700→单击"直线"画法→单击
（1/A）交点→单击（1/D）交点→单击右键结束。

对齐：单击"选择"按钮→单击画好的 KL5 – 300×700→单击右键出现右键菜单→单击
"单图元对齐"→单击 1 轴线的任意一根柱的外侧边线→单击 KL5 外边线 →单击右键结束。

找支座：单击"重提梁跨"→单击画好的 KL5 – 300×700→单击右键结束。

原位标注：单击"原位标注"下拉菜单→单击"梁平法表格"→单击画好的 KL4 – 300×
700→填写原位标注见表 2.4.22。

表 2.4.22　KL5 – 300×700 的原位标注

跨号	上部钢筋			下部钢筋		次梁宽度	次梁附加
	左支座钢筋	跨中钢筋	右支座钢筋	通长筋	下部钢筋		
1	6B25 4/2	(2B12)			6B25 2/4		
2	6B25 4/2	6B25 4/2	6B25 4/2		4B25		
3		(2B12)	6B25 4/2		6B25 2/4	250	8A10

填写完毕后单击右键结束。

注意：要填写第二跨的左支座和第二跨的右支座（或第一跨的右支座和第三跨的左支座），次梁宽度输入 250，次梁加筋输入
8A10，附加箍筋肢数不用输入，软件默认为梁箍筋的肢数。

（3）KL5 – 300×700 钢筋答案软件手工对比

汇总计算后查看 KL5 – 300×700 钢筋的软件答案见表 2.4.23。

	属性名称	属性值
1	名称	KL5-300×700
2	类别	楼层框架梁
3	截面宽度(mm)	300
4	截面高度(mm)	700
5	轴线距梁左边	(150)
6	跨数量	
7	箍筋	A10@100/200(4)
8	肢数	4
9	上部通长筋	2B25+(2B12)
10	下部通长筋	
11	侧面纵筋	
12	拉筋	
13	其他箍筋	
14	备注	
15	⊞ 其他属性	
23	⊞ 锚固搭接	

属性编辑

图 2.4.54

表 2.4.23　KL5 -300×700 钢筋软件答案

构件名称:KL5 -300×700,软件计算单构件钢筋重量:965.859kg,数量:1 根

序号	筋号	直径	级别		软件答案 公式	长度	根数	搭接	手工答案 长度	根数	搭接
1	1. 上通长筋1	25	二级	长度计算公式	$600-30+15\times d+14400+600-30+15\times d$	16290	2	1	16290	2	1
				长度公式描述	支座宽-保护层+弯折+净长+支座宽-保护层+弯折						
2	1. 左支座筋1	25	二级	长度计算公式	$600-30+15\times d+(5400/3)$	2745	2		2745	2	
				长度公式描述	支座宽-保护层+弯折+伸入跨中长度						
3	1. 左支座筋2	25	二级	长度计算公式	$600-30+15\times d+(5400/4)$	2295	2		2295	2	
				长度公式描述	支座宽-保护层+弯折+伸入跨中长度						
4	1. 下部钢筋1	25	二级	长度计算公式	$600-30+15\times d+5400+34\times d$	7195	4		7195	4	
				长度公式描述	支座宽-保护层+弯折+净长+直锚						
5	1. 下部钢筋2	25	二级	长度计算公式	$600-30+15\times d+5400+34\times d$	7195	2		7195	2	
				长度公式描述	支座宽-保护层+弯折+净长+直锚						
6	1. 架立筋1	12	二级	长度计算公式	$150-(5400/3)+5400+150-(5400/3)$	2100	2		2100	2	
				长度公式描述	搭接-端部伸出长度+净长+搭接-端部伸出长度						
7	1. 箍筋1	10	一级	长度计算公式	$2\times[(300-2\times30)+(700-2\times30)]+2\times(11.9\times d)+(8\times d)$	2078			2078		
				根数计算公式	$2\times[\text{ceil}(1000/100)+1]+\text{ceil}(3300/200)-1$		38			38	
8	1. 箍筋2	10	一级	长度计算公式	$2\times[(300-2\times30-25/3\times1+25)+(700-2\times30)]+2\times(11.9\times d)+(8\times d)$	1791			1792		
				根数计算公式	$2\times[\text{ceil}(1000/100)+1]+\text{ceil}(3300/200)-1$		38			38	
9	2. 跨中筋1	25	二级	长度计算公式	$(5400/3)+600+2400+600+(5400/3)$	7200	2		7200	2	
				长度公式描述	伸入跨中长度+支座宽+净长+支座宽+伸入跨中长度						
10	2. 跨中筋2	25	二级	长度计算公式	$(5400/4)+600+2400+600+(5400/4)$	6300	2		6300	2	
				长度公式描述	伸入跨中长度+支座宽+净长+支座宽+伸入跨中长度						
11	2. 下部钢筋1	25	二级	长度计算公式	$34\times d+2400+34\times d$	4100	4		4100	4	
				长度公式描述	直锚+净长+直锚						

445

序号	筋号	直径	级别	软件答案		长度	根数	搭接	手工答案		
					公式				长度	根数	搭接
12	2. 箍筋1	10	一级	长度计算公式	$2 \times \left[(300 - 2 \times 30) + (700 - 2 \times 30) \right] + 2 \times (11.9 \times d) + (8 \times d)$	2078			2078		
				根数计算公式	$2 \times \left[ceil(1000/100) + 1 \right] + ceil(300/200) - 1$		23			23	
13	2. 箍筋2	10	一级	长度计算公式	$2 \times \left[(300 - 2 \times 30 - 25/3 \times 1 + 25) + (700 - 2 \times 30) \right] + 2 \times (11.9 \times d) + (8 \times d)$	1791			1792		
				根数计算公式	$2 \times \left[ceil(1000/100) + 1 \right] + ceil(300/200) - 1$		23			23	
14	3. 右支座筋1	25	二级	长度计算公式	$(5400/3) + 600 - 30 + 15 \times d$	2745	2		2745	2	
				长度公式描述	伸入跨中长度 + 支座宽 - 保护层 + 弯折						
15	3. 右支座筋2	25	二级	长度计算公式	$(5400/4) + 600 - 30 + 15 \times d$	2295	2		2295	2	
				长度公式描述	伸入跨中长度 + 支座宽 - 保护层 + 弯折						
16	3. 下部钢筋1	25	二级	长度计算公式	$34 \times d + 5400 + 600 - 30 + 15 \times d$	7195	4		7195	4	
				长度公式描述	直锚 + 净长 + 支座宽 - 保护层 + 弯折						
17	3. 下部钢筋2	25	二级	长度计算公式	$34 \times d + 5400 + 600 - 30 + 15 \times d$	7195	2		7195	2	
				长度公式描述	直锚 + 净长 + 支座宽 - 保护层 + 弯折						
18	3. 次梁加筋1	10	一级	长度计算公式	$2 \times \left[(300 - 2 \times 30) + (700 - 2 \times 30) \right] + 2 \times (11.9 \times d) + (8 \times d)$	2078	8		2078	8	
19	3. 次梁加筋2	10	一级	长度计算公式	$2 \times \left[(300 - 2 \times 30 - 25/3 \times 1 + 25) + (700 - 2 \times 30) \right] + 2 \times (11.9 \times d) + (8 \times d)$	1791	8		1792	8	
20	3. 架立筋1	12	二级	长度计算公式	$150 - (5400/3) + 5400 + 150 - (5400/3)$	2100	2		2100	2	
				长度公式描述	搭接 - 端部伸出长度 + 净长 + 搭接 - 端部伸出长度						
21	3. 箍筋1	10	一级	长度计算公式	$2 \times \left[(300 - 2 \times 30) + (700 - 2 \times 30) \right] + 2 \times (11.9 \times d) + (8 \times d)$	2078			2078		
				根数计算公式	$2 \times \left[ceil(1000/100) + 1 \right] + ceil(3300/200) - 1$		38			38	
22	3. 箍筋2	10	一级	长度计算公式	$2 \times \left[(300 - 2 \times 30 - 25/3 \times 1 + 25) + (700 - 2 \times 30) \right] + 2 \times (11.9 \times d) + (8 \times d)$	1791			1792		
				根数计算公式	$2 \times \left[ceil(1000/100) + 1 \right] + ceil(3300/200) - 1$		38			38	

6. KL6 – 300 × 700 的属性、画法及其答案对比

（1） KL6 – 300 × 700 的属性编辑

KL6 – 300 × 700 的属性编辑如图 2.4.55 所示。

单击"绘图"退出。

（2）KL6 - 300 × 700 的画法

画梁："单击"梁"下拉菜单里的"梁"→选择 KL6 - 300 × 700→单击"直线"画法→单击（2/A）交点→单击（2/D）交点→单击右键结束。

找支座：单击"重提梁跨"→单击画好的 KL6 - 300 × 700→单击右键结束。

原位标注：单击"原位标注"下拉菜单→单击"梁平法表格"→单击画好的 KL4 - 300 × 700→填写原位标注见表 2.4.24。

属性编辑

	属性名称	属性值
1	名称	KL6-300×700
2	类别	楼层框架梁
3	截面宽度(mm)	300
4	截面高度(mm)	700
5	轴线距梁左边	(150)
6	跨数量	
7	箍筋	A10@100/200 (2)
8	肢数	2
9	上部通长筋	2B25
10	下部通长筋	
11	侧面纵筋	G4B16
12	拉筋	(A6)
13	其他箍筋	
14	备注	
15	⊞ 其他属性	
23	⊞ 锚固搭接	

图 2.4.55

表 2.4.24 KL6 - 300 × 700 的原位标注

跨号	上部钢筋			下部钢筋		次梁宽度	次梁附加
	左支座钢筋	跨中钢筋	右支座钢筋	通长筋	下部钢筋		
1	6B25 4/2				6B25 2/4		
2	6B25 4/2	6B25 4/2	6B25 4/2		4B25		
3		6B25 4/2			6B25 2/4	250	8A10

填写完毕后单击右键结束。

注意：要填写第一跨的右支座和第三跨左支座或者第二跨的左右支座，次梁加筋输入 8A10。

（3）KL6 - 300 × 700 钢筋答案软件手工对比

汇总计算后查看 KL6 - 300 × 700 钢筋的软件答案见表 2.4.25。

表 2.4.25 KL6 - 300 × 700 钢筋软件答案

构件名称:KL6 - 300 × 700,软件计算单构件钢筋重量:941.172kg,数量:1 根

序号	筋号	直径	级别	软件答案		长度	根数	搭接	手工答案 长度	根数	搭接
1	1. 上通长筋1	25	二级	长度计算公式	$600 - 30 + 15 × d + 14400 + 600 - 30 + 15 × d$	16290	2	1	16290	2	1
				长度公式描述	支座宽 - 保护层 + 弯折 + 净长 + 支座宽 - 保护层 + 弯折						
2	1. 左支座筋1	25	二级	长度计算公式	$600 - 30 + 15 × d + (5400/3)$	2745	2		2745	2	
				长度公式描述	支座宽 - 保护层 + 弯折 + 伸入跨中长度						

447

序号	筋号	直径	级别	软件答案		长度	根数	搭接	手工答案		
					公式				长度	根数	搭接
3	1. 左支座筋2	25	二级	长度计算公式	$600 - 30 + 15 \times d + (5400/4)$	2295	2		2295	2	
				长度公式描述	支座宽 − 保护层 + 弯折 + 伸入跨中长度						
4	1. 下部钢筋1	25	二级	长度计算公式	$600 - 30 + 15 \times d + 5400 + 34 \times d$	7195	4		7195	4	
				长度公式描述	支座宽 − 保护层 + 弯折 + 净长 + 直锚						
5	1. 下部钢筋2	25	二级	长度计算公式	$600 - 30 + 15 \times d + 5400 + 34 \times d$	7195	2		7195	2	
				长度公式描述	支座宽 − 保护层 + 弯折 + 净长 + 直锚						
6	1. 侧面构造筋1	16	二级	长度计算公式	$15 \times d + 14400 + 15 \times d$	14880	4	1	14880	4	1
				长度公式描述	锚固 + 净长 + 锚固						
7	1. 箍筋1	10	一级	长度计算公式	$2 \times [(300 - 2 \times 30) + (700 - 2 \times 30)] + 2 \times (11.9 \times d) + (8 \times d)$	2078			2078		
				根数计算公式	$2 \times [\mathrm{ceil}(1000/100) + 1] + \mathrm{ceil}(3300/200) - 1$		38			38	
8	1. 拉筋1	6	一级	长度计算公式	$(300 - 2 \times 30) + 2 \times (75 + 1.9 \times d) + (2 \times d)$	425			426		
				根数计算公式	$2 \times [\mathrm{Ceil}(5300/400) + 1]$		30			30	
9	2. 跨中筋1	25	二级	长度计算公式	$(5400/3) + 600 + 2400 + 600 + (5400/3)$	7200	2		7200	2	
				长度公式描述	伸入跨中长度 + 支座宽 + 净长 + 支座宽 + 伸入跨中长度						
10	2. 跨中筋2	25	二级	长度计算公式	$(5400/4) + 600 + 2400 + 600 + (5400/4)$	6300	2		6300	2	
				长度公式描述	伸入跨中长度 + 支座宽 + 净长 + 支座宽 + 伸入跨中长度						
11	2. 下部钢筋1	25	二级	长度计算公式	$34 \times d + 2400 + 34 \times d$	4100	4		4100	4	
				长度公式描述	直锚 + 净长 + 直锚						
12	2. 箍筋1	10	一级	长度计算公式	$2 \times [(300 - 2 \times 30) + (700 - 2 \times 30)] + 2 \times (11.9 \times d) + (8 \times d)$	2078			2078		
				根数计算公式	$2 \times [\mathrm{ceil}(1000/100) + 1] + \mathrm{ceil}(300/200) - 123$		23			23	
13	2. 箍筋2	10	一级	长度计算公式	$(300 - 2 \times 30) + 2 \times (75 + 1.9 \times d) + (2 \times d)$	425			426		
				根数计算公式	$2 \times [\mathrm{ceil}(2300/400) + 1]$		14			14	
14	3. 右支座筋1	25	二级	长度计算公式	$(5400/3) + 600 - 30 + 15 \times d$	2745	2		2745	2	
				长度公式描述	伸入跨中长度 + 支座宽 − 保护层 + 弯折						
15	3. 右支座筋2	25	二级	长度计算公式	$(5400/4) + 600 - 30 + 15 \times d$	2295	2		2295	2	
				长度公式描述	伸入跨中长度 + 支座宽 − 保护层 + 弯折						

序号	筋号	直径	级别	软件答案		长度	根数	搭接	手工答案 长度	根数	搭接
					公式						
16	3. 下部钢筋1	25	二级	长度计算公式	$34 \times d + 5400 + 600 - 30 + 15 \times d$	7195	4		7195	4	
				长度公式描述	直锚 + 净长 + 支座宽 - 保护层 + 弯折						
17	3. 下部钢筋2	25	二级	长度计算公式	$34 \times d + 5400 + 600 - 30 + 15 \times d$	7195	2		7195	2	
				长度公式描述	直锚 + 净长 + 支座宽 - 保护层 + 弯折						
18	3. 次梁加筋1	10	一级	长度计算公式	$2 \times ((300 - 2 \times 30) + (700 - 2 \times 30)) + 2 \times (11.9 \times d) + (8 \times d)$	2078			2078		
				附加箍筋根数			8			8	
19	3. 箍筋1	10	一级	长度计算公式	$2 \times [(300 - 2 \times 30) + (700 - 2 \times 30)] + 2 \times (11.9 \times d) + (8 \times d)$	2078			2078		
				根数计算公式	$2 \times [\text{ceil}(1000/100) + 1] + \text{ceil}(3300/200) - 1$		38			38	
20	3. 拉筋1	6	一级	长度计算公式	$(300 - 2 \times 30) + 2 \times (75 + 1.9 \times d) + (2 \times d)$	425			425		
				根数计算公式	$2 \times [\text{Ceil}(5300/400) + 1]$		30			30	

7. KL7 – 300×700 的属性、画法及其答案对比

（1）KL7 – 300×700 的属性编辑

KL7 – 300×700 的属性编辑如图2.4.56所示。

单击"绘图"退出。

（2）KL7 – 300×700 的画法

画梁："单击"梁"下拉菜单里的"梁"→选择 KL7 – 300×700→单击"直线"画法→单击（3/A）交点→单击（3/D）交点→单击右键结束。

找支座：单击"重提梁跨"→单击画好的 KL7 – 300×700→单击右键结束。

原位标注：单击"原位标注"下拉菜单→单击"梁平法表格"→单击画好的 KL7 – 300×700→填写原位标注见表2.4.26。

表 2.4.26   KL7 – 300×700 的原位标注

跨号	上部钢筋			下部钢筋	
	左支座钢筋	跨中钢筋	右支座钢筋	通长筋	下部钢筋
1	6B25 4/2				6B25 2/4
2	6B25 4/2	6B25 4/2	6B25 4/2		4B25
3			6B25 4/2		6B25 2/4

属性编辑

	属性名称	属性值
1	名称	KL7-300×700
2	类别	楼层框架梁
3	截面宽度(mm)	300
4	截面高度(mm)	700
5	轴线距梁左边	(150)
6	跨数量	
7	箍筋	A10@100/200(2)
8	肢数	2
9	上部通长筋	2B25
10	下部通长筋	
11	侧面纵筋	N4B16
12	拉筋	(A6)
13	其他箍筋	
14	备注	
15	其他属性	
23	锚固搭接	

图2.4.56

449

填写完毕后单击右键结束。

（3）KL7 – 300×700 钢筋答案软件手工对比

汇总计算后查看 KL7 – 300×700 钢筋的软件答案见表 2.4.27。

表 2.4.27 KL7 – 300×700 钢筋软件答案

构件名称:KL7 – 300×700,软件计算单构件钢筋重量:934.762kg,数量:1 根

序号	筋号	直径	级别		公　式	长度	根数	搭接	长度	根数	搭接
					软件答案				手工答案		
1	1. 上通长筋 1	25	二级	长度计算公式	$600 - 30 + 15 \times d + 14400 + 600 - 30 + 15 \times d$	16290	2	1	16290	2	1
				长度公式描述	支座宽 – 保护层 + 弯折 + 净长 + 支座宽 – 保护层 + 弯折						
2	1. 左支座筋 1	25	二级	长度计算公式	$600 - 30 + 15 \times d + (5400/3)$	2745	2		2745	2	
				长度公式描述	支座宽 – 保护层 + 弯折 + 伸入跨中长度						
3	1. 左支座筋 2	25	二级	长度计算公式	$600 - 30 + 15 \times d + (5400/4)$	2295	2		2295	2	
				长度公式描述	支座宽 – 保护层 + 弯折 + 伸入跨中长度						
4	1. 下部钢筋 1	25	二级	长度计算公式	$600 - 30 + 15 \times d + 5400 + 34 \times d$	7195	4		7195	4	
				长度公式描述	支座宽 – 保护层 + 弯折 + 净长 + 直锚						
5	1. 下部钢筋 2	25	二级	长度计算公式	$600 - 30 + 15 \times d + 5400 + 34 \times d$	7195	2		7195	2	
				长度公式描述	支座宽 – 保护层 + 弯折 + 净长 + 直锚						
6	1. 侧面受扭筋 1	16	二级	长度计算公式	$34 \times d + 14400 + 34 \times d$	15488	4	1	15488	4	1
				长度公式描述	直锚 + 净长 + 直锚						
7	1. 箍筋 1	10	一级	长度计算公式	$2 \times ((300 - 2 \times 30) + (700 - 2 \times 30)) + 2 \times (11.9 \times d) + (8 \times d)$	2078			2078		
				根数计算公式	$2 \times [\operatorname{ceil}(1000/100) + 1] + \operatorname{ceil}(3300/200) - 1$		38			38	
8	1. 拉筋 1	6	一级	长度计算公式	$(300 - 2 \times 30) + 2 \times (75 + 1.9 \times d) + (2 \times d)$	425			426		
				根数计算公式	$2 \times [\operatorname{Ceil}(5300/400) + 1]$		30			30	
9	2. 跨中筋 1	25	二级	长度计算公式	$5400/3 + 600 + 2400 + 600 + 5400/3$	7200	2		7200	2	

序号	筋号	直径	级别	公 式		长度	根数	搭接	长度	根数	搭接
						软件答案			手工答案		
9	2. 跨中筋1	25	二级	长度公式描述	伸入跨中长度 + 支座宽 + 净长 + 支座宽 + 伸入跨中长度						
10	2. 跨中筋2	25	二级	长度计算公式	$(5400/4) + 600 + 2400 + 600 + (5400/4)$	6300	2		6300	2	
				长度公式描述	伸入跨中长度 + 支座宽 + 净长 + 支座宽 + 伸入跨中长度						
11	2. 下部钢筋1	25	二级	长度计算公式	$34 \times d + 2400 + 34 \times d$	4100	4		4100	4	
				长度公式描述	直锚 + 净长 + 直锚						
12	2. 箍筋1	10	一级	长度计算公式	$2 \times ((300 - 2 \times 30) + (700 - 2 \times 30)) + 2 \times (11.9 \times d) + (8 \times d)$	2078			2078		
				根数计算公式	$2 \times \lceil \operatorname{ceil}(1000/100) + 1 \rceil + \operatorname{ceil}(300/200) - 1$		23			23	
13	2. 拉筋1	6	一级	长度计算公式	$(300 - 2 \times 30) + 2 \times (75 + 1.9 \times d) + (2 \times d)$	425			426		
				根数计算公式	$2 \times \lceil \operatorname{Ceil}(2300/400) + 1 \rceil$		14			14	
14	3. 右支座筋1	25	二级	长度计算公式	$(5400/3) + 600 - 30 + 15 \times d$	2745	2		2745	2	
				长度公式描述	伸入跨中长度 + 支座宽 - 保护层 + 弯折						
15	3. 右支座筋2	25	二级	长度计算公式	$(5400/4) + 600 - 30 + 15 \times d$	2295	2		2295	2	
				长度公式描述	伸入跨中长度 + 支座宽 - 保护层 + 弯折						
16	3. 下部钢筋1	25	二级	长度计算公式	$34 \times d + 5400 + 600 - 30 + 15 \times d$	7195	4		7195	4	
				长度公式描述	直锚 + 净长 + 支座宽 - 保护层 + 弯折						
17	3. 下部钢筋2	25	二级	长度计算公式	$34 \times d + 5400 + 600 - 30 + 15 \times d$	7195	2		7195	2	
				长度公式描述	直锚 + 净长 + 支座宽 - 保护层 + 弯折						
18	3. 箍筋1	10	一级	长度计算公式	$2 \times \lceil (300 - 2 \times 30) + (700 - 2 \times 30) \rceil + 2 \times (11.9 \times d) + (8 \times d)$	2078			2078		
				根数计算公式	$2 \times \lceil \operatorname{ceil}(1000/100) + 1 \rceil + \operatorname{ceil}(3300/200) - 1$		38			38	
19	3. 拉筋2	6	一级	长度计算公式	$(300 - 2 \times 30) + 2 \times (75 + 1.9 \times d) + (2 \times d)$	425			426		
				根数计算公式	$2 \times \lceil \operatorname{Ceil}(5300/400) + 1 \rceil$		30			30	

8. KL8－300×700 的属性、画法及其答案对比

（1）KL8－300×700 的属性编辑

KL8－300×700 的属性编辑如图 2.4.57 所示。

单击"绘图"退出。

（2）KL8－300×700 的画法

画梁："单击'梁'下拉菜单里的'梁'→选择 KL8－300×700→单击（4/A）交点→单击（4/D）交点→单击右键结束。

找支座：单击"重提梁跨"→单击画好的 KL8－300×700→单击右键结束。找支座结束后，软件会默认为 Z1 为 KL8－300×700 的支座，我们需要把这个支座删除，操作步骤如下。

删除 Z1 点支座：单击"选择"按钮→单击画好的 KL8－300×700→单击"重提梁跨"下拉菜单→单击"删除支座"→单击 Z1 处的梁支座"×"→单击右键"出现"是否删除支座"对话框→单击"是"出现"提示"对话框→单击"确定"就删除了 Z1 的梁支座。

原位标注：单击"原位标注"下拉菜单→单击"梁平法表格"→单击画好的 KL8－300×700→填写原位标注见表 2.4.28。

图 2.4.57

	属性名称	属性值
1	名称	KL8-300×700
2	类别	楼层框架梁
3	截面宽度(mm)	300
4	截面高度(mm)	700
5	轴线距梁左边	(150)
6	跨数量	
7	箍筋	A10@100/200(2)
8	肢数	2
9	上部通长筋	2B25
10	下部通长筋	
11	侧面纵筋	
12	拉筋	
13	其他箍筋	
14	备注	
15	⊞ 其他属性	
23	⊞ 锚固搭接	

表 2.4.28　KL8－300×700 的原位标注

跨号	上部钢筋			下部钢筋	
	左支座钢筋	跨中钢筋	右支座钢筋	通长筋	下部钢筋
1	6B25 4/2		6B25 4/2		6B25 2/4
2	4B25	4B25	4B25		4B25
3	6B25 4/2		6B25 4/2		6B25 2/4

填写完毕后单击右键结束。

注意：要填写第二跨的左、中、右支座。

（3）KL8－300×700 钢筋答案软件手工对比

汇总计算后查看 KL8－300×700 钢筋的软件答案见表 2.4.29。

452

表 2.4.29　KL8 −300 ×700 钢筋软件答案

构件名称:KL8 −300 ×700,软件计算单构件钢筋重量:816.821kg,数量:1 根

序号	筋号	直径	级别	软件答案		长度	根数	搭接	手工答案 长度	根数	搭接
					公 式						
1	1. 上通长筋1	25	二级	长度计算公式	$600 -30 +15 \times d +14400 +600 -30 +15 \times d$	16290	2	1	16290	2	1
				长度公式描述	支座宽 −保护层 +弯折 +净长 +支座宽 −保护层 +弯折						
2	1. 左支座筋1	25	二级	长度计算公式	$600 -30 +15 \times d +(5400/3)$	2745	2		2745	2	
				长度公式描述	支座宽 −保护层 +弯折 +伸入跨中长度						
3	1. 左支座筋2	25	二级	长度计算公式	$600 -30 +15 \times d +(5400/4)$	2295	2		2295	2	
				长度公式描述	支座宽 −保护层 +弯折 +伸入跨中长度						
4	1. 右支座筋1	25	二级	长度计算公式	$600 -30 +15 \times d +(5400/4)$	2295	2		2295	2	
				长度公式描述	支座宽 −保护层 +弯折 +伸入跨中长度						
5	1. 右支座筋1	25	二级	长度计算公式	$600 -30 +15 \times d +5400 +34 \times d$	7195	4		7195	4	
				长度公式描述	支座宽 −保护层 +弯折 +净长 +直锚						
6	1. 下部钢筋2	25	二级	长度计算公式	$600 -30 +15 \times d +5400 +34 \times d$	7195	2		7195	2	
				长度公式描述	支座宽 −保护层 +弯折 +净长 +直锚						
7	1. 箍筋1	10	一级	长度计算公式	$2 \times ((300 -2 \times 30) +(700 -2 \times 30)) +2 \times (11.9 \times d) +(8 \times d)$	2078			2078		
				根数计算公式	$2 \times [ceil(1000/100) +1] +ceil(3300/200) -1$		38			38	
8	2. 跨中筋1	25	二级	长度计算公式	$(5400/3) +600 +2400 +600 +(5400/3)$	7200	2		7200	2	
				长度公式描述	伸入跨中长度 +支座宽 +净长 +支座宽 +伸入跨中长度						
9	2. 下部钢筋1	25	二级	长度计算公式	$34 \times d +2400 +34 \times d$	4100	4		4100	4	
				长度公式描述	直锚 +净长 +直锚						
10	2. 箍筋1	10	一级	长度计算公式	$2 \times [(300 -2 \times 30) +(700 -2 \times 30)] +2 \times (11.9 \times d) +(8 \times d)$	2078			2078		
				根数计算公式	$2 \times [ceil(1000/100) +1] +ceil(300/200) -1$		23			23	
11	3. 右支座筋1	25	二级	长度计算公式	$(5400/3) +600 -30 +15 \times d$	2745	2		2745	2	
				长度公式描述	伸入跨中长度 +支座宽 −保护层 +弯折						

				软件答案					手工答案		
序号	筋号	直径	级别		公 式		长度	根数	搭接	长度	根数	搭接
12	3. 左支座筋1	25	二级	长度计算公式	$600 - 30 + 15 \times d + (5400/4)$		2295	2		2745	2	
				长度公式描述	支座宽 - 保护层 + 弯折 + 伸入跨中长度							
13	3. 右支座筋2	25	二级	长度计算公式	$(5400/4) + 600 - 30 + 15 \times d$		2295	2		2295	2	
				长度公式描述	伸入跨中长度 + 支座宽 - 保护层 + 弯折							
14	3. 下部钢筋1	25	二级	长度计算公式	$34 \times d + 5400 + 600 - 30 + 15 \times d$		7195	4		7195	4	
				长度公式描述	直锚 + 净长 + 支座宽 - 保护层 + 弯折							
15	3. 下部钢筋2	25	二级	长度计算公式	$34 \times d + 5400 + 600 - 30 + 15 \times d$		7195	2		7195	2	
				长度公式描述	直锚 + 净长 + 支座宽 - 保护层 + 弯折							
16	3. 箍筋1	10	一级	长度计算公式	$2 \times [(300 - 2 \times 30) + (700 - 2 \times 30)] + 2 \times (11.9 \times d) + (8 \times d)$		2078			2078		
				根数计算公式	$2 \times [\text{ceil}(1000/100) + 1] + \text{ceil}(3300/200) - 1$			38			38	

9. KL9 – 300 × 700 的属性、画法及其答案对比

（1） KL9 – 300 × 700 的属性编辑

KL9 – 300 × 700 的属性编辑如图 2.4.58 所示，单击：“绘图”退出。

（2） KL9 – 300 × 700 的画法

画梁：“单击“梁”下拉菜单里的“梁”→选择 KL9 – 300 × 700→单击“直线”画法→单击（5/A）交点→单击（5/D）交点→单击右键结束。

对齐：单击“选择”按钮→单击画好的 KL9 – 300 × 700→单击右键出现右键菜单→单击“单图元对齐”→单击 5 轴线的任意一根柱的右外侧外边线→单击 KL9 右侧外边线→单击右键结束。

找支座：单击“重提梁跨”→单击画好的 KL9 – 300 × 700→单击右键结束。

删除 Z1 点支座：单击“选择”按钮→单击画好的 KL9 – 300 × 700→单击“重提梁跨”下拉菜单→单击“删除支座”→单击 Z1 处的梁支座“×”→单击右键”出现“是否删除支座”对话框→单击“是”出现“提示”对话框→单击“确定”就删除了 Z1 的梁支座。

属性编辑

	属性名称	属性值
1	名称	KL9-300×700
2	类别	楼层框架梁
3	截面宽度(mm)	300
4	截面高度(mm)	700
5	轴线距梁左边	(150)
6	跨数量	
7	箍筋	A10@100/200 (2)
8	肢数	2
9	上部通长筋	2B25
10	下部通长筋	
11	侧面纵筋	
12	拉筋	
13	其他箍筋	
14	备注	
15	其他属性	
23	轴图搭接	

图 2.4.58

原位标注：单击"原位标注"下拉菜单→单击"梁平法表格"→单击画好的 KL8－300×700→填写原位标注见表 2.4.30。

表 2.4.30　KL9－300×700 的原位标注

跨号	上部钢筋			下部钢筋	
	左支座钢筋	跨中钢筋	右支座钢筋	通长筋	下部钢筋
1	2B25＋2B22				6B25 2/4
2	2B25＋2B22	2B25＋2B22	2B25＋2B22		4B25
3			2B25＋2B22		6B25 2/4

填写完毕后单击右键结束。

注意：要填写第二跨的左、中、右支座。

（3）KL9－300×700 钢筋答案软件手工对比

汇总计算后查看 KL9－300×700 钢筋的软件答案见表 2.4.31。

表 2.4.31　KL9－300×700 钢筋软件答案

构件名称：KL9－300×700,软件计算单构件钢筋重量:723.473kg,数量:1 根

序号	筋号	直径	级别	软件答案		长度	根数	搭接	手工答案		
					公式				长度	根数	搭接
1	1. 上通长筋1	25	二级	长度计算公式	$600-30+15 \times d+14400+600-30+15 \times d$	16290	2	1	16290	2	1
				长度公式描述	支座宽－保护层＋弯折＋净长＋支座宽－保护层＋弯折						
2	1. 左支座筋1	22	二级	长度计算公式	$600-30+15 \times d+(5400/3)$	2700	2		2700	2	
				长度公式描述	支座宽－保护层＋弯折＋伸入跨中长度						
3	1. 下部钢筋1	25	二级	长度计算公式	$600-30+15 \times d+5400+34 \times d$	7195	4		7195	4	
				长度公式描述	支座宽－保护层＋弯折＋净长＋直锚						
4	1. 下部钢筋2	25	二级	长度计算公式	$600-30+15 \times d+5400+34 \times d$	7195	2		7195	2	
				长度公式描述	支座宽－保护层＋弯折＋净长＋直锚						
5	1. 箍筋1	10	一级	长度计算公式	$2 \times((300-2 \times 30)+(700-2 \times 30))+2 \times(11.9 \times d)+(8 \times d)$	2078			2078		
				根数计算公式	$2 \times [ceil(1000/100)+1]+ceil(3300/200)-1$		38			38	

序号	筋号	直径	级别	软件答案		长度	根数	搭接	手工答案 长度	根数	搭接
				公 式							
6	2. 跨中筋1	25	二级	长度计算公式	$(5400/3) + 600 + 2400 + 600 + (5400/3)$	7200	2		7200	2	
				长度公式描述	伸入跨中长度 + 支座宽 + 净长 + 支座宽 + 伸入跨中长度						
7	2. 下部钢筋1	25	二级	长度计算公式	$34 \times d + 2400 + 34 \times d$	4100	4		4100	4	
				长度公式描述	直锚 + 净长 + 直锚						
8	2. 箍筋1	10	一级	长度计算公式	$2 \times ((300 - 2 \times 30) + (700 - 2 \times 30)) + 2 \times (11.9 \times d) + (8 \times d)$	2078			2078		
				根数计算公式	$2 \times [\operatorname{ceil}(1000/100) + 1] + \operatorname{ceil}(300/200) - 1$		23			23	
9	3. 右支座筋1	22	二级	长度计算公式	$(5400/3) + 600 - 30 + 15 \times d$	2700	2		2700	2	
				长度公式描述	伸入跨中长度 + 支座宽 - 保护层 + 弯折						
10	3. 下部钢筋1	25	二级	长度计算公式	$34 \times d + 5400 + 600 - 30 + 15 \times d$	7195	4		7195	4	
				长度公式描述	直锚 + 净长 + 支座宽 - 保护层 + 弯折						
11	3. 下部钢筋2	25	二级	长度计算公式	$34 \times d + 5400 + 600 - 30 + 15 \times d$	7195	2		7195	2	
				长度公式描述	直锚 + 净长 + 支座宽 - 保护层 + 弯折						
12	3. 箍筋1	10	一级	长度计算公式	$2 \times [(300 - 2 \times 30) + (700 - 2 \times 30)] + 2 \times (11.9 \times d) + (8 \times d)$	2078			2078		
				根数计算公式	$2 \times [\operatorname{ceil}(1000/100) + 1] + \operatorname{ceil}(3300/200) - 1$		38			38	

10. L1、L2 的属性、画法及其答案对比

L1 和 L2 在本图中属于次梁，我们按非框架梁进行定义。

（1）L1 – 250 × 500 的属性编辑

L1 – 250 × 500 的属性编辑如图 2.4.59 所示。

（2）L2 – 250 × 450 的属性编辑

L2 – 250 × 450 的属性编辑如图 2.4.60 所示。

单击"绘图"退出

（3）L1 – 250 × 500 的画法

我们用"智能布置"的方法来画 L1 – 250 × 500，操作步骤如下：

属性编辑

	属性名称	属性值
1	名称	L1-250×500
2	类别	非框架梁
3	截面宽度(mm)	250
4	截面高度(mm)	500
5	轴线距梁左边	(125)
6	跨数量	
7	箍筋	A8@200 (2)
8	肢数	2
9	上部通长筋	2B18
10	下部通长筋	6B22 2/4
11	侧面纵筋	
12	拉筋	
13	其他箍筋	
14	备注	
15	⊞ 其他属性	
23	⊞ 锚固搭接	

图 2.4.59

属性编辑

	属性名称	属性值
1	名称	L2-250×450
2	类别	非框架梁
3	截面宽度(mm)	250
4	截面高度(mm)	450
5	轴线距梁左边	(125)
6	跨数量	
7	箍筋	A8@200 (2)
8	肢数	2
9	上部通长筋	2B16
10	下部通长筋	3B18
11	侧面纵筋	
12	拉筋	
13	其他箍筋	
14	备注	
15	⊞ 其他属性	
23	⊞ 锚固搭接	

图 2.4.60

"单击"梁"下拉菜单里的"梁"→选择 L1 –250 ×500→单击"智能布置"下拉菜单里的"墙中心线"→单击 C′轴线 200 厚的墙→单击右键结束。

找支座：单击"重提梁跨"→单击画好的 L1 –250 ×500→单击右键结束。

原位标注：单击"原位标注"下拉菜单→单击"梁平法表格"→单击画好的 L1 –250 ×500→填写原位标注见表 2.4.32。

表 2.4.32　L1 –250 ×500 的原位标注

跨号	上部钢筋			下部钢筋		次梁宽度	吊筋
	左支座钢筋	跨中钢筋	右支座钢筋	通长筋	下部钢筋		
1	4B18		4B18	6B22 2/4		250	2B18

（4）L2 –250 ×450 的画法

我们用"智能布置"的方法来画 L2 –250 ×450，操作步骤如下：

画梁：单击"梁"下拉菜单里的"梁"→选择 L2 –250 ×450→单击"智能布置"下拉菜单里的"墙中心线"→单击 1′轴线

457

200 厚的墙→单击右键结束。

找支座：单击"重提梁跨"→单击画好的 L2 - 250 × 450→单击右键结束。

（5）L1 - 250 × 500 钢筋答案软件手工对比

汇总计算后查看 L1 - 250 × 500 钢筋的软件答案见表 2.4.33。

表 2.4.33 L1 - 250 × 500 钢筋软件答案

构件名称:L1 - 250 × 500,软件计算单构件钢筋重量:184.487kg,数量:1 根											
序号	筋号	直径	级别	软件答案		长度	根数	搭接	手工答案 长度	根数	搭接
1	1. 跨中筋1	18	二级	长度计算公式	$300 - 30 + 15 \times d + 5900 + 300 - 30 + 15 \times d$	6980	2		6980	2	
				长度公式描述	支座宽 - 保护层 + 弯折 + 净长 + 支座宽 - 保护层 + 弯折						
2	1. 左支座筋1	18	二级	长度计算公式	$300 - 30 + 15 \times d + (5900/5)$	1720	2		1720	2	
				长度公式描述	支座宽 - 保护层 + 弯折 + 伸入跨中长度						
3	1. 右支座筋1	18	二级	长度计算公式	$(5900/5) + 300 - 30 + 15 \times d$	1720	2		1720	2	
				长度公式描述	伸入跨中长度 + 支座宽 - 保护层 + 弯折						
4	1. 下部钢筋1	22	二级	长度计算公式	$12 \times d + 5900 + 12 \times d$	6428	4		6428	2	
				长度公式描述	锚固 + 净长 + 锚固						
5	1. 下部钢筋2	22	二级	长度计算公式	$12 \times d + 5900 + 12 \times d$	6428	2		6428	4	
				长度公式描述	锚固 + 净长 + 锚固						
6	1. 吊筋1	18	二级	长度计算公式	$250 + 2 \times 50 + 2 \times 20 \times d + 2 \times 1.414 \times (500 - 2 \times 30)$	2315	2		2316	2	
				长度公式描述	次梁宽度 + 2 × 50 + 2 × 吊筋锚固 + 2 × 斜长						
7	1. 箍筋1	8	一级	长度计算公式	$2 \times ((250 - 2 \times 30) + (500 - 2 \times 30)) + 2 \times (11.9 \times d) + (8 \times d)$	1514			1516		
				根数计算公式	$Ceil(2825/200) + 1 + Ceil(2625/200) + 1$		31			31	

（6）L2 - 250 × 450 钢筋答案软件手工对比

汇总计算后查看 L2 - 250 × 450 钢筋的软件答案见表 2.4.34。

表 2.4.34　L2 −250 ×450 钢筋软件答案

构件名称:L2 −250 ×450,软件计算单构件钢筋重量:58.512kg,数量:1 根

序号	筋号	直径	级别		软件答案				手工答案		
					公　式	长度	根数	搭接	长度	根数	搭接
1	1. 跨中筋1	16	二级	长度计算公式	$250 − 30 + 15 × d + 4375 + 300 − 30 + 15 × d$	5345	2		5345	2	
				长度公式描述	支座宽 − 保护层 + 弯折 + 净长 + 支座宽 − 保护层 + 弯折						
2	1. 下部钢筋1	18	二级	长度计算公式	$250 − 30 + 15 × d + 4375 + 300 − 30 + 15 × d$	4807	3		4807	3	
				长度公式描述	支座宽 − 保护层 + 弯折 + 净长 + 支座宽 − 保护层 + 弯折						
3	1. 箍筋1	8	一级	长度计算公式	$2 × ((250 − 2 × 30) + (450 − 2 × 30)) + 2 × (11.9 × d) + (8 × d)$	1414			1416		
				根数计算公式	$Ceil(4275/200) + 1$		23			23	

11. 梁延伸

梁如果不封闭,对画板有影响,在画板以前我们需要将梁封闭（因为梁相交处都有柱子作为支座,所以延伸梁对梁的钢筋并不产生影响）。

单击"梁"下拉菜单里的"梁"→在英文状态下按"Z"键取消柱子显示→单击"选择"按钮→单击"延伸"按钮→单击 D 轴线旁 KL4 −300 ×700（注意不要选中 D 轴线）→分别单击与 KL4 −300 ×700 垂直的所有的梁→单击右键结束→单击 5 轴线旁的 KL9 −300 ×700（注意不要选中 5 轴线）→分别单击与 KL9 −300 ×700 垂直的所有的梁→单击右键结束→单击 A 轴线旁 KL1 −250 × 500（注意不要选中 A 轴线）→分别单击与 KL1 −250 ×500 垂直的所有的梁→单击右键结束→单击 1 轴线旁 KL5 −300 ×700（注意不要选中 1 轴线）→分别单击与 KL5 −300 ×700 垂直的所有的梁→单击右键结束→单击右键取消延伸状态。

九、首层板的属性、画法及其答案对比

板要计算底筋、负筋、负筋分布筋以及马凳筋,用软件计算时我们要先画板,然后布置各种钢筋,下面分别介绍。

1. 建立板的属性

（1）建立 B100 板的属性

单击"板"下拉菜单→单击"现浇板"→单击"定义"→单击"新建"下拉菜单→单击"新建现浇板"→进入板"属性编辑"界面→修改"名称"为 B100→填写板厚为 100（将括号抹去）→单击"属性值"列下"马凳筋参数图形"出现"三点"→单

击"三点"→进入"马凳筋设置"界面→单击"Ⅱ型"马凳→填写马凳各值如图 2.4.61 所示→填写"马凳筋信息"为 B12@1000 →单击"确定"→将"马凳数量计算"改为"向下取整 +1"。建好的 B100 属性编辑如图 2.4.62 所示。

解释：这里选用的是常用的Ⅱ型马凳，$L_1 = 1000$，$L_2 = 100 - 15$（保护层）$\times 2 - 10$（底、顶筋直径）$\times 2 = 50$，L3 = 100（底筋间距）+50（每边出 50）$\times 2$，L_1、L_2、L_3 你可以根据自己的实际情况填写，这里只给一个参考数据。

B12@1000 表示马凳的直径为二级 12，排距为 1000，你可以根据实际情况填写。

马凳筋数量计算调整为："向下取整 +1"，是我们经过测试后得知软件调整为"向下取整 +1"后和手工计算是一致的。

（2）建立 B150 板的属性

用同样的方法建立 B150 的属性，如图 2.4.63、图 2.4.64 所示。

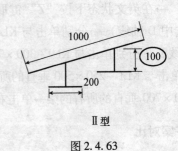

	属性名称	属性值
1	名称	B100
2	混凝土强度等级	(C30)
3	厚度(mm)	100
4	顶标高(m)	层顶标高
5	保护层厚度(mm)	(15)
6	马凳筋参数图	Ⅱ型
7	马凳筋信息	B12@1000
8	线形马凳筋方向	平行横向受力筋
9	拉筋	
10	马凳筋数量计算方式	向下取整+1
11	拉筋数量计算方式	向上取整+1
12	归类名称	(B100)
13	汇总信息	板马凳筋
14	备注	

图 2.4.61　　　　　图 2.4.62　　　　　图 2.4.63

	属性名称	属性值
1	名称	B150
2	混凝土强度等级	(C30)
3	厚度(mm)	150
4	顶标高(m)	层顶标高
5	保护层厚度(mm)	(15)
6	马凳筋参数图	Ⅱ型
7	马凳筋信息	B12@1000
8	线形马凳筋方向	平行横向受力筋
9	拉筋	
10	马凳筋数量计算方式	向下取整+1
11	拉筋数量计算方式	向上取整+1
12	归类名称	(B150)
13	汇总信息	板马凳筋
14	备注	

图 2.4.64

→单击"绘图"退出。

注意：板里的马凳信息对于板上层自动形成网片的板起作用，例如板里有跨板受里筋和温度筋的情况。对于板上层没有形成网片的情况，这里填写马凳的型号起作用，排距不起作用，排数需要在负筋里直接填写，后面填写。

2. 画首层现浇板

单击"板"下拉菜单里的"板"→选择"B100"→单击"点"按钮→分别单击"B100"的区域如图 2.4.65 所示。

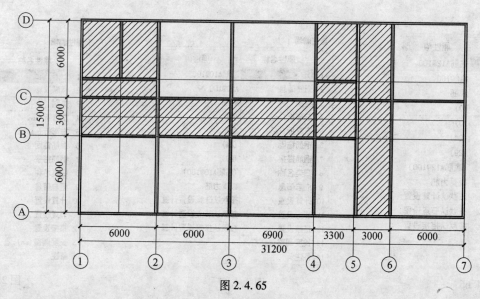

图 2.4.65

选择"B150"→单击"点"按钮→分别单击剩余的区域（楼梯间除外）。

3. 建立板受力筋属性

（1）底筋 A12@100

单击"板"下拉菜单里的"板受力筋"→单击"定义"→单击"新建"下拉菜单→单击"新建板受力筋"→新建底筋 A12@100 如图 2.4.66 所示。

（2）底筋 A10@100

用同样的方法建立"底筋 A10@100"如图 2.4.67 所示。

（3）底筋 A10@120

用同样的方法建立"底筋 A10@120"如图 2.4.68 所示。

（4）底筋 A8@100

底筋 A8@100 如图 2.4.69 所示。

（5）底筋 A8@150

底筋 A8@150 如图 2.4.70 所示。

属性编辑

	属性名称	属性值
1	名称	底筋A12@100
2	钢筋信息	A12@100
3	类别	底筋
4	左弯折(mm)	(0)
5	右弯折(mm)	(0)
6	钢筋锚固	(24)
7	钢筋搭接	(29)
8	归类名称	(底筋A12@100)
9	汇总信息	板受力筋
10	计算设置	按默认计算设置
11	节点设置	按默认节点设置
12	搭接设置	按默认搭接设置
13	长度调整(mm)	
14	备注	

图 2.4.66

属性编辑

	属性名称	属性值
1	名称	底筋A10@100
2	钢筋信息	A10@100
3	类别	底筋
4	左弯折(mm)	(0)
5	右弯折(mm)	(0)
6	钢筋锚固	(24)
7	钢筋搭接	(29)
8	归类名称	(底筋A10@100)
9	汇总信息	板受力筋
10	计算设置	按默认计算设置计算
11	节点设置	按默认节点设置计算
12	搭接设置	按默认搭接设置计算
13	长度调整(mm)	
14	备注	

图 2.4.67

属性编辑

	属性名称	属性值
1	名称	底筋A10@120
2	钢筋信息	A10@120
3	类别	底筋
4	左弯折(mm)	(0)
5	右弯折(mm)	(0)
6	钢筋锚固	(24)
7	钢筋搭接	(29)
8	归类名称	(底筋A10@120)
9	汇总信息	板受力筋
10	计算设置	按默认计算设置计算
11	节点设置	按默认节点设置计算
12	搭接设置	按默认搭接设置计算
13	长度调整(mm)	
14	备注	

图 2.4.68

属性编辑

	属性名称	属性值
1	名称	底筋A8@100
2	钢筋信息	A8@100
3	类别	底筋
4	左弯折(mm)	(0)
5	右弯折(mm)	(0)
6	钢筋锚固	(24)
7	钢筋搭接	(29)
8	归类名称	(底筋A8@100)
9	汇总信息	板受力筋
10	计算设置	按默认计算设置计算
11	节点设置	按默认节点设置计算
12	搭接设置	按默认搭接设置计算
13	长度调整(mm)	
14	备注	

图 2.4.69

属性编辑

	属性名称	属性值
1	名称	底筋A8@150
2	钢筋信息	A8@150
3	类别	底筋
4	左弯折(mm)	(0)
5	右弯折(mm)	(0)
6	钢筋锚固	(24)
7	钢筋搭接	(29)
8	归类名称	(底筋A8@150)
9	汇总信息	板受力筋
10	计算设置	按默认计算设置计算
11	节点设置	按默认节点设置计算
12	搭接设置	按默认搭接设置计算
13	长度调整(mm)	
14	备注	

图 2.4.70

单击"绘图"退出。

4. 画板受力筋

单击"板"下拉菜单里的"板受力筋"→选择"底筋 A12@100"→单击"单板"按钮→单击"垂直"按钮→单击"3~4/A~B轴线的板"→选择"底筋 A10@120"→单击"单板"按钮→单击"水平"按钮→单击"3~4/A~B轴线的板",这样"3~4/A~B轴线的板"底筋就布置好了,如图 2.4.71 所示。

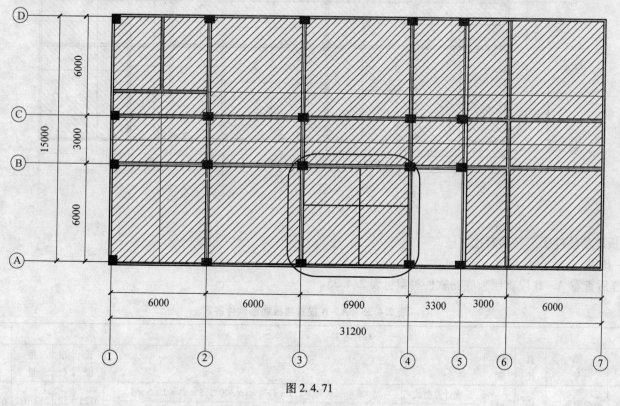

图 2.4.71

根据"结施 6 - 1 或结施 6 - 2"用同样的方法画其他板的底筋,如图 2.4.72 所示。

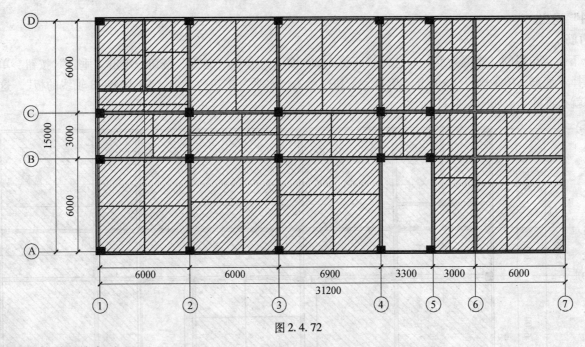

图 2.4.72

5. 首层板底筋软件手工答案对比

（1） A – B 段

汇总计算后查看 A – B 段首层板底筋软件答案见表 2.4.35。

表 2.4.35　A – B 段首层板底筋软件答案

钢筋位置	方向	筋号	直径	级别	公　式		长度	根数	重量	长度	根数	重量
						软件答案				手工答案		
1 – 2/ A – B	x 方向	板受力筋.1	10	一级	长度计算公式	$5900 + \max(300/2, 5 \times d) + \max(300/2, 5 \times d) + 12.5 \times d$	6325	59	230.077	6325	59	230.077
					长度公式描述	净长 + 锚固 + 锚固 + 两倍弯钩						
	y 方向	板受力筋.1	10	一级	长度计算公式	$5850 + \max(300/2, 5 \times d) + \max(300/2, 5 \times d) + 12.5 \times d$	6275	59	228.259	6275	59	228.259
					长度公式描述	净长 + 锚固 + 锚固 + 两倍弯钩						

钢筋位置	方向	筋号	直径	级别	软件答案		长度	根数	重量	手工答案		
						公 式				长度	根数	重量
2－3/ A－B	x方向	板受力筋.1	10	一级	长度计算公式	$5700 + \max(300/2, 5 \times d) + \max(300/2, 5 \times d) + 12.5 \times d$	6125	59	222.802	6125	59	222.802
					长度公式描述	净长＋锚固＋锚固＋两倍弯钩						
	y方向	板受力筋.1	12	一级	长度计算公式	$5850 + \max(300/2, 5 \times d) + \max(300/2, 5 \times d) + 12.5 \times d$	6275	57	220.521	6275	57	220.521
					长度公式描述	净长＋锚固＋锚固＋两倍弯钩						
3－4/ A－B	x方向	板受力筋.1	10	一级	长度计算公式	$6600 + \max(300/2, 5 \times d) + \max(300/2, 5 \times d) + 12.5 \times d$	7025	49	212.228	7026	49	212.228
					长度公式描述	净长＋锚固＋锚固＋两倍弯钩						
	y方向	板受力筋.1	10	一级	长度计算公式	$5850 + \max(300/2, 5 \times d) + \max(300/2, 5 \times d) + 12.5 \times d$	6300	66	369.155	6300	66	369.155
					长度公式描述	净长＋锚固＋锚固＋两倍弯钩						

（2）A－C段

A－C段首层板底筋软件答案见表2.4.36。

表2.4.36　A－C段首层板底筋软件答案

钢筋位置	方向	筋号	直径	级别	软件答案		长度	根数	重量	手工答案		
						公 式				长度	根数	重量
5－6/ A－C	x方向	板受力筋.1	8	一级	长度计算公式	$2500 + \max(300/2, 5 \times d) + \max(300/2, 5 \times d) + 12.5 \times d$	2900	89	101.843	2900	89	101.843
					长度公式描述	净长＋锚固＋锚固＋两倍弯钩						
	y方向	板受力筋.1	8	一级	长度计算公式	$8850 + \max(300/2, 5 \times d) + \max(300/2, 5 \times d) + 12.5 \times d$	9250	17	63.605	9250	17	63.605
					长度公式描述	净长＋锚固＋锚固＋两倍弯钩						
6－7/ A－C	x方向	板受力筋.1	10	一级	长度计算公式	$5700 + \max(300/2, 5 \times d) + \max(300/2, 5 \times d) + 12.5 \times d$	6125	89	336.091	6125	89	336.091
					长度公式描述	净长＋锚固＋锚固＋两倍弯钩						
	y方向	板受力筋.1	10	一级	长度计算公式	$8850 + \max(300/2, 5 \times d) + \max(300/2, 5 \times d) + 12.5 \times d$	275	57	336.141	9275	57	336.141
					长度公式描述	净长＋锚固＋锚固＋两倍弯钩						

（3）B - C 段

B - C 段首层板底筋软件答案见表2.4.37。

表 2.4.37 B - C 段首层板底筋软件答案

钢筋位置	方向	筋号	直径	级别	公 式		长度	根数	重量	长度	根数	重量
						软件答案				手工答案		
1-2/B-C	x方向	板受力筋.1	8	一级	长度计算公式	$5900 + max(300/2,5 \times d) + max(300/2,5 \times d) + 12.5 \times d$	6300	19	47.232	6300	19	47.232
					长度公式描述	净长 + 锚固 + 锚固 + 两倍弯钩						
	y方向	板受力筋.1	8	一级	长度计算公式	$2700 + max(300/2,5 \times d) + max(300/2,5 \times d) + 12.5 \times d$	3100	59	72.17	3100	59	72.17
					长度公式描述	净长 + 锚固 + 锚固 + 两倍弯钩						
2-3/B-C	x方向	板受力筋.1	8	一级	长度计算公式	$5700 + max(300/2,5 \times d) + max(300/2,5 \times d) + 12.5 \times d$	6100	19	45.732	6100	19	45.732
					长度公式描述	净长 + 锚固 + 锚固 + 两倍弯钩						
	y方向	板受力筋.1	8	一级	长度计算公式	$2700 + max(300/2,5 \times d) + max(300/2,5 \times d) + 12.5 \times d$	3100	57	69.723	3100	57	69.723
					长度公式描述	净长 + 锚固 + 锚固 + 两倍弯钩						
3-4/B-C	x方向	板受力筋.1	8	一级	长度计算公式	$6600 + max(300/2,5 \times d) + max(300/2,5 \times d) + 12.5 \times d$	7000	19	52.48	7000	19	52.48
					长度公式描述	净长 + 锚固 + 锚固 + 两倍弯钩						
	y方向	板受力筋.1	8	一级	长度计算公式	$2700 + max(300/2,5 \times d) + max(300/2,5 \times d) + 12.5 \times d$	3100	66	80.732	3100	66	80.732
					长度公式描述	净长 + 锚固 + 锚固 + 两倍弯钩						
4-5/B-C	x方向	板受力筋.1	8	一级	长度计算公式	$3200 + max(300/2,5 \times d) + max(300/2,5 \times d) + 12.5 \times d$	3600	19	26.99	3600	19	26.99
					长度公式描述	净长 + 锚固 + 锚固 + 两倍弯钩						
	y方向	板受力筋.1	8	一级	长度计算公式	$2700 + max(300/2,5 \times d) + max(300/2,5 \times d) + 12.5 \times d$	3100	32	39.143	3100	32	39.143
					长度公式描述	净长 + 锚固 + 锚固 + 两倍弯钩						

（4）C - D 段

C - D 段首层板底筋软件答案见表2.4.38。

表 2.4.38　C－D段首层板底筋软件答案

钢筋位置	方向	筋号	直径	级别	软件答案		长度	根数	重量	手工答案 长度	根数	重量
1－2/ C－C′	x方向	板受力筋.1	8	一级	长度计算公式	$5900 + \max(300/2, 5 \times d) + \max(300/2, 5 \times d) + 12.5 \times d$	6300	9	22.373	6300	9	22.373
					长度公式描述	净长 + 锚固 + 锚固 + 两倍弯钩						
	y方向	板受力筋.1	8	一级	长度计算公式	$1225 + \max(300/2, 5 \times d) + \max(250/2, 5 \times d) + 12.5 \times d$	1600	59	37.249	1600	59	37.249
					长度公式描述	净长 + 锚固 + 锚固 + 两倍弯钩						
1－1′/ C′－D	x方向	板受力筋.1	8	一级	长度计算公式	$2925 + \max(300/2, 5 \times d) + \max(250/2, 5 \times d) + 12.5 \times d$	3300	44	57.294	3300	44	57.294
					长度公式描述	净长 + 锚固 + 锚固 + 两倍弯钩						
	y方向	板受力筋.1	8	一级	长度计算公式	$4375 + \max(250/2, 5 \times d) + \max(300/2, 5 \times d) + 12.5 \times d$	4750	20	37.486	4750	19	37.486
					长度公式描述	净长 + 锚固 + 锚固 + 两倍弯钩						
1′－2/ C′－D	x方向	板受力筋.1	8	一级	长度计算公式	$2725 + \max(250/2, 5 \times d) + \max(300/2, 5 \times d) + 12.5 \times d$	3100	44	53.821	3100	44	53.821
					长度公式描述	净长 + 锚固 + 锚固 + 两倍弯钩						
	y方向	板受力筋.1	8	一级	长度计算公式	$4375 + \max(250/2, 5 \times d) + \max(300/2, 5 \times d) + 12.5 \times d$	4750	19	35.611	4750	19	35.611
					长度公式描述	净长 + 锚固 + 锚固 + 两倍弯钩						
2－3/ C－D	x方向	板受力筋.1	10	一级	长度计算公式	$5700 + \max(300/2, 5 \times d) + \max(300/2, 5 \times d) + 12.5 \times d$	6125	59	222.802	6125	59	222.802
					长度公式描述	净长 + 锚固 + 锚固 + 两倍弯钩						
	y方向	板受力筋.1	10	一级	长度计算公式	$5850 + \max(300/2, 5 \times d) + \max(300/2, 5 \times d) + 12.5 \times d$	6275	57	220.521	6275	57	220.521
					长度公式描述	净长 + 锚固 + 锚固 + 两倍弯钩						
3－4/ C－D	x方向	板受力筋.1	10	一级	长度计算公式	$6600 + \max(300/2, 5 \times d) + \max(300/2, 5 \times d) + 12.5 \times d$	7025	49	212.228	7026	49	212.228
					长度公式描述	净长 + 锚固 + 锚固 + 两倍弯钩						
	y方向	板受力筋.1	12	一级	长度计算公式	$5850 + \max(300/2, 5 \times d) + \max(300/2, 5 \times d) + 12.5 \times d$	6300	66	369.155	6300	66	369.155
					长度公式描述	净长 + 锚固 + 锚固 + 两倍弯钩						
4－5/ C－D	x方向	板受力筋.1	8	一级	长度计算公式	$3200 + \max(300/2, 5 \times d) + \max(300/2, 5 \times d) + 12.5 \times d$	3600	59	83.81	3600	59	83.81
					长度公式描述	净长 + 锚固 + 锚固 + 两倍弯钩						
	y方向	板受力筋.1	8	一级	长度计算公式	$5850 + \max(300/2, 5 \times d) + \max(300/2, 5 \times d) + 12.5 \times d$	6250	22	54.256	6250	22	54.256
					长度公式描述	净长 + 锚固 + 锚固 + 两倍弯钩						
5－6/ C－D	x方向	板受力筋.1	10	一级	长度计算公式	$2500 + \max(300/2, 5 \times d) + \max(300/2, 5 \times d) + 12.5 \times d$	2900	59	67.514	2900	59	67.514
					长度公式描述	净长 + 锚固 + 锚固 + 两倍弯钩						

钢筋位置	方向	筋号	直径	级别		公　式	长度	根数	重量	长度	根数	重量
						软件答案				**手工答案**		
5-6/C-D	y方向	板受力筋.1	10	一级	长度计算公式	$5850 + \max(300/2, 5 \times d) + \max(300/2, 5 \times d) + 12.5 \times d$	6250	17	41.925	6250	17	41.925
					长度公式描述	净长 + 锚固 + 锚固 + 两倍弯钩						
6-7/C-D	x方向	板受力筋.1	10	一级	长度计算公式	$5700 + \max(300/2, 5 \times d) + \max(300/2, 5 \times d) + 12.5 \times d$	6125	59	222.802	6125	59	222.802
					长度公式描述	净长 + 锚固 + 锚固 + 两倍弯钩						
	y方向	板受力筋.1	10	一级	长度计算公式	$5850 + \max(300/2, 5 \times d) + \max(300/2, 5 \times d) + 12.5 \times d$	6275	57	220.521	6275	57	220.521
					长度公式描述	净长 + 锚固 + 锚固 + 两倍弯钩						

6. 建立板负筋属性

（1）1号负筋

1号筋属于跨板面筋，我们按照跨板受力筋的方法建立其属性。

单击"板"下拉菜单→单击"板受力筋"→单击"定义"→单击"新建"下拉菜单→单击"新建跨板受力筋"→改属性编辑如图 2.4.73 所示。

注意：因为这层的板没有温度筋，板上层不会形成网片，在定义跨板负筋时需要填写马凳的排数，这里只填写伸出部分的排数信息（图 2.4.73、图 2.4.74）。跨内部分的马凳信息由板里填写的马凳信息决定。

（2）2号负筋

2号筋也属于跨板受力筋，按同样的方法建立：单击"新建"下拉菜单→单击"新建跨板受力筋"→改属性编辑如图 2.4.75 所示。

（3）3号负筋

3号筋也属于跨板受力筋，按同样的方法建立：单击"新建"下拉菜单→单击"新建跨板受力筋"→改属性编辑如图 2.4.76 所示。

单击"绘图"退出。

（4）4号负筋

4号负筋属于非跨板负筋，我们在"板负筋"里面建立。

单击"板"下拉菜单→单击"板负筋"→单击"定义"→单击"新建"下拉菜单→单击"新建板负筋"→改筋属性编辑如图 2.4.77 所示。

（5）5号负筋

单击"新建"下拉菜单→单击"新建板负筋"→改筋属性编辑如图 2.4.78 所示。

属性编辑

	属性名称	属性值
1	名称(钢筋编号)	1号负筋
2	钢筋信息	A8@100
3	左标注(mm)	1500
4	右标注(mm)	1000
5	马凳筋排数	2/1
6	起点标注位置	支座轴线
7	左弯折(mm)	(0)
8	右弯折(mm)	(0)
9	分布钢筋	A8@200
10	钢筋锚固	(24)
11	钢筋搭接	(29)
12	归类名称	(1号负筋)
13	汇总信息	板受力筋
14	计算设置	按默认计算设置计算
15	节点构造设置	按默认节点设置计算
16	长度调整(mm)	

图 2.4.73

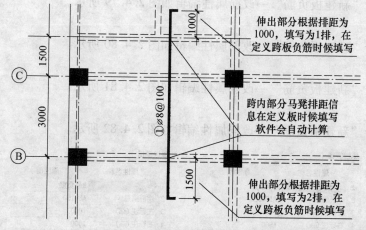

伸出部分根据排距为1000，填写为1排，在定义跨板负筋时候填写

跨内部分马凳排距信息在定义板时候填写软件会自动计算

伸出部分根据排距为1000，填写为2排，在定义跨板负筋时候填写

图 2.4.74

属性编辑

	属性名称	属性值
1	名称(钢筋编号)	2号负筋
2	钢筋信息	A10@100
3	左标注(mm)	1500
4	右标注(mm)	1500
5	马凳筋排数	2/2
6	起点标注位置	支座轴线
7	左弯折(mm)	(0)
8	右弯折(mm)	(0)
9	分布钢筋	A8@200
10	钢筋锚固	(24)
11	钢筋搭接	(29)
12	归类名称	(2号负筋)
13	汇总信息	板受力筋
14	计算设置	按默认计算设置计算
15	节点构造设置	按默认节点设置计算
16	长度调整(mm)	

图 2.4.75

属性编辑

	属性名称	属性值
1	名称(钢筋编号)	3号负筋
2	钢筋信息	A8@100
3	左标注(mm)	1000
4	右标注(mm)	0
5	马凳筋排数	1/0
6	起点标注位置	支座轴线
7	左弯折(mm)	(0)
8	右弯折(mm)	(0)
9	分布钢筋	A8@200
10	钢筋锚固	(24)
11	钢筋搭接	(29)
12	归类名称	(3号负筋)
13	汇总信息	板受力筋
14	计算设置	按默认计算设置计算
15	节点构造设置	按默认节点设置计算
16	长度调整(mm)	

图 2.4.76

属性编辑

	属性名称	属性值
1	名称	4号负筋
2	钢筋信息	A10@150
3	左标注(mm)	1350
4	右标注(mm)	0
5	马凳筋排数	2/0
6	单边标注位置	支座内边线
7	左弯折(mm)	(0)
8	右弯折(mm)	(0)
9	分布钢筋	A8@200
10	钢筋锚固	(24)
11	钢筋搭接	(29)
12	归类名称	(4号负筋)
13	计算设置	按默认计算设置计算
14	节点设置	按默认节点设置计算
15	搭接设置	按默认搭接设置计算
16	汇总信息	板负筋
17	备注	

图 2.4.77

属性编辑

	属性名称	属性值
1	名称	5号负筋
2	钢筋信息	A8@150
3	左标注(mm)	850
4	右标注(mm)	0
5	马凳筋排数	1/0
6	单边标注位置	支座内边线
7	左弯折(mm)	(0)
8	右弯折(mm)	(0)
9	分布钢筋	A8@200
10	钢筋锚固	(24)
11	钢筋搭接	(29)
12	归类名称	(5号负筋)
13	计算设置	按默认计算设置计算
14	节点设置	按默认节点设置计算
15	搭接设置	按默认搭接设置计算
16	汇总信息	板负筋
17	备注	

图 2.4.78

（6）6 号负筋

单击"新建"下拉菜单→单击"新建板负筋"→改筋属性编辑如图 2.4.79 所示。

（7）7 号负筋

单击"新建"下拉菜单→单击"新建板负筋"→改筋属性编辑如图 2.4.80 所示。

（8）8 号负筋

单击"新建"下拉菜单→单击"新建板负筋"→改筋属性编辑如图 2.4.81 所示。

（9）9 号负筋

单击"新建"下拉菜单→单击"新建板负筋"→改筋属性编辑如图 2.4.82 所示。

属性编辑

	属性名称	属性值
1	名称	6号负筋
2	钢筋信息	A10@100
3	左标注 (mm)	1500
4	右标注 (mm)	1500
5	马凳筋排数	2/2
6	非单边标注含支座	(是)
7	左弯折 (mm)	(0)
8	右弯折 (mm)	(0)
9	分布钢筋	A8@200
10	钢筋锚固	(24)
11	钢筋搭接	(29)
12	归类名称	(6号负筋)
13	计算设置	按默认计算设置计算
14	节点设置	按默认节点设置计算
15	搭接设置	按默认搭接设置计算
16	汇总信息	板负筋
17	备注	

图 2.4.79

属性编辑

	属性名称	属性值
1	名称	7号负筋
2	钢筋信息	A10@120
3	左标注 (mm)	1000
4	右标注 (mm)	1500
5	马凳筋排数	1/2
6	非单边标注含支座	(是)
7	左弯折 (mm)	(0)
8	右弯折 (mm)	(0)
9	分布钢筋	A8@200
10	钢筋锚固	(24)
11	钢筋搭接	(29)
12	归类名称	(7号负筋)
13	计算设置	按默认计算设置计算
14	节点设置	按默认节点设置计算
15	搭接设置	按默认搭接设置计算
16	汇总信息	板负筋
17	备注	

图 2.4.80

属性编辑

	属性名称	属性值
1	名称	8号负筋
2	钢筋信息	A8@150
3	左标注 (mm)	1000
4	右标注 (mm)	1000
5	马凳筋排数	1/1
6	非单边标注含支座	(是)
7	左弯折 (mm)	(0)
8	右弯折 (mm)	(0)
9	分布钢筋	A8@200
10	钢筋锚固	(24)
11	钢筋搭接	(29)
12	归类名称	(8号负筋)
13	计算设置	按默认计算设置计算
14	节点设置	按默认节点设置计算
15	搭接设置	按默认搭接设置计算
16	汇总信息	板负筋
17	备注	

图 2.4.81

属性编辑

	属性名称	属性值
1	名称	9号负筋
2	钢筋信息	A10@120
3	左标注 (mm)	1500
4	右标注 (mm)	1000
5	马凳筋排数	2/1
6	非单边标注含支座	(是)
7	左弯折 (mm)	(0)
8	右弯折 (mm)	(0)
9	分布钢筋	A8@200
10	钢筋锚固	(24)
11	钢筋搭接	(29)
12	归类名称	(9号负筋)
13	计算设置	按默认计算设置计算
14	节点设置	按默认节点设置计算
15	搭接设置	按默认搭接设置计算
16	汇总信息	板负筋
17	备注	

图 2.4.82

单击"绘图"退出。

7. 画负筋

（1）画 1 轴线负筋

单击"板"下拉菜单→单击"板负筋"→选择 4 号负筋→单击"按梁布置"按钮→单击 1 轴线梁 A－B 段梁两次（如果方向不对先不用管它，布置完 1 轴线负筋再调整方向）→选择 5 号负筋→单击"按梁布置"按钮→单击 1 轴线 B－C 段梁两次→单击 1

轴线 C – C′段梁两次→单击 C′– D 段梁两次→单击右键结束。

矫正方向错误的负筋：如果负筋布置方向不对再单击"交换左右标注"按钮→单击画号的负筋，如果负筋方向正确继续。

（2）画2轴线负筋

单击"板"下拉菜单→单击"板负筋"→选择 6 号负筋→单击"按梁布置"按钮→单击 2 轴线 A – B 段梁一次→单击 2 轴线 B – C 段梁一次→单击 2 轴线 C – C′段梁一次→选择 7 号负筋→单击"按梁布置"按钮→单击 2 轴线 C′– D 段梁两次→单击右键结束（如果方向不对用交换的方法矫正）。

（3）画 3 轴线负筋

单击"板"下拉菜单→单击"板负筋"→选择 6 号负筋→单击"按梁布置"按钮→单击 3 轴线 A – B 段梁一次→单击 3 轴线 B – C 段梁一次→单击 3 轴线 C – D 段梁一次→单击右键结束。

（4）画 4 轴线负筋

单击"板"下拉菜单→单击"板负筋"→选择 4 号负筋→单击"画线布置"按钮→单击（4/A）交点→单击（4/B）交点→单击 4 轴线 A – B 段梁→选择 9 号筋→单击"按梁布置"按钮→单击 4 轴线 B – C 段两次→单击 4 轴线 C – D 段梁两次→单击右键结束（如果方向不对用交换的方法矫正）。

（5）画 5 轴线负筋

单击"板"下拉菜单→单击"板负筋"→选择 5 号负筋→单击"画线布置"按钮→单击（5/A）附近梁头交点（这时取消柱子的显示）→单击（5/B）附近梁头交点→单击 5 轴线 A – B 段梁一次→选择 8 号筋→单击"按梁布置"按钮→单击 5 轴线 B – C 段一次→单击 5 轴线 C – D 段梁一次→单击右键结束（如果方向不对用交换的方法矫正）。

（6）画 6 轴线负筋

单击"板"下拉菜单→单击"板负筋"→选择 7 号负筋→单击"画线布置"按钮→单击（6/A）交点→单击（6/C）交点→单击 A – C 段墙一次→单击（6/C）交点→单击（6/D）交点→单击 C – D 段墙一次→单击右键结束（如果方向不对用交换的方法矫正）。

（7）画 7 轴线负筋

单击"板"下拉菜单→单击"板负筋"→选择 4 号负筋→单击"按墙布置"按钮→单击 7 轴线 A – C 段墙两次→单击 7 轴线 C – D 段墙两次→单击右键结束（如果方向不对用交换的方法矫正）。

（8）画 1′轴线负筋

单击"板"下拉菜单→单击"板负筋"→选择 8 号负筋→单击"按梁布置"按钮→单击 1′轴线梁一次→单击右键结束。

（9）画 A 轴线负筋

单击"板"下拉菜单→单击"板负筋"→选择 4 号负筋→单击"按板边线布置"按钮→单击 A/1 - 2 轴线板边两次→单击 A/2 - 3 轴线板边两次→单击 A/3 - 4 轴线板边线两次→单击 A/5 - 6 轴线板边线两次→单击"画线布置"按扭→单击（6/A）附近墙交点→单击（7/A）附近墙交点→单击 A/6 - 7 段剪力墙→单击右键结束（如果方向不对用交换的方法矫正）。

（10）画 B、C 轴线/1 - 5 轴线段跨板负筋

1）画 1 号负筋

单击"板"下拉菜单→单击"板受力筋"→选择 1 号负筋→单击"多板"→单击 1 - 2/B - C 板和 1 - 2/C - C′板→单击右键→单击"垂直"按钮→单击选中的两块板→单击右键两次结束（如果方向不对用交换的方法矫正）。

2）画 2 号负筋

单击"板"下拉菜单→单击"板受力筋"→选择 2 号负筋→单击"单板"→单击"垂直"按钮→单击 2 - 3/B - C 走廊板→单击 3 - 4/B - C 走廊板→单击右键结束。

3）画 3 号负筋

单击"板"下拉菜单→单击"板受力筋"→选择 3 号负筋→单击"单板"→单击"垂直"按钮→单击 4 - 5/B - C 走廊板→单击右键结束（如果方向不对用交换的方法矫正）。

（11）画 C 轴线/5 - 7 轴线段负筋

单击"板"下拉菜单→单击"板负筋"→选择 6 号负筋→单击"画线布置"按钮→单击（5/C）交点→单击（6/C）交点→单击 C/5 - 6 段墙→单击"按墙布置"按钮→单击 C 轴线 6 - 7 轴线段墙→单击右键结束。

（12）画 D 轴线负筋

单击"板"下拉菜单→单击"板负筋"→选择"5 号负筋"→单击"按梁布置"按钮→单击 D/1 - 1′段梁两次→单击 D/1′- 2 段梁两次→选择"4 号筋"→单击"按梁布置"按钮→单击 D/2 - 3 段梁两次→单击 D/3 - 4 段梁两次→选择"5 号负筋"→单击"按梁布置"按钮→单击 D/4 - 5 段梁两次→单击"按墙布置"按扭→单击 D 轴线 5 - 6 轴线墙两次→选择"4 号筋"→单击"画线布置"按钮→单击（6/D）旁墙交点（这时取消柱子显示）→单击（7/D）旁墙交点→单击 D/6 - 7 段墙→单击右键结束（如果方向不对用交换的方法矫正）。

8. 首层板负筋软件手工答案对比

（1）1 轴线

1 轴线首层板负筋软件答案见表 2. 4. 39。

表 2.4.39　1 轴线首层板负筋软件答案

轴号	分段	筋名称	筋号	直径	级别	软件答案		长度	根数	重量	手工答案		
						公式					长度	根数	重量
1	A－B	4 号负	板负筋.1	10	一级	长度计算公式	$1350 + 250 + 120 + 6.25 \times d$	1783	40	53.501	1783	40	53.501
						长度公式描述	右净长 + 判断值 + 弯折 + 弯钩						
		4 号分	分布筋.1	8	一级	长度计算公式	$3150 + 150 + 150$	3450	7		3450	7	
						长度公式描述	净长 + 搭接 + 搭接						
1	B－C	5 号负	板负筋.1	8	一级	长度计算公式	$850 + 70 + 250 + 6.25 \times d$	1220	19	9.146	1220	19	9.146
						长度公式描述	左净长 + 弯折 + 判断值 + 弯钩						
1	C－C′	5 号负	板负筋.1	8	一级	长度计算公式	$850 + 250 + 70 + 6.25 \times d$	1220	9	4.333	1220	9	4.333
						长度公式描述	右净长 + 判断值 + 弯折 + 弯钩						
1	C′－D	5 号负	板负筋.1	8	一级	长度计算公式	$850 + 250 + 70 + 6.25 \times d$	1220	30	20.262	1220	30	20.262
						长度公式描述	右净长 + 判断值 + 弯折 + 弯钩						
		5 号分	分布筋.1	8	一级	长度计算公式	$2650 + 150 + 150$	2950	5		2950	5	
						长度公式描述	净长 + 搭接 + 搭接						
1′	C′－D	8 号负	板负筋.1	8	一级	长度计算公式	$1000 + 1000 + 70 + 70$	2140	30	36.973	2140	30	36.973
						长度公式描述	左净长 + 右净长 + 弯折 + 弯折						
		8 号分	分布筋.1	8	一级	长度计算公式	$2650 + 150 + 150$	2950	10		2950	10	
						长度公式描述	净长 + 搭接 + 搭接						

（2）2 轴线

2 轴线首层板负筋软件答案见表 2.4.40。

表 2.4.40　2 轴线首层板负筋软件答案

轴号	分段	筋名称	筋号	直径	级别	软件答案		长度	根数	重量	手工答案		
						公式					长度	根数	重量
2	A－B	6 号负	板负筋.1	10	一级	长度计算公式	$1500 + 1500 + 120 + 120$	3240	59	136.916	3240	59	136.916
						长度公式描述	左净长 + 右净长 + 弯折 + 弯折						
		6 号分	分布筋.1	8	一级	长度计算公式	$3150 + 150 + 150$	3450	14		3450	14	
						长度公式描述	净长 + 搭接 + 搭接						

轴号	分段	筋名称	筋号	直径	级别	软件答案		长度	根数	重量	手工答案		
						公式					长度	根数	重量
2	B－C	6号负	板受力筋1	10	一级	长度计算公式	1500＋1500＋70＋70	3140	27	52.27	3140	27	52.27
						长度公式描述	左净长＋右净长＋弯折＋弯折						
2	C－C′	6号负1	板负筋.1	10	一级	长度计算公式	1500＋1500＋70＋120	3190	13	26.667	3190	13	26.661
						长度公式描述	左净长＋右净长＋弯折＋弯折						
		6号负2	板负筋.2	10	一级	长度计算公式	1350＋250＋120＋6.25×d	1783	1		1783	1	
						长度公式描述	右净长＋判断值＋弯折＋弯钩						
2	C′－D	7号负1	板负筋.1	10	一级	长度计算公式	1500＋1000＋120＋70	2690	37	77.26	2690	37	77.81
						长度公式描述	左净长＋右净长＋弯折＋弯折						
		7号负2	板负筋.2	10	一级	长度计算公式	1350＋120＋250＋6.25×d	1783	1		1783	1	
						长度公式描述	左净长＋弯折＋判断值＋弯钩						
		7号分1	分布筋.1	8	一级	长度计算公式	3150－50＋150	3250	7		3450	7	
						长度公式描述	净长－起步＋搭接						
		7号分2	分布筋.2	8	一级	长度计算公式	2650＋150＋150	2950	5		2950	5	
						长度公式描述	净长＋搭接＋搭接						

（3）3 轴线

3 轴线首层板负筋软件答案见表 2.4.41。

表 2.4.41　3 轴线首层板负筋软件答案

轴号	分段	筋名称	筋号	直径	级别	软件答案		长度	根数	重量	手工答案		
						公式					长度	根数	重量
3	A－B	6号负	板负筋.1	10	一级	长度计算公式	1500＋1500＋120＋120	3240	59	136.916	3240	59	136.916
						长度公式描述	左净长＋右净长＋弯折＋弯折						
		6号分	分布筋.1	8	一级	长度计算公式	3150＋150＋150	3450	14		3450	14	
						长度公式描述	净长＋搭接＋搭接						
3	B－C	6号负	板负筋.1	10	一级	长度计算公式	1500＋1500＋70＋70	3140	27	52.27	3140	27	52.27
						长度公式描述	左净长＋右净长＋弯折＋弯折						

轴号	分段	筋名称	筋号	直径	级别	公式		长度	根数	重量	长度	根数	重量
											手工答案		
		6号负	板负筋.1	10	一级	长度计算公式	1500 + 1500 + 120 + 120	3240	59		3240	59	
3	C－D					长度公式描述	左净长 + 右净长 + 弯折 + 弯折			136.916			136.916
		6号分	分布筋.1	8	一级	长度计算公式	3150 + 150 + 150	3450	14		3450	14	
						长度公式描述	净长 + 搭接 + 搭接						

（4）4 轴线

4 轴线首层板负筋软件答案见表 2.4.42。

表 2.4.42　4 轴线首层板负筋软件答案

轴号	分段	筋名称	筋号	直径	级别	公式		长度	根数	重量	长度	根数	重量
						软件答案					手工答案		
4	A－B	4号负	板负筋.1	10	一级	长度计算公式	$1350 + 120 + 250 + 6.25 \times d$	1783	40		1783	40	
						长度公式描述	左净长 + 弯折 + 判断值 + 弯钩			53.501			53.501
		4号分	分布筋.1	8	一级	长度计算公式	3150 + 150 + 150	3450	7		3450	7	
						长度公式描述	净长 + 搭接 + 搭接						
4	B－C	9号负	板负筋1	10	一级	长度计算公式	1500 + 1000 + 70 + 70	2640	23	37.436	2640	23	37.436
						长度公式描述	左净长 + 右净长 + 弯折 + 弯折						
4	C－D	9号负	板负筋.1	10	一级	长度计算公式	1000 + 1500 + 70 + 120	2690	49		2690	49	
						长度公式描述	左净长 + 右净长 + 弯折 + 弯折						
		9号分1	分布筋.1	8	一级	长度计算公式	4150 + 150 + 150	4450	5	99.575	4450	5	99.575
						长度公式描述	净长 + 搭接 + 搭接						
		9号分2	分布筋.2	8	一级	长度计算公式	3150 + 150 + 150	3450	7		3450	7	
						长度公式描述	净长 + 搭接 + 搭接						

（5）5 轴线

5 轴线首层板负筋软件答案见表 2.4.43。

表 2.4.43　5 轴线首层板负筋软件答案

轴号	分段	筋名称	筋号	直径	级别	公式		长度	根数	重量	长度	根数	重量
						软件答案					手工答案		
5	A－B	5 号负	板负筋.1	8	一级	长度计算公式	$850+70+250+6.25\times d$	1220	41	29.109	1220	41	29.207
						长度公式描述	左净长+弯折+判断值+弯钩						
		5 号分	分布筋.1	8	一级	长度计算公式	$4600+150$	4750	5		4800	5	
						长度公式描述	净长+搭接						
5	B－C	8 号负1	板负筋.1	8	一级	长度计算公式	$1000+1000+70+70$	2140	19	19.682	2140	19	19.78
						长度公式描述	左净长+右净长+弯折+弯折						
		8 号负2	板负筋.2	8	一级	长度计算公式	$850+70+250+6.25\times d$	1220	1		1220	1	
						长度公式描述	左净长+弯折+判断值+弯钩						
		8 号分1	分布筋.1	8	一级	长度计算公式	$1450+150$	1600	5		1600	5	
						长度公式描述	净长+搭接						
5	C－D	8 号负1	板负筋.1	8	一级	长度计算公式	$1000+1000+70+70$	2140	40	50.349	2140	40	50.349
						长度公式描述	左净长+右净长+弯折+弯折						
		8 号负2	分布筋.1	8	一级	长度计算公式	$3650+150+150$	3950	5		3950	5	
						长度公式描述	净长+搭接+搭接						
		8 号分1	分布筋.2	8	一级	长度计算公式	$4150+150+150$	4450	5		4450	5	
						长度公式描述	净长+搭接+搭接						

（6）6 轴线

6 轴线首层板负筋软件答案见表 2.4.44。

476

表 2.4.44 6 轴线首层板负筋软件答案

轴号	分段	筋名称	筋号	直径	级别	公式		长度	根数	重量	长度	根数	重量
						软件答案					手工答案		
6	A－C	7 号负	板负筋.1	10	一级	长度计算公式	1500＋1000＋120＋70	2690	74	153.269	2690	74	153.269
						长度公式描述	左净长＋右净长＋弯折＋弯折						
		7 号分	分布筋.1	8	一级	长度计算公式	6150＋150＋150	6450	12		6450	12	
						长度公式描述	净长＋搭接＋搭接						
6	C－D	7 号负	板负筋.1	10	一级	长度计算公式	1500＋1000＋120＋70	2690	49	98.588	2690	49	98.588
						长度公式描述	左净长＋右净长＋弯折＋弯折						
		7 号分1	分布筋.1	8	一级	长度计算公式	3150＋150＋150	3450	7		3450	7	
						长度公式描述	净长＋搭接＋搭接						
		7 号分2	分布筋.2	8	一级	长度计算公式	3650＋150＋150	3950	5		3950	5	
						长度公式描述	净长＋搭接＋搭接						

（7）7 轴线

7 轴线首层板负筋软件答案见表 2.4.45。

表 2.4.45 7 轴线首层板负筋软件答案

轴号	分段	筋名称	筋号	直径	级别	公式		长度	根数	重量	长度	根数	重量
						软件答案					手工答案		
7	C－D	4 号负	板负筋.1	10	一级	长度计算公式	$1350＋250＋120＋6.25 \times d$	1783	40	53.501	1783	40	53.501
						长度公式描述	右净长＋判断值＋弯折＋弯钩						
		4 号分	分布筋.1	8	一级	长度计算公式	3150＋150＋150	3450	7		3450	7	
						长度公式描述	净长＋搭接＋搭接						
7	A－C	4 号负	板负筋.1	10	一级	长度计算公式	$1350＋250＋120＋6.25 \times d$	1783	60	83.733	1783	60	83.733
						长度公式描述	右净长＋判断值＋弯折＋弯钩						
		4 号分	分布筋.1	8	一级	长度计算公式	6150＋150＋150	6450	7		6450	7	
						长度公式描述	净长＋搭接＋搭接						

（8）A 轴线

A 轴线首层板负筋软件答案见表 2.4.46。

表 2.4.46　A 轴线首层板负筋软件答案

轴号	分段	筋名称	筋号	直径	级别	公式		长度	根数	重量	长度	根数	重量
											手工答案		
A	1-2	4号负	板负筋.1	10	一级	长度计算公式	$1350+120+250+6.25 \times d$	1783	40	53.639	1783	40	53.639
						长度公式描述	左净长+弯折+判断值+弯钩						
		4号分	分布筋.1	8	一级	长度计算公式	$3200+150+150$	3500	7		3500	7	
						长度公式描述	净长+搭接+搭接						
A	2-3	4号负	板负筋.1	10	一级	长度计算公式	$1350+120+250+6.25 \times d$	1783	39	51.987	1783	39	51.987
						长度公式描述	左净长+弯折+判断值+弯钩						
		4号分	分布筋.1	8	一级	长度计算公式	$3300+150+150$	3300	7		3300	7	
						长度公式描述	净长+搭接+搭接						
A	3-4	4号负	板负筋.1	10	一级	长度计算公式	$1350+250+120+6.25 \times d$	1783	45	61.069	1783	45	61.069
						长度公式描述	右净长+判断值+弯折+弯钩						
		4号分	分布筋.1	8	一级	长度计算公式	$3900+150+150$	4200	7		4200	7	
						长度公式描述	净长+搭接+搭接						
A	5-6	4号负	板负筋.1	8	一级	长度计算公式	$1350+120+250+6.25 \times d$	1733	17	21.202	1733	17	21.202
						长度公式描述	左净长+弯折+判断值+弯钩						
		4号分	分布筋.1	8	一级	长度计算公式	$800+150+150$	1100	7		1100	7	
						长度公式描述	净长+搭接+搭接						
A	6-7	4号负	板负筋.1	10	一级	长度计算公式	$1350+250+120+6.25 \times d$	1783	39	51.987	1783	39	51.967
						长度公式描述	右净长+判断值+弯折+弯钩						
		4号分	分布筋.1	8	一级	长度计算公式	$2700+150+150$	3300	7		3300	7	
						长度公式描述	净长+搭接+搭接						

（9）D 轴线

D 轴线首层板负筋软件答案见表 2.4.47。

表 2.4.47　D 轴线首层板负筋软件答案

轴号	分段	筋名称	筋号	直径	级别	软件答案		长度	根数	重量	手工答案 长度	根数	重量
D	1-1'	5号负	板负筋.1	8	一级	长度计算公式	$850+70+250+6.25×d$	1220	20	12.587	1220	20	12.587
						长度公式描述	左净长+弯折+判断值+弯钩						
		5号分	分布筋.1	8	一级	长度计算公式	$1200+150+150$	1500	5		1500	5	
						长度公式描述	净长+搭接+搭接						
D	1'-2	5号负	板负筋.1	8	一级	长度计算公式	$850+250+70+6.25×d$	1220	19	11.711	1220	19	11.711
						长度公式描述	右净长+判断值+弯折+弯钩						
		5号分	分布筋.1	8	一级	长度计算公式	$1000+150+150$	1300	5		1300	5	
						长度公式描述	净长+搭接+搭接						
D	2-3	4号负	板负筋.1	10	一级	长度计算公式	$1350+120+250+6.25×d$	1783	39	51.987	1773	39	51.987
						长度公式描述	左净长+弯折+判断值+弯钩						
		4号分	分布筋.1	8	一级	长度计算公式	$3000+150+150$	3300	7		3300	7	
						长度公式描述	净长+搭接+搭接						
D	3-4	4号负	板负筋.1	10	一级	长度计算公式	$1350+120+250+6.25×d$	1783	45	61.069	1783	45	61.069
						长度公式描述	左净长+弯折+判断值+弯钩						
		4号分	分布筋.1	8	一级	长度计算公式	$3900+150+150$	4200	7		4200	7	
						长度公式描述	净长+搭接+搭接						
D	4-5	5号负	板负筋.1	8	一级	长度计算公式	$850+250+70+6.25×d$	1220	22	14.142	1220	22	14.142
						长度公式描述	右净长+判断值+弯折+弯钩						
		5号分	分布筋.1	8	一级	长度计算公式	$1500+150+150$	1800	5		1800	5	
						长度公式描述	净长+搭接+搭接						

479

续表

						软件答案					手工答案		
轴号	分段	筋名称	筋号	直径	级别	公式		长度	根数	重量	长度	根数	重量
D	5–6	5号负	板负筋.1	8	一级	长度计算公式	$850+250+70+6.25\times d$	1220	17	10.345	1220	17	10.345
						长度公式描述	右净长+判断值+弯折+弯钩						
		5号分	分布筋.1	8	一级	长度计算公式	$800+150+150$	1100	5		1100	5	
						长度公式描述	净长+搭接+搭接						
D	6–7	4号负	板负筋.1	10	一级	长度计算公式	$1350+120+250+6.25\times d$	1783	39	51.987	1773	39	51.987
						长度公式描述	左净长+弯折+判断值+弯钩						
		4号分	分布筋.1	8	一级	长度计算公式	$3000+150+150$	3300	7		3300	7	
						长度公式描述	净长+搭接+搭接						

（10）B－C 范围

B－C 范围首层板负筋软件答案见表2.4.48。

表2.4.48　B－C范围首层板负筋软件答案

						软件答案					手工答案		
轴号	分段	筋名称	筋号	直径	级别	公式		长度	根数	重量	长度	根数	重量
C	5–6	6号负	板负筋.1	10	一级	长度计算公式	$1500+1500+70+70$	3140	25	54.475	3140	25	54.475
						长度公式描述	左净长+右净长+弯折+弯折						
		6号分	分布筋.1	8	一级	长度计算公式	$800+150+150$	1100	14		1100	14	
						长度公式描述	净长+搭接+搭接						
C	6–7	6号负	板负筋.1	10	一级	长度计算公式	$1500+1500+120+120$	3240	57	132.092	3240	57	132.092
						长度公式描述	左净长+右净长+弯折+弯折						
		6号分	分布筋.1	8	一级	长度计算公式	$3000+150+150$	3300	14		3300	14	
						长度公式描述	净长+搭接+搭接						

轴号	分段	筋名称	筋号	直径	级别	公式		长度	根数	重量	长度	根数	重量
						软件答案					**手工答案**		
B－C	1－2	1号负1	板受力筋.1	8	一级	长度计算公式	$4550+1500+1000+150-2\times15+100-2\times15$	7190	56	213.017	7190	56	213.017
						长度公式描述	净长+左标注+右标注+弯折+弯折						
		1号负2	板受力筋.2	8	一级	长度计算公式	$4375+1500+150-2\times15+24\times d+6.25\times d$	6237	3		6237	3	
						长度公式描述	净长+左标注+弯折+钢筋锚入支座长度+弯钩						
		1号分1	分布筋.1	8	一级	长度计算公式	$1200+150+150$	1500	5		1500	5	
						长度公式描述	净长+搭接+搭接						
		1号分2	分布筋.2	8	一级	长度计算公式	$1000+150+150$	1300	5		1300	5	
						长度公式描述	净长+搭接+搭接						
		1号分3	分布筋.3	8	一级	长度计算公式	$3700+150+150$	4000	20		400	20	
						长度公式描述	净长+搭接+搭接						
		1号分4	分布筋.4	8	一级	长度计算公式	$3200+150+150$	3500	7		3500	7	
						长度公式描述	净长+搭接+搭接						
B－C	2－3	2号负	板受力筋.1	10	一级	长度计算公式	$3000+1500+1500+150-2\times15+150-2\times15$	6420	57	255.751	6420	57	255.751
						长度公式描述	净长+左标注+右标注+弯折+弯折						
		2号分	分布筋.1	8	一级	长度计算公式	$3000+150+150$	3300	28		3300	28	
						长度公式描述	净长+搭接+搭接						
B－C	3－4	2号负	板受力筋.1	10	一级	长度计算公式	$3000+1500+1500+150-2\times15+150-2\times15$	6420	66	300.319	6420	66	300.319
						长度公式描述	净长+左标注+右标注+弯折+弯折						
		2号分	分布筋.1	8	一级	长度计算公式	$3900+150+150$	4200	28		4400	28	
						长度公式描述	净长+搭接+搭接						
B－C	4－5	3号负	板受力筋.1	8	一级	长度计算公式	$2850+1000+250+100-2\times15+6.25\times d$	4220	32	66.78	4220	32	66.78
						长度公式描述	净长+右标注+判断值+弯折+弯钩						
		3号分	分布筋.1	8	一级	长度计算公式	$1500+150+150$	1800	19		1800	19	
						长度公式描述	净长+搭接+搭接						

十、首层楼梯的属性、画法及其答案对比

楼梯梁和平台我们用画图的方法计算钢筋，楼梯的斜跑我们用单构件输入方法解决（参考单构件输入章节）。

1. 定义楼梯梁

我们把楼梯梁按照非框架梁进行定义，操作步骤如下：

单击"梁"下拉菜单→单击"梁"→单击"定义"→单击"新建"下拉菜单→单击"新建矩形梁"→修改"属性编辑"为"TL1"如图 2.4.83 所示。

→单击"绘图"退出。

2. 画楼梯梁

（1）画休息平台处楼梯梁

画梁：单击"梁"下拉菜单里的"梁"→选择"TL1"→单击"直线"按钮→分别单击楼梯间的两个 Z1→单击右键结束。

修改梁的顶标高：单击"选择"按钮→选中"TL1"→单击右键出现右键菜单→单击"构件属性编辑器"→单击"其他属性"前面"＋"号使其展开→修改 21 行"起点顶标高"为 1.75→敲回车键→修改 22 行的"终点顶标高"为 1.75→敲回车键→选中 TL1 单击右键出现右键菜单→单击"取消选择"→关闭"属性编辑器"窗口。

找支座：单击"重提梁跨"→单击"TL1"出现"确认对话框"，问："此梁类别为非框架梁且以柱为支座，是否将其改为框架梁？"→单击"否"→单击右键结束。

（2）画楼层平台处楼梯梁

画梁：单击"梁"下拉菜单里的"梁"→选择"TL1"→单击"直线"按钮→将"不偏移"变成"正交"→填写偏移值 x＝0，y＝－1225→单击（4/B）交点→将"正交"变成"不偏移"→单击"垂点"按钮→单击 5 轴线处的"KL9－300×700"→单击右键结束。

找支座：单击"重提梁跨"→单击刚画好的"TL1"→单击右键结束。

3. 楼梯梁软件手工答案对比

（1）休息平台楼梯梁软件手工答案对比

汇总计算后查看休息平台楼梯梁软件答案见表 2.4.49。

	属性名称	属性值
1	名称	TL1
2	类别	非框架梁
3	截面宽度(mm)	250
4	截面高度(mm)	400
5	轴线距梁左边	(125)
6	跨数量	
7	箍筋	A8@200(2)
8	肢数	2
9	上部通长筋	2B20
10	下部通长筋	4B20
11	侧面纵筋	
12	拉筋	
13	其他箍筋	
14	备注	
15	⊞ 其他属性	
23	⊞ 锚固搭接	

属性编辑

图 2.4.83

表 2.4.49　休息平台楼梯梁软件答案

构件名称:楼梯休息平台梁,单构件重量:67.139kg,整楼构件数量:2 根

序号	筋号	直径	级别	软件答案		长度	根数	搭接	手工答案 长度	根数	搭接
1	1.跨中筋1	20	二级钢	长度计算公式	$250-30+15 \times d+3275+250-30+15 \times d$	4315	2		4315	2	
				长度公式描述	支座宽 - 保护层 + 弯折 + 净长 + 支座宽 - 保护层 + 弯折						
2	1.下部钢筋1	20	二级钢	长度计算公式	$12 \times d+3275+12 \times d$	3755	4		3755	4	
				长度计算公式	锚固 + 净长 + 锚固						
3	1.箍筋1	8	一级钢	长度计算公式	$2 \times[(250-2 \times 30)+(400-2 \times 30)]+2 \times(11.9 \times d)+(8 \times d)$	1314			1314		
				根数计算公式	$Ceil(3175/200)+1$		17			17	

（2）楼层平台楼梯梁软件手工答案对比

楼层平台楼梯梁软件答案见表2.4.50。

表 2.4.50　楼层平台楼梯梁软件答案

构件名称:楼梯楼层平台梁,单构件重量:66.522kg,整楼构件数量:2 根

序号	筋号	直径	级别	软件答案		长度	根数	搭接	手工答案 长度	根数	搭接
1	1.跨中筋1	20	二级钢	长度计算公式	$300-30+15 \times d+3200+300-30+15 \times d$	4340	2		4340	2	
				长度公式描述	支座宽 - 保护层 + 弯折 + 净长 + 支座宽 - 保护层 + 弯折						
2	1.下部钢筋1	20	二级钢	长度计算公式	$12 \times d+3200+12 \times d$	3680	4		3680	4	
				长度计算公式	锚固 + 净长 + 锚固						
3	1.箍筋1	8	一级钢	长度计算公式	$2 \times[(250-2 \times 30)+(400-2 \times 30)]+2 \times(11.9 \times d)+(8 \times d)$	1314			1314		
				根数计算公式	$Ceil(3100/200)+1$		17			17	

4.画楼梯平台板

（1）画休息平台板

由于此楼梯休息平台是块悬挑板,板到楼梯间墙的内皮,我们用偏移的方法画休息平台板,操作步骤如下:

画板：单击"板"下拉菜单→单击"现浇板"→选择"B100"→在英文的状态下按"L"键取消梁的显示使我们很容易看

清楚墙的边线（如果不起作用单击右键再试试）→单击"三点画弧"后面的"矩形"画法→将"不偏移"变成"正交"→填写偏移值 $x = 100$，$y = 0$→单击 4 轴线上的 Z1 中心点→填写偏移值 $x = -125$，$y = -1275$→单击 5 轴线处 Z1 中心点→单击右键结束。

修改板的顶标高：单击"选择"按钮→单击刚画好的休息平台板→单击右键出现右键菜单→单击"构件属性编辑器"→改第 4 行板的顶标高为 1.75→敲回车键→选中刚画好的板单击右键出现右键菜单→单击"取消选择"→关闭"属性编辑器"窗口。

（2）画楼层平台板

画板：单击"板"下拉菜单→单击"现浇板"→选择"B100"→在英文的状态下按"L"键使梁在显示状态→单击"点"按钮→单击楼层平台空间→单击右键结束。

5. 画楼梯平台板钢筋

（1）画休息平台板钢筋

1）定义休息平台板钢筋

①8 号钢筋属性编辑：单击"板"下拉菜单→单击"板受力筋"→单击"定义"→单击"新建"下拉菜单→单击"新建板受力筋"→修改属性编辑为 8 号面筋如图 2.4.84 所示。

（注意：类别调整为面筋，钢筋锚固调整为 27，此处楼梯按非抗震，强度等级为 C25）

②9 号分布筋的属性编辑：用同样的办法定义 9 号分布筋如图 2.4.85 所示（由于 9 号分布筋带弯勾，我们按底筋定义）。

单击"绘图"退出。

2）画休息平台板钢筋

单击"板"下拉菜单→单击"板受力筋"→选择"8 号面筋 A12@100"→单击"单板"按钮→单击"垂直"按钮→单击"休息平台板"→选择"9 号分布筋 A8@200"→单击"单板"→单击"水平"→单击"休息平台板"→单击右键结束。

（2）画楼层平台板钢筋

1）定义楼层平台板钢筋

单击"板"下拉菜单→单击"板受力筋"→单击"定义"→单击"新建"下拉菜单→单击"新建板受力筋"→修改属性编辑为 10 号底筋如图 2.4.86 所示。

用同样的方式建立 11 号底筋、12 号面筋、13 号面筋，分别如图 2.4.87、图 2.4.88、图 2.4.89 所示。

属性编辑	
属性名称	属性值
1 名称	8号面筋A12@100
2 钢筋信息	A12@100
3 类别	面筋
4 左弯折 (mm)	(0)
5 右弯折 (mm)	(0)
6 钢筋锚固	27
7 钢筋搭接	(29)
8 归类名称	(8号面筋A12@100)
9 汇总信息	板受力筋
10 计算设置	按默认计算设置计算
11 节点设置	按默认节点设置计算
12 搭接设置	按默认搭接设置计算
13 长度调整 (mm)	
14 备注	

图 2.4.84

属性编辑	
属性名称	属性值
1 名称	9号分布筋A8@200
2 钢筋信息	A8@200
3 类别	底筋
4 左弯折 (mm)	(0)
5 右弯折 (mm)	(0)
6 钢筋锚固	27
7 钢筋搭接	(29)
8 归类名称	(9号分布筋A8@200)
9 汇总信息	板受力筋
10 计算设置	按默认计算设置计算
11 节点设置	按默认节点设置计算
12 搭接设置	按默认搭接设置计算
13 长度调整 (mm)	
14 备注	

图 2.4.85

属性编辑	
属性名称	属性值
1 名称	10号底筋A8@100
2 钢筋信息	A8@100
3 类别	底筋
4 左弯折 (mm)	(0)
5 右弯折 (mm)	(0)
6 钢筋锚固	27
7 钢筋搭接	(29)
8 归类名称	(10号底筋A8@100)
9 汇总信息	板受力筋
10 计算设置	按默认计算设置计算
11 节点设置	按默认节点设置计算
12 搭接设置	按默认搭接设置计算
13 长度调整 (mm)	
14 备注	

图 2.4.86

属性编辑	
属性名称	属性值
1 名称	11号底筋A8@150
2 钢筋信息	A8@150
3 类别	底筋
4 左弯折 (mm)	(0)
5 右弯折 (mm)	(0)
6 钢筋锚固	27
7 钢筋搭接	(29)
8 归类名称	(11号底筋A8@150)
9 汇总信息	板受力筋
10 计算设置	按默认计算设置计算
11 节点设置	按默认节点设置计算
12 搭接设置	按默认搭接设置计算
13 长度调整 (mm)	
14 备注	

图 2.4.87

属性编辑	
属性名称	属性值
1 名称	12号面筋A8@100
2 钢筋信息	A8@100
3 类别	面筋
4 左弯折 (mm)	(0)
5 右弯折 (mm)	(0)
6 钢筋锚固	27
7 钢筋搭接	(29)
8 归类名称	(12号面筋A8@100)
9 汇总信息	板受力筋
10 计算设置	按默认计算设置计算
11 节点设置	按默认节点设置计算
12 搭接设置	按默认搭接设置计算
13 长度调整 (mm)	
14 备注	

图 2.4.88

属性编辑	
属性名称	属性值
1 名称	13号面筋A8@150
2 钢筋信息	A8@150
3 类别	面筋
4 左弯折 (mm)	(0)
5 右弯折 (mm)	(0)
6 钢筋锚固	27
7 钢筋搭接	(29)
8 归类名称	(13号面筋A8@150)
9 汇总信息	板受力筋
10 计算设置	按默认计算设置计算
11 节点设置	按默认节点设置计算
12 搭接设置	按默认搭接设置计算
13 长度调整 (mm)	
14 备注	

图 2.4.89

单击"绘图"退出。

2）画楼层平台板钢筋

单击"板"下拉菜单→单击"板受力筋"→选择"10 号底筋 A8@100"→单击"单板"按钮→单击"垂直"按钮→单击"楼层平台板"→选择"11 号底筋 A8@150"→单击"单板"→单击"水平"→单击"楼层平台板"→选择"12 号面筋 A8@100"→单击"单板"按钮→单击"垂直"按钮→单击"楼层平台板"→选择"13 号面筋 A8@150"→单击"单板"→单击"水平"→单击"楼层平台板"→单击右键结束。

6. 楼梯平台软件手工答案对比

（1）休息平台钢筋软件手工答案对比

1）休息平台钢筋手工答案

休息平台钢筋手工答案见表 2.4.51。

表 2.4.51　休息平台钢筋手工答案

手工答案						长度	根数	重量
筋方向	筋名称	直径	级别	公式				
x 方向	9 号筋	8	一级钢	长度计算公式	$3300 + \max(200/2,5 \times d) + \max(200/2,5 \times d) + 12.5 \times d$	3625		10.013
				长度公式描述	净长 + 设定锚固 + 设定锚固 + 两倍弯钩			
				长度计算公式	$(1275 - 125 - 50 \times 2/200) + 1$		7	
				根数计算公式	（净长 - 起步距离 ×2/间距）+1			
y 方向	8 号筋	12	一级钢	长度计算公式	$1150 + 27 \times 12 + 27 \times 12 + 12.5 \times 12$	1948		57.072
				长度公式描述	挑板净长 + 设定锚固 + 设定锚固 + 两倍弯钩			
				长度计算公式	$(3300 - 2 \times 50/100) + 1$		33	
				根数计算公式	（净长 - 起步距离/间距）+1			

2）查看软件计算 8、9 号筋的结果

汇总计算后，单击"钢筋编辑"按钮→单击 8 号面筋→软件计算结构如图 2.4.90 所示。

	筋号	直径(mm)	级别	图号	图形	计算公式	公式描述	长度(mm)	根数
1	8号面筋A12@100.1	12	Φ	80	104⌐ 1605 ⌐39	1100+27×d+27×d+12.5×d	净长+设定锚固+设定锚固+两倍弯钩	1898	1
2	8号面筋A12@100.2	12	Φ	80	104⌐ 1560 ⌐134	1150+27×d+27×d+12.5×d	净长+设定锚固+设定锚固+两倍弯钩	1948	32

图 2.4.90

单击"钢筋编辑"按钮→单击 9 号底筋→软件计算结构如图 2.4.91 所示。

	筋号	直径(mm)	级别	图号	图形	计算公式	公式描述	长度(mm)	根数
1	9号分布筋A8@200.1	8	Φ	3	3525	3300+max(200/2,5×d)+max(250/2,5×d)+12.5×d	净长+设定锚固+设定锚固+两倍弯钩	3625	6
2	9号分布筋A8@200.2	8	Φ	3	3516	3200+max(200/2,5×d)+27×d+12.5×d	净长+设定锚固+钢筋锚入支座长度+两倍弯钩	3616	1

图 2.4.91

从图 2.4.90、图 2.4.91 我们可以看出，软件计算的结果是错误的，我们需要对这个结果进行调整。

3）调整软件计算 8、9 号筋的结果

我们查出是有一段剪力墙影响休息平台板的钢筋计算结果，如图 2.4.92 所示。我们用修剪的方法将这段墙修改掉，操作步骤如下：

单击"墙"下拉菜单→单击"剪力墙"→单击"选择"→单击"修剪"按钮（再英文状态下按"Z"键取消柱子显示）→单击 5 轴线的砌块墙作为目的墙→单击（5/A）轴线处剪力墙的墙头→单击右键结束。

修剪后延伸 A 轴线砌块墙与 5 轴线砌块墙相交。

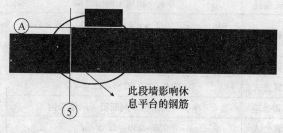

此段墙影响休息平台的钢筋

图 2.4.92

4）重新查看软件计算 8、9 号筋的结果

修剪剪力墙后我们重新汇总，再查看钢筋的计算结果见表 2.4.52。

表 2.4.52　休息平台钢筋软件答案

筋方向	筋名称	筋号	直径	级别	软件答案		长度	根数	重量	手工答案		
						公式				长度	根数	重量
x方向	9号筋	板受力筋.1	12	一级钢	长度计算公式	$3300 + \max(200/2,5 \times d) + \max(200/2,5 \times d) + 12.5 \times d$	3625	7	10.013	3625	7	10.013
					长度公式描述	净长 + 伸入左支座内长度 + 伸入右支座内长度 + 两倍弯钩						
y方向	8号筋	板受力筋.1	8	一级钢	长度计算公式	$1150 + 27 \times d + 27 \times d + 12.5 \times d$	1948	33	57.072	1948	33	57.072
					长度公式描述	净长 + 设定锚固 + 设定锚固 + 弯钩						

（2）楼层平台钢筋软件手工答案对比

楼层平台钢筋软件答案见表 2.4.53。

表 2.4.53　楼层平台钢筋软件答案

筋方向	筋名称	筋号	直径	级别	软件答案		长度	根数	重量	手工答案		
						公式				长度	根数	重量
x方向底筋	11号筋	板受力筋.1	8	一级钢	长度计算公式	$3200 + \max(300/2,5 \times d) + \max(300/2,5 \times d) + 12.5 \times d$	3600	7	9.944	3600	7	9.944
					长度公式描述	净长 + 锚固 + 两倍弯钩						
y方向底筋	10号筋	板受力筋.1	8	一级钢	长度计算公式	$950 + \max(250/2,5 \times d) + \max(300/2,5 \times d) + 12.5 \times d$	1325	32	16.73	1325	7	16.73
					长度计算公式	净长 + 锚固 + 锚固 + 两倍弯钩						
x方向面筋	13号筋	板受力筋.1	8	一级钢	长度计算公式	$3200 + 250 + 250 + 12.5 \times d$	3800	7	10.496	3800	7	10.496
					长度公式描述	净长 + 判断值 + 判断值 + 两倍弯钩						
y方向面筋	12号筋	板受力筋.1	8	一级钢	长度计算公式	$950 + 250 + 12.5 \times d$	1550	32	19.571	1550	32	19.571
					长度计算公式	净长 + 判断值 + 判断值 + 两倍弯钩						

488

7. 首层板（含休息平台板）马凳软件手工答案对比

首层马凳数量根据首层马凳布置图计算，如图2.4.93所示。

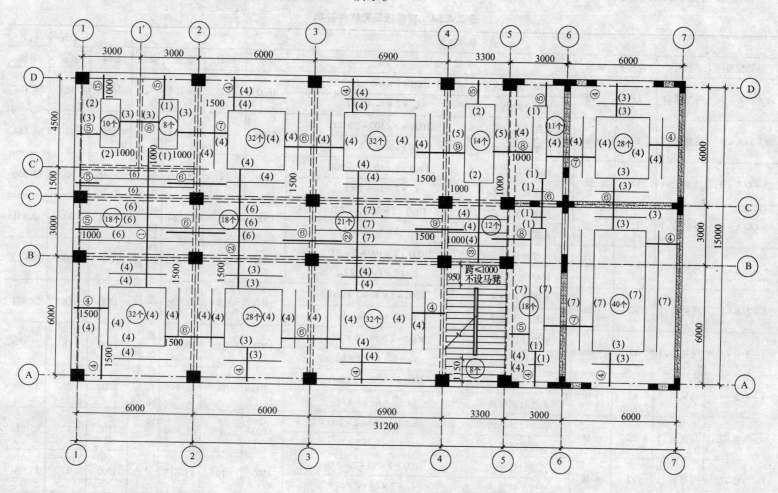

图2.4.93　3.55、7.15楼面板Ⅱ型马凳布置图

汇总计算后，单击"板"下拉菜单里的"现浇板"→单击"选择"按钮→单击要查看马凳的板。

首层板马凳软件答案见表2.4.54。

表2.4.54 首层板马凳软件答案

马凳位置	筋号	直径	级别	公式		长度	根数	重量	备注	长度	根数	重量
										手工答案		
$1-2/A-B$	马凳筋.1	12	一级	长度计算公式	$1000+2\times100+2\times200$	1600	47	66.764		1600	48	68.184
				长度公式描述	$L_1+2\times L_2+2\times L_3$							
$2-3/A-B$	马凳筋.1	12	一级	长度计算公式	$1000+2\times100+2\times200$	1600	48	68.184	如果对不上，在属性编辑器修改负筋马凳排数的信息与左标注和右标注对应	1600	48	68.184
				长度公式描述	$L_1+2\times L_2+2\times L_3$							
$3-4/A-B$	马凳筋.1	12	一级	长度计算公式	$1000+2\times100+2\times200$	1600	52	73.866		1600	52	73.866
				长度公式描述	$L_1+2\times L_2+2\times L_3$							
$5-6/A-C$	马凳筋.1	12	一级	长度计算公式	$1000+2\times50+2\times200$	1500	31	41.284		1500	30	39.951
				长度公式描述	$L_1+2\times L_2+2\times L_3$							
$6-7/A-C$	马凳筋.1	12	一级	长度计算公式	$1000+2\times100+2\times200$	1600	62	88.072		1600	60	79.902
				长度公式描述	$L_1+2\times L_2+2\times L_3$							
$1-2/B-C$	马凳筋.1	12	一级	长度计算公式	$1000+2\times50+2\times200$	1500	15	19.976		1500	18	23.971
				长度公式描述	$L_1+2\times L_2+2\times L_3$							
$2-3/B-C$	马凳筋.1	12	一级	长度计算公式	$1000+2\times50+2\times200$	1500	15	19.976		1500	18	23.971
				长度公式描述	$L_1+2\times L_2+2\times L_3$							
$3-4/B-C$	马凳筋.1	12	一级	长度计算公式	$1000+2\times50+2\times200$	1500	18	23.971		1500	21	27.966
				长度公式描述	$L_1+2\times L_2+2\times L_3$							
$4-5/B-C$	马凳筋.1	12	一级	长度计算公式	$1000+2\times50+2\times200$	1500	9	11.986		1500	12	15.981
				长度公式描述	$L_1+2\times L_2+2\times L_3$							
$1-2/C-C'$	马凳筋.1	12	一级	长度计算公式	$1000+2\times50+2\times200$	1500	10	13.317		1500	12	15.981
				长度公式描述	$L_1+2\times L_2+2\times L_3$							

马凳位置	筋号	直径	级别	公式		长度	根数	重量	备注	长度	根数	重量
					软件答案					手工答案		
1－1′/C′－D	马凳筋.1	12	一级	长度计算公式	$1000+2\times50+2\times200$	1500	18	23.971	如果对不上，在属性编辑器修改负筋马凳排数的信息与左标注和右标注对应	1500	16	21.308
				长度公式描述	$L_1+2\times L_2+2\times L_3$							
1′－2/C′－D	马凳筋.1	12	一级	长度计算公式	$1000+2\times50+2\times200$	1500	16	21.308		1500	16	21.308
				长度公式描述	$L_1+2\times L_2+2\times L_3$							
2－3/C－D	马凳筋.1	12	一级	长度计算公式	$1000+2\times100+2\times200$	1600	50	71.025		1600	48	68.184
				长度公式描述	$L_1+2\times L_2+2\times L_3$							
3－4/C－D	马凳筋.1	12	一级	长度计算公式	$1000+2\times100+2\times200$	1600	52	73.866		1600	52	73.866
				长度公式描述	$L_1+2\times L_2+2\times L_3$							
4－5/C－D	马凳筋.1	12	一级	长度计算公式	$1000+2\times50+2\times200$	1500	21	27.966		1500	20	26.634
				长度公式描述	$L_1+2\times L_2+2\times L_3$							
5－6/C－D	马凳筋.1	12	一级	长度计算公式	$1000+2\times50+2\times200$	1500	22	29.298		1500	21	27.966
				长度公式描述	$L_1+2\times L_2+2\times L_3$							
6－7/C－D	马凳筋.1	12	一级	长度计算公式	$1000+2\times100+2\times200$	1600	50	71.025		1600	48	68.184
				长度公式描述	$L_1+2\times L_2+2\times L_3$							
4－5/楼梯休息平台	马凳筋.1	12	一级	长度计算公式	$1000+2\times50+2\times200$	1500	14	5.327		1500	4	5.327
				长度公式描述	$L_1+2\times L_2+2\times L_3$							

（十一）首层砌体加筋的属性、画法及其答案对比

墙与柱子相接的地方都会出现墙体加筋，有 L 形、T 形、一字形、十字形等多种形式，我们要在软件里选择这些形式的墙体加筋，每种形式又因为施工方法不同，墙体加筋的计算长度也不同。我们选择框架柱子先预留预埋件后焊接墙体加筋的计算方法，具体操作步骤如下。

1. 建立首层砌体加筋属性

（1）建立 L－3 形－1 砌体加筋

单击"墙"下拉菜单→单击"砌体加筋"→单击"定义"→单击"新建"下拉菜单→单击"新建砌体加筋"→选择"L 形"→

选择"L-3形"→填写参数如图 2.4.94 所示→单击"确定"→修改"属性编辑"如图 2.4.95 所示。

参数

	属性名称	属性值
1	Ls1 (mm)	1000
2	Ls2 (mm)	1000
3	b1 (mm)	250
4	b2 (mm)	250

图 2.4.94

属性编辑

	属性名称	属性值
1	名称	L-3形-1
2	砌体加筋形式	L-3形
3	1#加筋	A6@500
4	2#加筋	A6@500
5	其他加筋	
6	计算设置	按默认计算设置计算
7	汇总信息	砌体拉结筋
8	备注	

图 2.4.95

(2) 建立 L-3 形 -2 砌体加筋

单击"新建"下拉菜单→单击"新建砌体加筋"→选择"L形"→选择"L-3形"→填写参数如图 2.4.96 所示→单击"确定"→修改"属性编辑"如图 2.4.97 所示。

参数

	属性名称	属性值
1	Ls1 (mm)	1000
2	Ls2 (mm)	1000
3	b1 (mm)	250
4	b2 (mm)	200

图 2.4.96

属性编辑

	属性名称	属性值
1	名称	L-3形-2
2	砌体加筋形式	L-3形
3	1#加筋	A6@500
4	2#加筋	A6@500
5	其他加筋	
6	计算设置	按默认计算设置计算
7	汇总信息	砌体拉结筋
8	备注	

图 2.4.97

(3) 建立 L-3 形 -3 砌体加筋

单击"新建"下拉菜单→单击"新建砌体加筋"→选择"L形"→选择"L-3形"→填写参数如图 2.4.98 所示→单击"确

定"→修改"属性编辑"如图2.4.99所示。

参数		
	属性名称	属性值
1	Ls1 (mm)	1000
2	Ls2 (mm)	1000
3	b1 (mm)	200
4	b2 (mm)	200

图2.4.98

属性编辑

	属性名称	属性值
1	名称	L-3形-3
2	砌体加筋形式	L-3形
3	1#加筋	A6@500
4	2#加筋	A6@500
5	其他加筋	
6	计算设置	按默认计算设置计算
7	汇总信息	砌体拉结筋
8	备注	

图2.4.99

（4）建立 T-2 形-1 砌体加筋

单击"新建"下拉菜单→单击"新建砌体加筋"→选择"T形"→选择"T-2形"→填写参数如图2.4.100所示→单击"确定"→修改"属性编辑"如图2.4.101所示。

参数		
	属性名称	属性值
1	Ls1 (mm)	1000
2	Ls2 (mm)	1000
3	Ls3 (mm)	1000
4	b1 (mm)	200
5	b2 (mm)	250

图2.4.100

属性编辑

	属性名称	属性值
1	名称	T-2形-1
2	砌体加筋形式	T-2形
3	1#加筋	A6@500
4	2#加筋	A6@500
5	3#加筋	A6@500
6	其他加筋	
7	计算设置	按默认计算设置计算
8	汇总信息	砌体拉结筋
9	备注	

图2.4.101

493

（5）建立 T-2 形 -2 砌体加筋

单击"新建"下拉菜单→单击"新建砌体加筋"→选择"T形"→选择"T-2形"→填写参数如图 2.4.102 所示→单击"确定"→修改"属性编辑"如图 2.4.103 所示。

参数

	属性名称	属性值
1	Ls1 (mm)	1000
2	Ls2 (mm)	1000
3	Ls3 (mm)	1000
4	b1 (mm)	200
5	b2 (mm)	200

图 2.4.102

属性编辑

	属性名称	属性值
1	名称	T-2形-2
2	砌体加筋形式	T-2形
3	1#加筋	A6@500
4	2#加筋	A6@500
5	3#加筋	A6@500
6	其他加筋	
7	计算设置	按默认计算设置计算
8	汇总信息	砌体拉结筋
9	备注	

图 2.4.103

（6）建立 T-1 形 -3 砌体加筋

单击"新建"下拉菜单→单击"新建砌体加筋"→选择"T形"→选择"T-1形"→填写参数如图 2.4.104 所示→单击"确定"→修改"属性编辑"如图 2.4.105 所示。

参数

	属性名称	属性值
1	Ls1 (mm)	1000
2	Ls2 (mm)	1000
3	Ls3 (mm)	1000
4	b1 (mm)	200
5	b2 (mm)	250

图 2.4.104

属性编辑

	属性名称	属性值
1	名称	T-1形-3
2	砌体加筋形式	T-1形
3	1#加筋	2A6@500
4	2#加筋	A6@500
5	其他加筋	
6	计算设置	按默认计算设置计算
7	汇总信息	砌体拉结筋
8	备注	

图 2.4.105

494

（7）建立 T－1 形－4 砌体加筋

单击"新建"下拉菜单→单击"新建砌体加筋"→选择"T形"→选择"T－1形"→填写参数如图2.4.106所示→单击"确定"→修改"属性编辑"如图2.4.107所示。

参数		
	属性名称	属性值
1	Ls1 (mm)	1000
2	Ls2 (mm)	1000
3	Ls3 (mm)	1000
4	b1 (mm)	200
5	b2 (mm)	200

图 2.4.106

属性编辑		
	属性名称	属性值
1	名称	T-1形-4
2	砌体加筋形式	T-1形
3	1#加筋	2A6@500
4	2#加筋	A6@500
5	其他加筋	
6	计算设置	按默认计算设置计算
7	汇总信息	砌体拉结筋
8	备注	

图 2.4.107

（8）建立一字形－4形－1 砌体加筋

单击"新建"下拉菜单→单击"新建砌体加筋"→选择"一字形"→选择"一字形－4形"→填写参数如图2.4.108所示→单击"确定"→修改"属性编辑"如图2.4.109所示。

参数		
	属性名称	属性值
1	Ls1 (mm)	1000
2	b1 (mm)	250

图 2.4.108

属性编辑		
	属性名称	属性值
1	名称	一字-4形-1
2	砌体加筋形式	一字-4形
3	1#加筋	A6@500
4	其他加筋	
5	计算设置	按默认计算设置计算
6	汇总信息	砌体拉结筋
7	备注	

图 2.4.109

（9）建立一字形 – 4 形 – 2 砌体加筋

单击"新建"下拉菜单→单击"新建砌体加筋"→选择"一字形"→选择"一字形 – 4 形"→填写参数如图 2.4.110 所示→单击"确定"→修改"属性编辑"如图 2.4.111 所示。

图 2.4.110

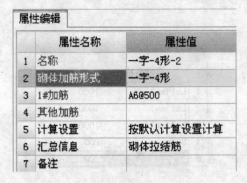

图 2.4.111

（10）建立一字形 – 2 形 – 3 砌体加筋

单击"新建"下拉菜单→单击"新建砌体加筋"→选择"一字形"→选择"一字形 – 2 形"→填写参数如图 2.4.112 所示→单击"确定"→修改"属性编辑"如图 2.4.113 所示。

图 2.4.112

图 2.4.113

496

（11）建立一字形 –2 形 –4 砌体加筋

单击"新建"下拉菜单→单击"新建砌体加筋"→选择"一字形"→选择"一字形 –2 形"→填写参数如图 2.4.114 所示→单击"确定"→修改"属性编辑"如图 2.4.115 所示→单击"绘图"退出。

参数		
	属性名称	属性值
1	Ls1 (mm)	1000
2	Ls2 (mm)	275
3	b1 (mm)	250

图 2.4.114

属性编辑		
	属性名称	属性值
1	名称	一字-2形-4
2	砌体加筋形式	一字-2形
3	1#加筋	A6@500
4	2#加筋	A6@500
5	其他加筋	
6	计算设置	按默认计算设置计算
7	汇总信息	砌体拉结筋
8	备注	

图 2.4.115

2. 画首层砌体加筋

（1）画 L –3 形 –1 砌体加筋

1）画（1/D）交点处砌体加筋

单击"墙"下拉菜单→单击→选择"L –3 形 –1"→单击"点"按钮→单击（1/D）处墙交点。

2）画（5/D）交点处砌体加筋

单击"旋转点"按钮→单击（5/D）处砌块墙交点→（罗动鼠标到合适的位置）单击（5/C）处砌块墙端点。

3）画（5/A）交点处砌体加筋

单击"旋转点"按钮→单击（5/A）处砌块墙交点→（罗动鼠标到合适的位置）单击（4/A）处砌块墙交点。

4）画（1/A）交点处砌体加筋

单击"旋转点"按钮→单击（1/A）处砌块墙交点→（罗动鼠标到合适的位置）单击（1/B）处砌块墙交点。

（2）画 L –3 形 –2 砌体加筋

单击"墙"下拉菜单→单击→选择"L –3 形 –2"→单击"旋转点"按钮→单击（5/C）处砌块墙交点→（挪动鼠标到合适的位置）单击（4/C）处砌块墙交点。

497

（3）画 L-3 形-3 砌体加筋

单击"墙"下拉菜单→单击→选择"L-3 形-3"→单击"旋转点"按钮→单击（3/B）处砌块墙交点→（挪动鼠标到合适的位置）单击（3/A）处砌块墙交点。

（4）画 T-2 形-1 砌体加筋

1）用"点"式画法直接画

单击"墙"下拉菜单→单击→选择"T-2 形-1"→单击"点"按钮→单击（2/D）处砌块墙交点→单击（3/D）处砌块墙交点→单击（4/D）处砌块墙交点。

2）用"旋转点"画法画

单击"旋转点"按钮→单击（1/B）处砌块墙交点→（挪动鼠标到合适的位置）单击（1/C）处墙交点。

单击"旋转点"按钮→单击（1/C）处砌块墙交点→（挪动鼠标到合适的位置）单击（1/D）处墙交点。

单击"旋转点"按钮→单击（2/A）处砌块墙交点→（挪动鼠标到合适的位置）单击（1/A）处墙交点。

3）用"复制"画法画

单击"选择"按钮→用鼠标左键选中画好的（2/A）处的墙体加筋→单击右键→单击"复制"→单击（2/A）交点→单击（3/A）交点→单击（4/A）交点→单击右键两次结束。

（5）画 T-2 形-2 砌体加筋

1）用"点"式画法直接画

单击"墙"下拉菜单→单击→选择"T-2 形-2"→单击"点"按钮→单击（2/B）处砌块墙交点→单击右键结束。

2）用"旋转点"画法画

单击"旋转点"按钮→单击（2/C）处砌块墙交点→（挪动鼠标到合适的位置）单击（1/C）处墙交点。

3）用"复制"画法画

单击"选择"按钮→用鼠标左键选中画好的（2/C）处的墙体加筋 T-2 形-2→单击右键→单击"复制"→单击（2/C）交点→单击（3/C）交点→单击（4/C）交点→单击右键两次结束。

（6）画 T-1 形-3 砌体加筋

1）修改砌体加筋一个边

因为 T-1 形-3 有一根在 1 轴线 C-D 之间的中间位置，与（1/C）交点处的砌体加筋重叠，我们现来修改（1/C）交点的"T-2 形-1"，操作步骤如下：

498

单击"选择"按钮→单击（1/C）交点的"T－2形－1"→单击右键→单击"构件属性编辑器"→修改"T－2形"砌体加筋一个边为"300"如图2.4.116所示（算出来与T－1形－3正好对接）。

（2/C）交点处的墙体加筋也存在同样的问题，我们用同样的方法修改（2/C）交点处的墙体加筋如图2.4.117所示→关闭"属性编辑器"对话框→单击右键→单击"取消选择"。

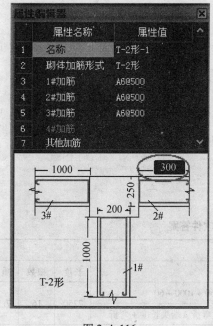

图2.4.116

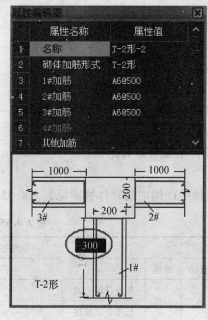

图2.4.117

2）画T－1形－3砌体加筋

单击"墙"下拉菜单→单击→选择"T－1形－3"→单击"旋转点"按钮→单击（1/C′）处墙交点→单击（1/D）处砌块墙交点→单击"点"按钮→单击（1′/D）处墙交点→单击右键结束。

（7）画T－1形－4砌体加筋

单击"墙"下拉菜单→单击→选择"T－1形－4"→单击"旋转点"按钮→单击（1′/C′）处墙交点→单击（1/C′）处墙交点→单击（2/C′）处墙交点→单击（2/C）处墙交点→单击右键结束。

（8）画一字形－4－1砌体加筋

选择"一字形－4形－1"→单击"旋转点"按钮→单击（5/B）处砌块墙端点→单击（5/C）处墙交点→单击右键结束。

（9）画一字形－4－2砌体加筋

单击"墙"下拉菜单→单击→选择"一字形－4形－2"→单击"旋转点"按钮→单击（4/B）处砌块墙端点→单击（4/C）处墙交点→单击右键结束。

（10）画一字形－2形－3砌体加筋

单击"墙"下拉菜单→单击→选择"一字形－2形－3"→单击"旋转点"按钮→单击4轴线上的Z1中心点→单击（4/A）处墙交点→单击右键结束。

（11）建立一字形－2形－4砌体加筋

单击"墙"下拉菜单→单击→选择"一字形－2形－4"→单击"旋转点"按钮→单击5轴线上的Z1中心点→单击（5/A）处墙交点→单击右键结束。

3. 首层砌体加筋软件手工答案对比

（1）1轴线

汇总计算后查看1轴线砌体加筋软件答案见表2.4.55。

表2.4.55 1轴线砌体加筋软件答案

加筋位置	型号名称	筋号	直径	级别	公式		长度	根数	重量	长度	根数	重量
										手工答案		
1/A	L－3形－1	砌体加筋.1	6	一级	长度计算公式	$250-2\times60+1000+60+1000+60$	2250	16	7.99	2250	16	7.99
					长度公式描述	宽度－2×保护层＋端头长度＋弯折＋端头长度＋弯折						
1/B	T－2形－1	砌体加筋.1	6	一级	长度计算公式	$200-2\times60+1000+60+1000+60$	2200	8		2200	8	
					长度公式描述	宽度－2×保护层＋端头长度＋弯折＋端头长度＋弯折						
		砌体加筋.2	6	一级	长度计算公式	$250-2\times60+1000+60+1000+60$	2250	12	10.814	2250	12	10.814
					长度公式描述	宽度－2×保护层＋端头长度＋弯折＋端头长度＋弯折						
		砌体加筋.3	6	一级	长度计算公式	$250-2\times60+450-60+60+450-60+60$	1030	4		1030	4	
					长度公式描述	宽度－2×保护层＋端头长度－保护层＋弯折＋端头长度－保护层＋弯折						

500

加筋位置	型号名称	筋号	直径	级别	软件答案		长度	根数	重量	手工答案		长度	根数	重量
					公式									
1/C	T-2形-1	砌体加筋.1	6	一级	长度计算公式	200−2×60+1000+60+1000+60	2200	8		2200	8			
					长度公式描述	宽度−2×保护层+端头长度+弯折+端头长度+弯折								
		砌体加筋.2	6	一级	长度计算公式	250−2×60+300+60+300+60	850	8		850	8			
					长度公式描述	宽度−2×保护层+端头长度+弯折+端头长度+弯折								
		砌体加筋.3	6	一级	长度计算公式	250−2×60+1000+60+1000+60	2250	4	8.328	2250	4	8.328		
					长度公式描述	宽度−2×保护层+端头长度+弯折+端头长度+弯折								
		砌体加筋.4	6	一级	长度计算公式	250−2×60+450−60+60+450−60+60	1030	4		1030	4			
					长度公式描述	宽度−2×保护层+端头长度−保护层+弯折+端头长度−保护层+弯折								
1/C′	T-1形-3	砌体加筋.1	6	一级	长度计算公式	100+1000+60+100+1000+60	2320	16		2320	16			
					长度公式描述	延伸长度+端头长度+弯折+延伸长度+端头长度+弯折			12.856			12.856		
		砌体加筋.2	6	一级	长度计算公式	200−2×60+1000+200+60+1000+200+60	2600	8		2600	8			
					长度公式描述	宽度−2×保护层+端头长度+锚固+弯折+端头长度+锚固+弯折								
1/D	L-3形-1	砌体加筋.1	6	一级	长度计算公式	250−2×60+1000+60+1000+60	2250	12		2250	12			
					长度公式描述	宽度−2×保护层+端头长度+弯折+端头长度+弯折			6.818			6.818		
		砌体加筋.2	6	一级	长度计算公式	250−2×60+400−60+60+400−60+60	930	4		930	4			
					长度公式描述	宽度−2×保护层+端头长度−保护层+弯折+端头长度−保护层+弯折								

加筋位置	型号名称	筋号	直径	级别	软件答案		长度	根数	重量	手工答案		
						公式				长度	根数	重量
1′/C′	T-1形-4	砌体加筋.1	6	一级	长度计算公式	100+120-60+60+100+120-60+60	440	8		440	8	
					长度公式描述	延伸长度+端头长度-保护层+弯折+延伸长度+端头长度-保护层+弯折						
		砌体加筋.2	6	一级	长度计算公式	100+1000+60+100+1000+60	2320	10	11.124	2320	10	10.094
					长度公式描述	延伸长度+端头长度+弯折+延伸长度+端头长度+弯折						
		砌体加筋.3	6	一级	长度计算公式	200-2×60+1000+200+60+1000+200+60	2600	9		2600	9	
					长度公式描述	宽度-2×保护层+端头长度+锚固+弯折+端头长度+锚固+弯折						
1′/D	T-1形-3	砌体加筋.1	6	一级	长度计算公式	100+1000+60+100+1000+60	2320	8		2320	8	
					长度公式描述	延伸长度+端头长度+弯折+延伸长度+端头长度+弯折						
		砌体加筋.2	6	一级	长度计算公式	100+650-60+60+100+650-60+60	1500	8	11.4	1500	8	11.4
					长度公式描述	延伸长度+端头长度-保护层+弯折+延伸长度+端头长度-保护层+弯折						
		砌体加筋.3	6	一级	长度计算公式	200-2×60+1000+200+60+1000+200+60	2600	8		2600	8	
					长度公式描述	宽度-2×保护层+端头长度+锚固+弯折+端头长度+锚固+弯折						

（2）2 轴线

2 轴线砌体加筋软件答案见表2.4.56。

表 2.4.56　2 轴线砌体加筋软件答案

加筋位置	型号名称	筋号	直径	级别	软件答案		长度	根数	重量	手工答案		
						公式				长度	根数	重量
2/A	T-3形-1	砌体加筋.1	6	一级	长度计算公式	$200-2\times60+1000+60+1000+60$	2200	8	11.897	2200	8	11.897
					长度公式描述	宽度 $-2\times$ 保护层 $+$ 端头长度 $+$ 弯折 $+$ 端头长度 $+$ 弯折						
		砌体加筋.2	6	一级	长度计算公式	$250-2\times60+1000+60+1000+60$	2250	16		2250	16	
					长度公式描述	宽度 $-2\times$ 保护层 $+$ 端头长度 $+$ 弯折 $+$ 端头长度 $+$ 弯折						
2/B	T-2形-2	砌体加筋.1	6	一级	长度计算公式	$200-2\times60+1000+60+1000+60$	2200	19	9.278	2200	19	9.278
					长度公式描述	宽度 $-2\times$ 保护层 $+$ 端头长度 $+$ 弯折 $+$ 端头长度 $+$ 弯折						
2/C	T-2形-2	砌体加筋.1	6	一级	长度计算公式	$200-2\times60+1000+60+300+60$	800	8	6.792	800	8	6.792
					长度公式描述	宽度 $-2\times$ 保护层 $+$ 端头长度 $+$ 弯折 $+$ 端头长度 $+$ 弯折						
		砌体加筋.2	6	一级	长度计算公式	$200-2\times60+1000+60+1000+60$	2200	11		2200	11	
					长度公式描述	宽度 $-2\times$ 保护层 $+$ 端头长度 $+$ 弯折 $+$ 端头长度 $+$ 弯折						
2/C′	T-1形-4	砌体加筋.1	6	一级	长度计算公式	$100+1000+60+100+1000+60$	2320	16	12.856	2320	16	12.856
					长度公式描述	延伸长度 $+$ 端头长度 $+$ 弯折 $+$ 延伸长度 $+$ 端头长度 $+$ 弯折						
		砌体加筋.2	6	一级	长度计算公式	$200-2\times60+1000+200+60+1000+200+60$	2600	8		2600	8	
					长度公式描述	宽度 $-2\times$ 保护层 $+$ 端头长度 $+$ 锚固 $+$ 弯折 $+$ 端头长度 $+$ 锚固 $+$ 弯折						
2/D	T-2形-1	砌体加筋.1	6	一级	长度计算公式	$200-2\times60+1000+60+1000+60$	2200	8	10.75	2200	8	10.75
					长度公式描述	宽度 $-2\times$ 保护层 $+$ 端头长度 $+$ 弯折 $+$ 端头长度 $+$ 弯折						
		砌体加筋.2	6	一级	长度计算公式	$250-2\times60+1000+60+1000+60$	2250	12		2250	12	
					长度公式描述	宽度 $-2\times$ 保护层 $+$ 端头长度 $+$ 弯折 $+$ 端头长度 $+$ 弯折						
		砌体加筋.3	6	一级	长度计算公式	$250-2\times60+400-60+60+400-60+60$	930	4		930	4	
					长度公式描述	宽度 $-2\times$ 保护层 $+$ 端头长度 $-$ 保护层 $+$ 弯折 $+$ 端头长度 $-$ 保护层 $+$ 弯折						

（3）3 轴线

3 轴线砌体加筋软件答案见表 2.4.57。

表 2.4.57 3 轴线砌体加筋软件答案

加筋位置	型号名称	筋号	直径	级别	公式		长度	根数	重量	长度	根数	重量
					软件答案					**手工答案**		
3/A	T-2形-1	砌体加筋.1	6	一级	长度计算公式	$200-2\times60+1000+60+1000+60$	2200	8	11.897	2200	8	11.897
					长度公式描述	宽度 $-2\times$ 保护层 + 端头长度 + 弯折 + 端头长度 + 弯折						
		砌体加筋.2	6	一级	长度计算公式	$250-2\times60+1000+60+1000+60$	2250	16		2250	16	
					长度公式描述	宽度 $-2\times$ 保护层 + 端头长度 + 弯折 + 端头长度 + 弯折						
3/B	L-3形-3	砌体加筋.1	6	一级	长度计算公式	$200-2\times60+1000+60+1000+60$	2200	11	5.371	2200	11	5.371
					长度公式描述	宽度 $-2\times$ 保护层 + 端头长度 + 弯折 + 端头长度 + 弯折						
3/C	L-2形-2	砌体加筋.1	6	一级	长度计算公式	$200-2\times60+1000+60+1000+60$	2200	19	9.278	2200	19	9.278
					长度公式描述	宽度 $-2\times$ 保护层 + 端头长度 + 弯折 + 端头长度 + 弯折						
3/D	T-2形-1	砌体加筋.1	6	一级	长度计算公式	$200-2\times60+1000+60+1000+60$	2200	8	11.897	2200	8	11.897
					长度公式描述	宽度 $-2\times$ 保护层 + 端头长度 + 弯折 + 端头长度 + 弯折						
		砌体加筋.2	6	一级	长度计算公式	$250-2\times60+1000+60+1000+60$	2250	16		2250	16	
					长度公式描述	宽度 $-2\times$ 保护层 + 端头长度 + 弯折 + 端头长度 + 弯折						

（4）4 轴线

4 轴线砌体加筋软件答案见表 2.4.58。

表 2.4.58 4 轴线砌体加筋软件答案

加筋位置	型号名称	筋号	直径	级别	公式		长度	根数	重量	长度	根数	重量
					软件答案					**手工答案**		
4/A	T-2形-1	砌体加筋.1	6	一级	长度计算公式	$200-2\times60+1000+60+1000+60$	2200	8	10.991	2200	8	10.991
					长度公式描述	宽度 $-2\times$ 保护层 + 端头长度 + 弯折 + 端头长度 + 弯折						
		砌体加筋.2	6	一级	长度计算公式	$250-2\times60+1000+60+1000+60$	2250	12		2250	12	
					长度公式描述	宽度 $-2\times$ 保护层 + 端头长度 + 弯折 + 端头长度 + 弯折						
		砌体加筋.3	6	一级	长度计算公式	$250-2\times60+550-60+60+550-60+60$	1230	4		1230	4	
					长度公式描述	宽度 $-2\times$ 保护层 + 端头长度 - 保护层 + 弯折 + 端头长度 - 保护层 + 弯折						

504

提示:这里数据如果对不上,是因为楼梯休息平台板影响的,我们将楼梯休息平台板稍做调整,操作步骤如下:

单击"板"下拉菜单→单击"现浇板"→单击"选择"按钮→单击楼梯休息平台板→单击右键出现右键菜单→单击"偏移"→单击多边偏移→单击"确定"→选中 4 轴线旁的一个边→单击右键确认,向左挪动鼠标→填写偏移值为1→敲回车。

单击"选择"按钮→单击休息平台板→单击右键出现右键菜单→单击"偏移"→单击多边偏移→单击"确定"→选中 5 轴线旁的一个边→单击右键确认,向右挪动鼠标→填写偏移值为1→敲回车。

单击"选择"按钮→单击休息平台板→单击右键出现右键菜单→单击"偏移"→单击多边偏移→单击"确定"→选中 A 轴线旁的一个边→单击右键确认,向下挪动鼠标→填写偏移值为1→敲回车(因为休息平台板只缩小了1mm,对休息平台的钢筋影响极小)。

如果还对不上,放大(4/A)交点检查一下墙体加筋是否画正确,如果不正确,再画一边此交点的墙体加筋。

加筋位置	型号名称	筋号	直径	级别	软件答案		长度	根数	重量	手工答案		重量
					公式					长度	根数	
4/Z1	一字-2形-4	砌体加筋.1	6	一级	长度计算公式	$200-2\times60+1000+60+1000+60$	2200	8	5.238	2200	8	5.238
					长度公式描述	宽度-2×保护层+端头长度+弯折+端头长度+弯折						
		砌体加筋.2	6	一级	长度计算公式	$200-2\times60+275+60+275+60$	750	8		750	8	
					长度公式描述	宽度-2×保护层+端头长度+弯折+端头长度+弯折						
4/B	一字-4形-2	砌体加筋.1	6	一级	长度计算公式	$200-2\times60+1000+200+60+1000+200+60$	2600	8	4.617	2600	8	4.617
					长度公式描述	宽度-2×保护层+端头长度+锚固+弯折+端头长度+锚固+弯折						
4/C	T-2形-2	砌体加筋.1	6	一级	长度计算公式	$200-2\times60+1000+60+1000+60$	2200	14	6.836	2200	14	6.836
					长度公式描述	宽度-2×保护层+端头长度+弯折+端头长度+弯折						
4/D	T-2形-1	砌体加筋.1	6	一级	长度计算公式	$200-2\times60+1000+60+1000+60$	2200	8	10.991	2200	8	10.991
					长度公式描述	宽度-2×保护层+端头长度+弯折+端头长度+弯折						
		砌体加筋.2	6	一级	长度计算公式	$250-2\times60+1000+60+1000+60$	2250	12		2250	12	
					长度公式描述	宽度-2×保护层+端头长度+弯折+端头长度+弯折						
		砌体加筋.3	6	一级	长度计算公式	$250-2\times60+550-60+60+550-60+60$	1230	4		1230	4	
					长度公式描述	宽度-2×保护层+端头长度-保护层+弯折+端头长度-保护层+弯折						

505

（5）5 轴线

5 轴线砌体加筋软件答案见表 2.4.59。

表 2.4.59 5 轴线砌体加筋软件答案

加筋位置	型号名称	筋号	直径	级别	软件答案	公式	长度	根数	重量	手工答案 长度	根数	重量
5/A	L-3形-1	砌体加筋.1	6	一级	长度计算公式	$250 - 2 \times 60 + 1000 + 60 + 1000 + 60$	2250	12		2250	12	
					长度公式描述	宽度 - 2 × 保护层 + 端头长度 + 弯折 + 端头长度 + 弯折			7.085			7.085
		砌体加筋.2	6	一级	长度计算公式	$250 - 2 \times 60 + 550 - 60 + 60 + 550 - 60 + 60$	1230	4		1230	4	
					长度公式描述	宽度 - 2 × 保护层 + 端头长度 - 保护层 + 弯折 + 端头长度 - 保护层 + 弯折						
5/Z1	一字-2形-3	砌体加筋.1	6	一级	长度计算公式	$250 - 2 \times 60 + 1000 + 60 + 1000 + 60$	2250	8		2250	8	
					长度公式描述	宽度 - 2 × 保护层 + 端头长度 + 弯折 + 端头长度 + 弯折			5.416			5.416
		砌体加筋.2	6	一级	长度计算公式	$250 - 2 \times 60 + 275 + 60 + 275 + 60$	800	8		800	8	
					长度公式描述	宽度 - 2 × 保护层 + 端头长度 + 弯折 + 端头长度 + 弯折						
5/B	一字-4形-1	砌体加筋.1	6	一级	长度计算公式	$250 - 2 \times 60 + 1000 + 200 + 60 + 1000 + 200 + 60$	2650	8	4.705	2650	8	4.705
					长度公式描述	宽度 - 2 × 保护层 + 端头长度 + 锚固 + 弯折 + 端头长度 + 锚固 + 弯折						
5/C	L-3形-2	砌体加筋.1	6	一级	长度计算公式	$250 - 2 \times 60 + 1000 + 60 + 1000 + 60$	2250	8		2250	8	
					长度公式描述	宽度 - 2 × 保护层 + 端头长度 + 弯折 + 端头长度 + 弯折			7.902			7.902
		砌体加筋.2	6	一级	长度计算公式	$200 - 2 \times 60 + 1000 + 60 + 1000 + 60$	2200	8		2200	8	
					长度公式描述	宽度 - 2 × 保护层 + 端头长度 + 弯折 + 端头长度 + 弯折						
5/D	L-3形-1	砌体加筋.1	6	一级	长度计算公式	$250 - 2 \times 60 + 1000 + 60 + 1000 + 60$	2250	12		2250	8	
					长度公式描述	宽度 - 2 × 保护层 + 端头长度 + 弯折 + 端头长度 + 弯折			7.085			7.085
		砌体加筋.2	6	一级	长度计算公式	$250 - 2 \times 60 + 550 - 60 + 60 + 550 - 60 + 60$	1230	4		1230	4	
					长度公式描述	宽度 - 2 × 保护层 + 端头长度 - 保护层 + 弯折 + 端头长度 - 保护层 + 弯折						

第五节　二层构件的属性、画法及其答案对比

一、复制首层构件到二层

二层的构件和首层类似，我们把首层与二层相同的构件复制上来，将首层有的而二层没有的构件取消，其操作步骤如下：

切换"首层"到"二层"→单击"楼层"下拉菜单→单击"从其他楼层复制构件图元"→进入"从其他楼层复制构件图元"对话框→切换"源楼层"为"首层"→单击"连梁"前面的"+"号使连梁的构件展开→分别单击"LL1 – 300 × 500"、"LL2 – 300 × 500"、"LL3 – 300 × 500"、"LL4 – 300 × 500"前面的"√"将这些连梁取消→单击"确定"弹出提示对话框→单击"确定"。

二、删除复制上来的多余构件

二层和首层不同之处就是把首层的 M1 位置换成 C3，我们取消构件时并没有把 M1 取消，不小心把 M1 复制到了二层，现在将其取消，其操作步骤如下：

单击"门窗洞"下拉菜单→单击"门"→单击"选择"按钮→鼠标左键选中复制上来的 M1→单击右键→单击"删除"→出现"是否删除选中的门"对画框→单击"是"M1 就删除了。

三、画二层新增构件

1. 在 M1 位置增加 C3

单击"门窗洞"下拉菜单→单击"窗"→选择"C3"→单击"精确布置"→单击 A 轴线的砌块墙→单击（3/A）交点出现"请输入偏移值"对话框→输入偏移值 +1800 或 –1800（根据箭头方向决定 + – 号）→单击"确定"C3 就画好了。

2. 增加 B 轴线 3 – 4 轴线墙

单击"墙"下拉菜单→单击"砌体墙"→选择"砌体墙200"→单击"直线"画法→单击（3/B）交点→单击（4/B）交点→单击右键结束。

3. 增加 B 轴线 3 – 4 轴线的 M2

单击"门窗洞"下拉菜单→单击"门"→选择"M2"→单击"精确布置"→单击 B/3 – 4 轴线段墙→单击（4/B）交点出现"请输入偏移值"对画框→输入偏移值 +350 或 –350→单击"确定"。

4. 增加 B 轴线 3 – 4 轴线 M2 上的过梁

单击"门窗洞"下拉菜单→单击"过梁"→选择"GL – M2"→单击"点"画法→单击 B 轴线 3 – 4 轴线上的 M2→单击右键结束。

四、修改二层门、窗离地高度

单击"门窗洞"下拉菜单→单击"门"→单击"选择"按钮→单击"批量选择"按钮，弹出"批量选择构件图元"对话框→勾选 M_1、M_2、M_3→单击"确定"→单击右键出现右键菜单→单击"构件属性编辑器"→修改属性中离地高度为"0"→在绘图区单击右键→单击"取消选择"→关闭"属性编辑器。"→用同样的方法，在画窗的状态下，修改窗的离地高度为"900"。

五、修改二层砌体加筋

1. 删除（3/B）、（4/B）交点的砌体加筋

单击"墙"下拉菜单→单击"砌体加筋"→单击"选择"按钮→单击（3/B）、（4/B）交点的"墙体加筋"→单击右键出现右键菜单→单击"删除"出现"确认"对画框→单击"是"。

2. 画（3/B）、（4/B）交点的砌体加筋

单筋"墙"下拉菜单→单击"砌体加筋"→选择"T-2形-2"→单击（3/B）交点→选择"L-3形-3"→单击"旋转点"按钮→单击（4/B）交点→单击（4/A）交点→单击右键结束。

六、二层构件钢筋答案软件手工对比

1. 二层和一层钢筋相同的构件

二层的过梁（单根答案相同，数量不同）、暗梁、梁、板、楼梯以及门窗上部连梁的答案和一层完全相同，这里不再赘述。只有（3/B）、（4/B）交点的墙体加筋的和一层不同，我们对一下这两个交点墙体加筋的量。

2. 二层和一层钢筋不同的构件

二层墙体加筋（3/B）、（4/B）交点答案软件手工对比

汇总计算后查看二层墙体加筋（3/B）、（4/B）交点软件答案见表 2.5.1。

表 2.5.1 二层墙体加筋（3/B）、（4/B）交点软件答案

加筋位置	型号名称	筋号	直径	级别	单根软件答案		长度	根数	重量	手工答案		
						公式				长度	根数	重量
3/B	T-2形-2	砌体加筋.1	6	一级	长度计算公式	$200-2\times60+1000+60+1000+60$	2200	13	6.348	2200	13	6.348
					长度公式描述	宽度-2×保护层+端头长度+弯折+端头长度+弯折						
4/B	L-3形-3	砌体加筋.1	6	一级	长度计算公式	$200-2\times60+1000+60+1000+60$	2200	7	3.418	2200	7	3.418
					长度公式描述	宽度-2×保护层+端头长度+弯折+端头长度+弯折						

第六节 三层构件的属性、画法及其答案对比

一、复制二层构件到三层

三层的构件和二层类似，我们把二层与三层相同的构件复制上来，将二层有的而三层没有的构件取消，操作步骤如下：

切换"二层"到"三层"→单击"楼层"下拉菜单→单击"从其他楼层复制构件图元"→进入"从其他楼层复制构件图元"对话框→切换"源楼层"为"第2层"→单击"柱"前面的"＋"号使柱子构件展开→单击"Z1"前面的小方框使其"√"取消→单击"连梁"前面的"＋"号使连梁的构件展开→分别单击"LL1－300×1600"、"LL2－300×1600"前面的"√"将这些连梁取消→单击"梁"类形前面的小方框使"√"全部取消→单击"确定"，弹出提示对话框→单击"确定"。

二、画三层窗上连梁

1. 建立三层窗上连梁属性

（1）修改 LL3－300×900 为 LL1－300×700 属性

单击"门窗洞"下拉菜单→单击"连梁"→单击"定义"→单击"LL3－300×900"→单击右键→单击"复制"→修改属性编辑如图 2.6.1 所示。

（2）修改 LL3－300×900 为 LL2－300×700 属性

单击"LL3－300×700"→单击右键→单击"复制"→修改属性编辑如图 2.6.2 所示。

→单击"绘图"退出。

2. 画三层窗上连梁

（1）画连梁 LL1－300×700

单击"门窗洞"下拉菜单→单击"连梁"→选择"LL1－300×700"→单击"点"式画法→分别单击 A、D 轴线上 5－6 轴线间的C1→单击右键结束。

（2）画连梁 LL2－300×700

选择"LL2－300×700"→单击"点"式画法→分别单击 A、D 轴线上 6－7 轴线间的 C2→单击右键结束。

3. 修改三层连梁为顶层连梁

单击"门窗洞"下拉菜单→单击"连梁"→单击"选择"按钮→单击"批量选择"按钮→单击"只显示当前构件类型"前面的小方框使其"√"→选中要调整的连梁如图 2.6.3 所示→单击"确认"→单击右键,出现右键菜单→单击"构件属性编辑器"→单击"其他属性"前面的"＋"号将其展开→将第 17 行"是否为顶层"调整为"是"→在黑屏上单击右键,出现右键菜单→单击"取消选择"→关闭"属性编辑器"对话框。

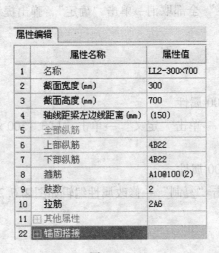

图 2.6.1

图 2.6.2

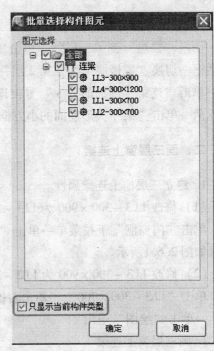

图 2.6.3

4. 三层连梁钢筋答案软件手工对比

(1) A、D 轴线 LL1 – 300 × 700

三层连梁 A、D 轴线 LL1 – 300 × 700 钢筋软件答案见表 2.6.1。

表 2.6.1 三层连梁 A、D 轴线 LL1 −300 ×700 软件答案

构件名称:LL1 −300 ×700, 位置:A/5 −6 、D/5 −6,软件计算单构件钢筋重量:107.623kg,数量:2 根

序号	筋号	直径	级别	软件答案		长度	根数	手工答案	
					公式			长度	根数
1	连梁上部纵筋.1	22	二级	长度计算公式	$1500 + 34 \times d + 34 \times d$	2996	4	2996	4
				长度公式描述	净长 + 锚固 + 锚固				
2	连梁下部纵筋.1	22	二级	长度计算公式	$1500 + 34 \times d + 34 \times d$	2996	4	2996	4
				长度公式描述	净长 + 锚固 + 锚固				
3	连梁箍筋.1	10	一级	长度计算公式	$2 \times ((300 - 2 \times 30) + (700 - 2 \times 30)) + 2 \times (11.9 \times d) + (8 \times d)$	2078	2078		27
				根数计算公式	$Ceil(1500 - 100/100) + 1 + Ceil(748 - 100/150) + 1 + Ceil(748 - 100/150) + 1$		27		
4	连梁拉筋.1	6	一级	长度计算公式	$(300 - 2 \times 30) + 2 \times (75 + 1.9 \times d) + (2 \times d)$	425		425	
				根数计算公式	$2 \times [Ceil((1500 - 100)/200) + 1]$		16		16

（2）A、D 轴线 LL2 −300 ×700

三层连梁 A、D 轴线 LL2 −300 ×700 钢筋软件答案见表 2.6.2。

表 2.6.2 三层连梁 A、D 轴线 LL2 −300 ×700 软件答案

构件名称:LL2 −300 ×700,位置:A/6 −7 、D/6 −7,软件计算单构件钢筋重量:164.158kg,数量:2 根

序号	筋号	直径	级别	软件答案		长度	根数	手工答案	
					公式			长度	根数
1	连梁上部纵筋.1	22	二级	长度计算公式	$3000 + 34 \times d + 34 \times d$	4496	4	4496	4
				长度公式描述	净长 + 锚固 + 锚固				
2	连梁下部纵筋.1	22	二级	长度计算公式	$3000 + 34 \times d + 34 \times d$	4496	4	4496	4
				长度公式描述	净长 + 锚固 + 锚固				
3	连梁箍筋.1	10	一级	长度计算公式	$2 \times [(300 - 2 \times 30) + (700 - 2 \times 30)] + 2 \times (11.9 \times d) + (8 \times d)$	2078		2078	
				根数计算公式	$Ceil(3000 - 100/100) + 1 + Ceil(748 - 100/150) + 1 + Ceil(748 - 100/150) + 1$		42		42
4	连梁拉筋.1	6	一级	长度计算公式	$(300 - 2 \times 30) + 2 \times (75 + 1.9 \times d) + (2 \times d)$	425		425	
				根数计算公式	$2 \times [Ceil((3000 - 100)/200) + 1]$		32		32

（3）6 轴线 LL3 −300 ×900

三层连梁 6 轴线 LL3 −300 ×900 钢筋软件答案见表 2.6.3。

表 2.6.3　三层连梁 6 轴线 LL3 –300 ×900 软件答案

构件名称:LL3 –300 ×900,位置:6/A –C,软件计算单构件钢筋重量:138.337kg,数量:1 根

序号	筋号	直径	级别	软件答案		长度	根数	手工答案	
					公式			长度	根数
1	连梁上部纵筋.1	22	二级	长度计算公式	$2100 +34 \times d +34 \times d$	3596	4	3596	4
				长度公式描述	净长 + 锚固 + 锚固				
2	连梁下部纵筋.1	22	二级	长度计算公式	$2100 +34 \times d +34 \times d$	3596	4	3596	4
				长度公式描述	净长 + 锚固 + 锚固				
3	连梁箍筋.1	10	一级	长度计算公式	$2 \times [(300 -2 \times 30) +(900 -2 \times 30)] +2 \times (11.9 \times d) +(8 \times d)$	2478		2478	33
				根数计算公式	$Ceil(2100 -100/100) +1 + Ceil(748 -100/150) +1 + Ceil(748 -100/150) +1$		33		
4	连梁拉筋.1	6	一级	长度计算公式	$(300 -2 \times 30) +2 \times (75 +1.9 \times d) +(2 \times d)$	425		425	
				根数计算公式	$2 \times [Ceil(2100 -100/200 +1)]$		22		22

（4）6、C 轴线 LL4 –300 ×1200

三层连梁 6、C 轴线 LL4 –300 ×1200 钢筋软件答案见表 2.6.4。

表 2.6.4　三层连梁 6、C 轴线 LL4 –300 ×1200 软件答案

构件名称:LL4 –300 ×1200,位置:C/5 –6 、6/C –D,软件计算单构件钢筋重量:98.465kg,数量:2 根

序号	筋号	直径	级别	软件答案		长度	根数	手工答案	
					公式			长度	根数
1	连梁上部纵筋.1	22	二级	长度计算公式	$900 +34 \times d +34 \times d$	2396	4	2396	4
				长度公式描述	净长 + 锚固 + 锚固				
2	连梁下部纵筋.1	22	二级	长度计算公式	$900 +34 \times d +34 \times d$	2396	4	2396	4
				长度公式描述	净长 + 锚固 + 锚固				
3	连梁箍筋.1	10	一级	长度计算公式	$2 \times [(300 -2 \times 30) +(1200 -2 \times 30)] +2 \times (11.9 \times d) +(8 \times d)$	3078		3078	
				根数计算公式	$Ceil(900 -100/100) +1 + Ceil(748 -100/150) +1 + Ceil(748 -100/150) +1$		21		21
4	连梁拉筋.1	6	一级	长度计算公式	$(300 -2 \times 30) +2 \times (75 +1.9 \times d) +(2 \times d)$	425		425	
				根数计算公式	$3 \times [Ceil(900 -100/200 +1)]$		15		15

三、三层暗梁钢筋答案软件手工对比

1. A、D 轴线暗梁

三层 A、D 轴线暗梁钢筋的软件答案见表 2.6.5。

表 2.6.5　三层 A、D 轴线暗梁钢筋软件答案

构件名称:A、D 轴线暗梁,软件计算单构件钢筋重量:83.642 kg ,2 段

序号	筋号	直径	级别	软件答案		长度	根数	搭接	手工答案		
					公式				长度	根数	搭接
1	暗梁上部纵筋.1	20	二级	长度计算公式	$550 + 34 \times d + 34 \times d$	1910	4		9160	4	
				长度公式描述	净长 + 锚固 + 锚固						
2	暗梁上部纵筋.2	20	二级	长度计算公式	$550 + 34 \times d + 34 \times d$	1910	4	9160	4		
				长度公式描述	净长 + 锚固 + 锚固						
3	暗梁下部纵筋.1	20	二级	长度计算公式	$550 + 34 \times d + 34 \times d$	1910	4		9160	4	
				长度公式描述	净长 + 锚固 + 锚固						
4	暗梁下部纵筋.2	20	二级	长度计算公式	$550 + 34 \times d + 34 \times d$	1910	4		9160	4	
				长度公式描述	净长 + 锚固 + 锚固						
5	暗梁箍筋.1	10	一级	长度计算公式	$2 \times [(300 - 2 \times 30) + (500 - 2 \times 30)] + 2 \times (11.9 \times d) + (8 \times d)$	1678			1678		
				根数计算公式	$Ceil(550 - 75 - 75/150) + 1 + Ceil(550 - 75 - 75/150) + 1$		8			8	

2. C 轴线暗梁

三层 C 轴线暗梁钢筋的软件答案见表 2.6.6。

表 2.6.6　三层 C 轴线暗梁钢筋软件答案

构件名称:C 轴线暗梁,软件计算单构件钢筋重量:211.449 kg,1 段

序号	筋号	直径	级别	软件答案		长度	根数	搭接	手工答案		
					公式				长度	根数	搭接
1	暗梁上部纵筋.1	20	二级	长度计算公式	$800 + 34 \times d + 34 \times d$	2160	4		2160	4	
				长度公式描述	净长 + 锚固 + 锚固						

序号	筋号	直径	级别	软件答案		长度	根数	搭接	手工答案	长度	根数	搭接
					公式							
2	暗梁上部纵筋.2	20	二级	长度计算公式	$5100 + 34 \times d + 34 \times d$	6460	4			6460	4	
				长度公式描述	净长 + 锚固 + 锚固							
3	暗梁下部纵筋.1	20	二级	长度计算公式	$800 + 34 \times d + 34 \times d$	2160	4			2160	4	
				长度公式描述	净长 + 锚固 + 锚固							
4	暗梁下部纵筋.2	20	二级	长度计算公式	$5100 + 34 \times d + 34 \times d$	6460	4			6460	4	
				长度公式描述	净长 + 锚固 + 锚固							
5	暗梁箍筋.1	10	一级	长度计算公式	$2 \times [(300 - 2 \times 30) + (500 - 2 \times 30)] + 2 \times (11.9 \times d) + (8 \times d)$	1678				1678		
				根数计算公式	$Ceil(800 - 75 - 75/150) + 1 + Ceil(5100 - 75 - 75/150) + 1$		40				40	

3.6 轴线暗梁

三层 6 轴线暗梁钢筋的软件答案见表 2.6.7。

表 2.6.7 三层 6 轴线暗梁钢筋软件答案

构件名称:6 轴线暗梁,软件计算单构件钢筋重量:296.308 kg,数量:1 段

序号	筋号	直径	级别	软件答案		长度	根数	搭接	手工答案	长度	根数	搭接
					公式							
1	暗梁上部纵筋.1	20	二级	长度计算公式	$3850 + 34 \times d + 34 \times d$	5210	4			5210	4	
				长度公式描述	净长 + 锚固 + 锚固							
2	暗梁上部纵筋.2	20	二级	长度计算公式	$5250 + 34 \times d + 34 \times d$	6610	4			6610	4	
				长度公式描述	净长 + 锚固 + 锚固							
3	暗梁下部纵筋.1	20	二级	长度计算公式	$3850 + 34 \times d + 34 \times d$	5210	4			5210	4	
				长度公式描述	净长 + 锚固 + 锚固							

序号	筋号	直径	级别		公式	长度	根数	搭接	长度	根数	搭接
					软件答案				**手工答案**		
4	暗梁下部纵筋.2	20	二级	长度计算公式	$5250 + 34 \times d + 34 \times d$	6610	4		6610	4	
				长度公式描述	净长 + 锚固 + 锚固						
5	暗梁箍筋.1	10	一级	长度计算公式	$2 \times \left[(300 - 2 \times 30) + (500 - 2 \times 30) \right] + 2 \times (11.9 \times d) + (8 \times d)$	1678			1678		
				根数计算公式	$Ceil(3850 - 75 - 75/150) + 1 + Ceil(5250 - 75 - 75/150) + 1$		61			61	

4.7 轴线暗梁

三层 7 轴线暗梁钢筋的软件答案见表 2.6.8。

表 2.6.8 三层 7 轴线暗梁钢筋软件答案

构件名称:7 轴线暗梁,软件计算单构件钢筋重量:404.043kg,数量:1 段

序号	筋号	直径	级别		公式	长度	根数	搭接	长度	根数	搭接
					软件答案				**手工答案**		
1	暗梁上部纵筋.1	20	二级	长度计算公式	$14400 + 34 \times d + 34 \times d$	15760	4	1	15760	4	1
				长度公式描述	净长 + 锚固 + 锚固						
2	暗梁下部纵筋.2	20	二级	长度计算公式	$14400 + 34 \times d + 34 \times d$	15760	4	1	15760	4	1
				长度公式描述	净长 + 锚固 + 锚固						
3	暗梁箍筋.1	10	一级	长度计算公式	$2 \times \left[(300 - 2 \times 30) + (500 - 2 \times 30) \right] + 2 \times (11.9 \times d) + (8 \times d)$	1678			1678		
				根数计算公式	$Ceil(5250 - 75 - 75/150) + 1 + Ceil(8250 - 75 - 75/150) + 1$		90			90	

四、画三层屋面梁

1. 建立三层屋面框架梁属性

（1）建立 WL1 属性

单击"梁"下拉菜单→单击"梁"→单击"定义"→单击"新建"下拉菜单→单击"新建矩形梁"→根据"结施 5"定义 WKL1 的"属性编辑"如图 2.6.4 所示。

（2）用 WL1 复制并修改成 WKL2

左键选中 WKL1→单击"复制"按钮 →修改属性编辑如图 2.6.5 所示。

属性编辑	
属性名称	属性值
1 名称	WKL1
2 类别	屋面框架梁
3 截面宽度 (mm)	300
4 截面高度 (mm)	700
5 轴线距梁左边线距离 (mm)	(150)
6 跨数量	
7 箍筋	A10@100/200 (2)
8 肢数	2
9 上部通长筋	2B25
10 下部通长筋	
11 侧面纵筋	N4B18
12 拉筋	(A6)
13 其他箍筋	
14 备注	
15 ⊞ 其他属性	
23 ⊞ 锚固搭接	

图 2.6.4

属性编辑	
属性名称	属性值
1 名称	WKL2
2 类别	屋面框架梁
3 截面宽度 (mm)	300
4 截面高度 (mm)	700
5 轴线距梁左边线距离 (mm)	(150)
6 跨数量	
7 箍筋	A10@100/200 (2)
8 肢数	2
9 上部通长筋	2B25
10 下部通长筋	
11 侧面纵筋	N4B16
12 拉筋	(A6)
13 其他箍筋	
14 备注	
15 ⊞ 其他属性	
23 ⊞ 锚固搭接	

图 2.6.5

单击"绘图"退出。

2. 画三层屋面梁

（1）画 B 轴线 WKL1

画 WKL1：单击"梁"下拉菜单→单击"梁"→选择"WKL1"→此时在英文状态下暗 B、S、F 键取消板、受力筋和负筋的显示→单击（1/B）交点→单击（5/B）交点→单击右键结束。

找支座：单击"重提梁跨"→单击画好的 WKL1→单击右键结束。

原位标注：单击"原位标注"下拉菜单→单击"梁平法表格"→单击画好的 WKL1→填写原位标注见表 2.6.9→单击右键结束。

516

表 2.6.9 WKL1 的原位标注

跨号	上部钢筋			下部钢筋	
	左支座钢筋	跨中钢筋	右支座钢筋	通长筋	下部钢筋
1	6B25 4/2				6B25 2/4
2	6B25 4/2				6B25 2/4
3	6B25 4/2				6B25 2/4
4	6B25 4/2	6B25 4/2	6B25 4/2		4B25

填写完毕后单击右键结束。

注意：第四跨要填写左右支座的负筋值。

（2）复制 B 轴线的梁到 C、A、D 轴线

单击"选择"按钮→选中 B 轴线的 WKL1→单击右键出现右键菜单→单击"复制"→单击（3/B）交点→单击（3/A）交点→单击（3/C）交点→单击（3/D）交点→单击右键二次结束。

（3）A、D 轴线设置梁靠柱边

A 轴线：单击"选择"按钮→选中 A 轴线的 WKL1→单击右键出现右键菜单→单击"单图元对齐"→单击 A 轴线任意一根柱子→单击柱下侧外边线→单击右键结束。

D 轴线：单击"选择"按钮→选中 D 轴线的 WKL1→单击右键出现右键菜单→单击"单图元对齐"→单击 D 轴线任意一根柱子→单击柱上侧外边线一点→单击右键结束。

（4）A、C、D 轴线的梁重新找支座

新复制的梁需要重新找支座，操作步骤如下：

C 轴线：单击"重提梁跨"→单击 C 轴线的 WKL1→单击右键结束。

A 轴线：单击"重提梁跨"→单击 A 轴线的 WKL1→单击右键结束。

D 轴线：单击"重提梁跨"→单击 D 轴线的 WKL1→单击右键结束。

（5）画 2 轴线 WKL2

画 WKL2：单击"梁"下拉菜单→单击"梁"→选择"WKL2"→单击（2/A）交点→单击（2/D）交点→单击右键结束。

找支座：单击"重提梁跨"→单击画好的 WKL2→单击右键结束。

原位标注：单击"原位标注"下拉菜单→单击"梁平法表格"→单击画好的 WKL2→填写原位标注见表 2.6.10→单击右键结束。

表 2.6.10　WKL2 的原位标注

跨号	上部钢筋			下部钢筋	
	左支座钢筋	跨中钢筋	右支座钢筋	通长筋	下部钢筋
1	6B25 4/2				6B25 2/4
2	6B25 4/2	6B25 4/2	6B25 4/2		4B25
3			6B25 4/2		6B25 2/4

填写完毕后单击右键结束。

注意：第二跨要填写左右支座的负筋值。

（6）复制 2 轴线的梁到 1、3、4、5 轴线

单击"选择"按钮→选中 2 轴线的 WKL2→单击右键出现右键菜单→单击"复制"→单击（2/B）交点→单击（1/B）交点→单击（3/B）交点→单击（4/B）交点→单击（5/B）交点→单击右键二次结束。

（7）1、5 轴线设置梁靠柱边

1 轴线：单击"选择"按钮→选中 1 轴线的 WKL2→单击右键出现右键菜单→单击"单图元对齐"→单击 1 轴线任意一根柱子→单击柱左侧外任意一点→单击右键结束。

5 轴线：单击"选择"按钮→选中 5 轴线的 WKL2→单击右键出现右键菜单→单击"单图元对齐"→单击（5/B）柱子→单击柱右侧外任意一点→单击右键结束。

（8）1、3、4、5 的梁重新找支座

新复制的梁需要重新找支座，操作步骤如下：

1 轴线：单击"重提梁跨"→单击 1 轴线的 WKL2→单击右键结束。

3 轴线：单击"重提梁跨"→单击 3 轴线的 WKL2→单击右键结束。

4 轴线：单击"重提梁跨"→单击 4 轴线的 WKL2→单击右键结束。

5 轴线：单击"重提梁跨"→单击 5 轴线的 WKL2→单击右键结束。

（9）梁延伸

梁如果不封闭对画板有影响，在画板以前我们需要将梁封闭。

单击"梁"下拉菜单里的"梁"→在英文状态下按"Z"键取消柱子显示→单击"选择"按钮→单击"延伸"按钮→单击 D 轴线旁 WKL1（注意不要选中 D 轴线）→单击与 D 轴线 WKL1 垂直的所有的梁→单击右键→单击 5 轴线旁的 WKL2（注意不要选中 5 轴线）→单击与 5 轴线 WKL2 垂直的所有的梁→单击右键→单击 A 轴线旁 WKL1（注意不要选中 A 轴线）→单击与 A 轴线 WKL1 垂直的所有

的梁→单击右键→单击 1 轴线旁 WKL2（注意不要选中 1 轴线）→单击与 1 轴线 WKL2 垂直的所有的梁→单击右键结束。

3. 屋面梁钢筋软件手工答案对比

（1）A、D 轴线 WKL1 钢筋软件手工答案对比

汇总计算后查看 A、D 轴线 WKL1 钢筋软件答案见表 2.6.11。

表 2.6.11　A、D 轴线 WKL1 钢筋软件答案

构件名称:屋面梁 WKL1,位置:A 轴线、D 轴线,软件计算单构件钢筋重量:1412.742kg,数量:2 根

序号	筋号	直径	级别	软件答案		长度	根数	搭接	手工答案		
					公式				长度	根数	搭接
1	1. 上通长筋1	25	二级	长度计算公式	$700 - 30 + 670 + 21500 + 700 - 30 + 670$	24580	2	2	24580	2	2
				长度公式描述	支座宽 − 保护层 + 弯折 + 净长 + 支座宽 − 保护层 + 弯折						
2	1. 左支座筋1	25	二级	长度计算公式	$700 - 30 + 670 + (5300/3)$	3107	2		3107	2	
				长度公式描述	支座宽 − 保护层 + 弯折 + 伸入跨中长度						
3	1. 右支座筋1	25	二级	长度计算公式	$(5300/3) + 700 + (5300/3)$	4234	2		4234	2	
				长度公式描述	伸入跨中长度 + 支座宽 + 伸入跨中长度						
4	1. 左支座筋2	25	二级	长度计算公式	$700 - 30 + 670 + (5300/4)$	2665	2		2665	2	
				长度公式描述	支座宽 − 保护层 + 弯折 + 伸入跨中长度						
5	1. 右支座筋2	25	二级	长度计算公式	$(5300/4) + 700 + (5300/4)$	3350	2		3350	2	
				长度公式描述	伸入跨中长度 + 支座宽 + 伸入跨中长度						
6	1. 下部钢筋1	25	二级	长度计算公式	$700 - 30 + 15 \times d + 5300 + 34 \times d$	7195	4		7195	4	
				长度公式描述	支座宽 − 保护层 + 弯折 + 净长 + 直锚						
7	1. 下部钢筋2	25	二级	长度计算公式	$700 - 30 + 15 \times d + 5300 + 34 \times d$	7195	2		7195	2	
				长度公式描述	支座宽 − 保护层 + 弯折 + 净长 + 直锚						
8	1. 侧面受扭筋1	18	二级	长度计算公式	$34 \times d + 21500 + 0.5 \times 1100 + 5 \times d$	22752	4	2	22752	4	2
				长度公式描述	直锚 + 净长 + 直锚						
9	1. 箍筋1	10	一级	长度计算公式	$2 \times [(300 - 2 \times 30) + (700 - 2 \times 30)] + 2 \times (11.9 \times d) + (8 \times d)$	2078			2078		
				根数计算公式	$2 \times [ceil(1000/100) + 1] + ceil(3200/200) - 1$		37			37	

519

序号	筋号	直径	级别	软件答案		长度	根数	搭接	手工答案		
				公式					长度	根数	搭接
10	1. 拉筋1	6	一级	长度计算公式	$(300-2\times30)+2\times(75+1.9\times d)+(2\times d)$	425			425		
				根数计算公式	$2\times[\text{Ceil}(5200/400)+1]$		28			28	
11	2. 右支座筋1	25	一级	长度计算公式	$(6200/3)+700+(6200/3)$	4834	2		4834	2	
				长度公式描述	伸入跨中长度+支座宽+伸入跨中长度						
12	2. 右支座筋2	25	一级	长度计算公式	$(6200/4)+700+(6200/4)$	3800	2		3800	2	
				长度公式描述	伸入跨中长度+支座宽+伸入跨中长度						
13	2. 下部钢筋1	25	一级	长度计算公式	$34\times d+5300+34\times d$	7000	4		7000	4	
				长度公式描述	直锚+净长+直锚						
14	2. 下部钢筋2	25	一级	长度计算公式	$34\times d+5300+34\times d$	7000	2		7000	2	
				长度公式描述	直锚+净长+直锚						
15	2. 箍筋1	10	一级	长度计算公式	$2\times[(300-2\times30)+(700-2\times30)]+2\times(11.9\times d)+(8\times d)$	2078			2078		
				根数计算公式	$2\times[\text{ceil}(1000/100)+1]+\text{ceil}(3200/200)-1$		37			37	
16	2. 拉筋1	6	一级	长度计算公式	$(300-2\times30)+2\times(75+1.9\times d)+(2\times d)$	425			425		
				根数计算公式	$2\times[\text{Ceil}(5200/400)+1]$		28			28	
17	3. 下部钢筋1	25	二级	长度计算公式	$34\times d+6200+34\times d$	7900	4		7900	4	
				长度公式描述	直锚+净长+直锚						
18	3. 下部钢筋1	25	二级	长度计算公式	$34\times d+6200+34\times d$	7900	2		7900	2	
				长度公式描述	直锚+净长+直锚						
19	3. 箍筋1	10	一级	长度计算公式	$2\times[(300-2\times30)+(700-2\times30)]+2\times(11.9\times d)+(8\times d)$	2078			2078		
				根数计算公式	$2\times[\text{ceil}(1000/100)+1]+\text{ceil}(4100/200)-1$		42			42	
20	3. 拉筋1	6	一级	长度计算公式	$(300-2\times30)+2\times(75+1.9\times d)+(2\times d)$	425			425		
				根数计算公式	$2\times[\text{Ceil}(6100/400)+1]$		34			34	
21	4. 跨中筋1	25	二级	长度计算公式	$(6200/3)+700+2600+1100-30+670$	7107	2		7107	2	
				长度公式描述	伸入跨中长度+支座宽+净长+支座宽-保护层+弯折						

序号	筋号	直径	级别		软件答案				手工答案		
					公式	长度	根数	搭接	长度	根数	搭接
22	4. 跨中筋2	25	二级	长度计算公式	$(6200/4)+700+2600+1100-30+670$	6590	2		6590	2	
				长度公式描述	伸入跨中长度+支座宽+净长+支座宽-保护层+弯折						
23	4. 下部钢筋1	25	二级	长度计算公式	$34 \times d+2600+34 \times d$	4300	4		4300	4	
				长度公式描述	直锚+净长+直锚						
24	4. 箍筋1	10	一级	长度计算公式	$2 \times [(300-2 \times 30)+(700-2 \times 30)]+2 \times (11.9 \times d)+(8 \times d)$	2078			2078		
				根数计算公式	$2 \times [\text{ceil}(1000/100)+1]+\text{ceil}(500/200)-1$		24			24	
25	4. 拉筋1	6	一级	长度计算公式	$(300-2 \times 30)+2 \times (75+1.9 \times d)+(2 \times d)$	425			425		
				根数计算公式	$2 \times [\text{Ceil}(2500/400)+1]$		16			16	

（2）B、C 轴线 WKL1 钢筋软件手工答案对比

B、C 轴线 WKL1 钢筋软件答案见表 2.6.12。

表 2.6.12 B、C 轴线 WKL1 钢筋软件答案

构件名称:WKL1 ,位置:B、C 轴线,软件计算单构件钢筋重量:1406.276kg,数量:2 根

序号	筋号	直径	级别		软件答案				手工答案		
					公式	长度	根数	搭接	长度	根数	搭接
1	1. 上通长筋1	25	2	长度计算公式	$700-30+670+21500+700-30+670$	24180	2	2	24180	2	2
				长度公式描述	支座宽-保护层+弯折+净长+支座宽-保护层+弯折						
2	1. 左支座筋1	25	2	长度计算公式	$700-30+670+(5300/3)$	3107	2		3107	2	
				长度公式描述	支座宽-保护层+弯折+伸入跨中长度						
3	1. 右支座筋1	25	2	长度计算公式	$(5300/3)+700+(5300/3)$	4234	2		4234	2	
				长度公式描述	伸入跨中长度+支座宽+伸入跨中长度						
4	1. 左支座筋2	25	2	长度计算公式	$700-30+670+(5300/4)$	2665	2		2665	2	
				长度公式描述	支座宽-保护层+弯折+伸入跨中长度						

序号	筋号	直径	级别	软件答案		长度	根数	搭接	长度	根数	搭接
					公式				手工答案		
5	1. 右支座筋2	25	2	长度计算公式	$(5300/4)+700+(5300/4)$	3350	2		3350	2	
				长度公式描述	伸入跨中长度 + 支座宽 + 伸入跨中长度						
6	1. 下部钢筋1	25	2	长度计算公式	$700-30+15\times d+5300+34\times d$	7195	4		7195	4	
				长度公式描述	支座宽 - 保护层 + 弯折 + 净长 + 直锚						
7	1. 下部钢筋2	25	2	长度计算公式	$700-30+15\times d+5300+34\times d$	7195	2		7195	2	
				长度公式描述	支座宽 - 保护层 + 弯折 + 净长 + 直锚						
8	1. 侧面受扭筋1	18	2	长度计算公式	$34\times d+21500+34\times d$	22724	4	2	22724	4	2
				长度公式描述	直锚 + 净长 + 直锚						
9	1. 箍筋1	10	1	长度计算公式	$2\times[(300-2\times30)+(700-2\times30)]+2\times(11.9\times d)+(8\times d)$	2078			2078		
				根数计算公式	$2\times[\text{ceil}(1000/100)+1]+\text{ceil}(3200/200)-1$		37			37	
10	1. 拉筋1	6	1	长度计算公式	$(300-2\times30)+2\times(75+1.9\times d)+(2\times d)$	425			425		
				根数计算公式	$2\times[\text{Ceil}(5200/400)+1]$		28			28	
11	2. 右支座筋1	25	2	长度计算公式	$(6200/3)+700+(6200/3)$	834	2		4834	2	
				长度公式描述	伸入跨中长度 + 支座宽 + 伸入跨中长度						
12	2. 右支座筋2	25	2	长度计算公式	$(6200/4)+700+(6200/4)$	3800	2		3800	2	
				长度公式描述	伸入跨中长度 + 支座宽 + 伸入跨中长度						
13	2. 下部钢筋1	25	2	长度计算公式	$34\times d+5300+34\times d$	7000	4		7000	4	
				长度公式描述	直锚 + 净长 + 直锚						
14	2. 下部钢筋2	25	2	长度计算公式	$34\times d+5300+34\times d$	7000	2		7000	2	
				长度公式描述	直锚 + 净长 + 直锚						
15	2. 箍筋1	10	1	长度计算公式	$2\times((300-2\times30)+(700-2\times30))+2\times(11.9\times d)+(8\times d)$	2078			2078		
				根数计算公式	$2\times[\text{ceil}(1000/100)+1]+\text{ceil}(3200/200)-1$		37			37	

序号	筋号	直径	级别	公式		长度	根数	搭接	长度	根数	搭接
				软件答案					手工答案		
16	2. 拉筋1	6	1	长度计算公式	$(300 - 2 \times 30) + 2 \times (75 + 1.9 \times d) + (2 \times d)$	425			425		
				根数计算公式	$2 \times \left[\text{Ceil}(5200/400) + 1 \right]$		28			28	
17	3. 下部钢筋1	25	2	长度计算公式	$34 \times d + 6200 + 34 \times d$	7900	4		7900	4	
				长度公式描述	直锚 + 净长 + 直锚						
18	3. 下部钢筋1	25	2	长度计算公式	$34 \times d + 6200 + 34 \times d$	7900	2		7900	2	
				长度公式描述	直锚 + 净长 + 直锚						
19	3. 箍筋1	10	1	长度计算公式	$2 \times ((300 - 2 \times 30) + (700 - 2 \times 30)) + 2 \times (11.9 \times d) + (8 \times d)$	2078			2078		
				根数计算公式	$2 \times \left[\text{ceil}(1000/100) + 1 \right] + \text{ceil}(4100/200) - 1$		42			42	
20	3. 拉筋1	6	1	长度计算公式	$(300 - 2 \times 30) + 2 \times (75 + 1.9 \times d) + (2 \times d)$	425			425		
				根数计算公式	$2 \times \left[\text{Ceil}(6100/400) + 1 \right]$		34			34	
21	4. 跨中筋1	25	2	长度计算公式	$(6200/3) + 700 + 2600 + 700 - 30 + 670$	6707	2		6707	2	
				长度公式描述	伸入跨中长度 + 支座宽 + 净长 + 支座宽 - 保护层 + 弯折						
22	4. 跨中筋2	25	2	长度计算公式	$(6200/4) + 700 + 2600 + 700 - 30 + 670$	6190	2		6190	2	
				长度公式描述	伸入跨中长度 + 支座宽 + 净长 + 支座宽 - 保护层 + 弯折						
23	4. 下部钢筋1	25	2	长度计算公式	$34 \times d + 2600 + 700 - 30 + 15 \times d$	4495	4		4495	4	
				长度公式描述	直锚 + 净长 + 支座宽 - 保护层 + 弯折						
24	4. 箍筋1	10	1	长度计算公式	$2 \times \left[(300 - 2 \times 30) + (700 - 2 \times 30) \right] + 2 \times (11.9 \times d) + (8 \times d)$	2078			2078		
				根数计算公式	$2 \times \left[\text{ceil}(1000/100) + 1 \right] + \text{ceil}(500/200) - 1$		24			24	
25	4. 拉筋1	6	1	长度计算公式	$(300 - 2 \times 30) + 2 \times (75 + 1.9 \times d) + (2 \times d)$	425			425		
				根数计算公式	$2 \times \left[\text{Ceil}(2500/400) + 1 \right]$		16			16	

（3）WKL2 钢筋软件手工答案对比

WKL2 钢筋软件答案见表 2.6.13。

表 2.6.13　WKL2 钢筋软件答案

构件名称:WKL2 − 250×450 − 300×700 ,位置:1、2、3、4、5 轴线,软件计算单构件钢筋重量:948.403kg,数量:5 根

序号	筋号	直径	级别	软件答案		长度	根数	搭接	长度	根数	搭接
									手工答案		
1	1. 上通长筋1	25	2	长度计算公式	$600 − 30 + 670 + 14400 + 600 − 30 + 670$	16880	2	1	16880	2	1
				长度公式描述	支座宽 − 保护层 + 弯折 + 净长 + 支座宽 − 保护层 + 弯折						
2	1. 左支座筋1	25	2	长度计算公式	$600 − 30 + 670 + (5400/3)$	3040	2		3040	2	
				长度公式描述	支座宽 − 保护层 + 弯折 + 伸入跨中长度						
3	1. 左支座筋2	25	2	长度计算公式	$600 − 30 + 670 + (5400/4)$	2590	2		2590	2	
				长度公式描述	支座宽 − 保护层 + 弯折 + 伸入跨中长度						
4	1. 下部钢筋1	25	2	长度计算公式	$600 − 30 + 15 × d + 5400 + 34 × d$	7195	4		7195	4	
				长度公式描述	支座宽 − 保护层 + 弯折 + 净长 + 直锚						
5	1. 下部钢筋2	25	2	长度计算公式	$600 − 30 + 15 × d + 5400 + 34 × d$	7195	2		7195	2	
				长度公式描述	支座宽 − 保护层 + 弯折 + 净长 + 直锚						
6	1. 侧面受扭筋1	16	2	长度计算公式	$34 × d + 14400 + 34 × d$	15488	4	1	15488	4	1
				长度公式描述	直锚 + 净长 + 直锚						
7	1. 箍筋1	10	1	长度计算公式	$2 × [(300 − 2 × 30) + (700 − 2 × 30)] + 2 × (11.9 × d) + (8 × d)$	2078			2078		
				根数计算公式	$2 × [ceil(1000/100) + 1] + ceil(3300/200) − 1$		38			38	
8	1. 拉筋1	6	1	长度计算公式	$(300 − 2 × 30) + 2 × (75 + 1.9 × d) + (2 × d)$	425			425		
				根数计算公式	$2 × [Ceil(5300/400) + 1]$		30			30	
9	2. 跨中筋1	25	2	长度计算公式	$(5400/3) + 600 + 2400 + 600 + (5400/3)$	7200	2		7200	2	
				长度公式描述	伸入跨中长度 + 支座宽 + 净长 + 支座宽 + 伸入跨中长度						
10	2. 跨中筋2	25	2	长度计算公式	$(5400/4) + 600 + 2400 + 600 + (5400/4)$	6300	2		6300	2	
				长度公式描述	伸入跨中长度 + 支座宽 + 净长 + 支座宽 + 伸入跨中长度						
11	2. 下部钢筋1	25	2	长度计算公式	$34 × d + 2400 + 34 × d$	4100	4		4100	4	
				长度公式描述	直锚 + 净长 + 直锚						
12	2. 箍筋1	10	1	长度计算公式	$2 × [(300 − 2 × 30) + (700 − 2 × 30)] + 2 × (11.9 × d) + (8 × d)$	2078			2078		
				根数计算公式	$2 × [ceil(1000/100) + 1] + ceil(300/200) − 1$		23			23	

序号	筋号	直径	级别		公式	长度	根数	搭接	长度	根数	搭接
					软件答案					手工答案	
13	2. 拉筋1	6	1	长度计算公式	$(300-2\times30)+2\times(75+1.9\times d)+(2\times d)$	425			425		
				根数计算公式	$2\times[\text{Ceil}(2300/400)+1]$		14			14	
14	3. 右支座筋1	25	2	长度计算公式	$(5400/3)+600-30+670$	3040	2		3040	2	
				长度公式描述	伸入跨中长度+支座宽-保护层+弯折						
15	3. 右支座筋2	25	2	长度计算公式	$(5400/4)+600-30+670$	2590	2		2590	2	
				长度公式描述	伸入跨中长度+支座宽-保护层+弯折						
16	3. 下部钢筋1	25	2	长度计算公式	$34\times d+5400+600-30+15\times d$	7195	4		7195	4	
				长度公式描述	直锚+净长+支座宽-保护层+弯折						
17	3. 下部钢筋2	25	2	长度计算公式	$34\times d+5400+600-30+15\times d$	7195	2		7195	2	
				长度公式描述	直锚+净长+支座宽-保护层+弯折						
18	3. 箍筋1	10	1	长度计算公式	$2\times[(300-2\times30)+(700-2\times30)]+2\times(11.9\times d)+(8\times d)$	2078			2078		
				根数计算公式	$2\times[\text{ceil}(1000/100)+1]+\text{ceil}(3300/200)-1$		38			38	
19	3. 拉筋1	6	1	长度计算公式	$(300-2\times30)+2\times(75+1.9\times d)+(2\times d)$	425			425		
				根数计算公式	$2\times[\text{Ceil}(5300/400)+1]$		30			30	

五、画三层板及其钢筋

1. 修改和添加三层的板

卫生间上面的板原来为100厚的板要改成150厚度的板，楼梯间上面没有板要增加100厚的板，操作步骤如下：

（1）合并卫生间上面的板

单击"板"下拉菜单→单击"现浇板"→单击"选择"按钮→分别单击卫生间上面的三块板→单击右键出现右键菜单→单击"合并板"出现"确认"对话框→单击"是"出现"提示"对话框→单击"确定"。

（2）修改卫生间上面B100为B150

单击"板"下拉菜单→单击"现浇板"→单击"选择"按钮→单击卫生间上面的板→单击右键出现右键菜单→单击"修改构件图元名称"出现"修改构件图元名称"对话框→单击"目标构件"下的"B150"→单击"确定"。

（3）删除卫生间板的底筋

单击"板"下拉菜单→单击"板受力筋"→单击"选择"按钮→分别单击卫生间上面的 6 根筋→单击右键出现右键菜单→单击"删除"出现"确认"对话框 →单击"是"。

（4）删除跨板受力筋

单击"板"下拉菜单→单击"板受力筋"→单击"选择"按钮→分别单击 4 根跨板受力筋→单击右键出现右键菜单→单击"删除"出现"确认"对话框 →单击"是"。

（5）删除楼梯间平台板和休息平台板

单击"板"下拉菜单→单击"现浇板"→单击"选择"按钮→分别单击"楼梯楼层平台板"和"楼梯休息平台板"→单击右键出现右键菜单 →单击"删除"出现 →单击"确认" →单击右键结束。

（6）增加楼梯间上面的 100 厚的板

单击"板"下拉菜单→单击"板"→选择"B100"→单击"点"画法→单击楼梯间上空→单击右键结束。

2. 增加卫生间顶板和楼梯间顶板的底筋

单击"板"下拉菜单→单击"板受力筋"→选择"底筋 A10@100"→单击"单板"→单击"水平"→单击卫生间上面的板→单击"垂直"→单击卫生间上面的板→选择"底筋 A8@150"→单击"单板"→单击"垂直"→单击楼梯间板→选择"底筋 A8@100"→单击"单板" →单击"水平" →单击楼梯间上面的板 →单击右键结束。

3. 修改砌块墙标高

如果我们不修改 1′/C′ – D 轴线和 C′/1 – 2 轴线的"砌块墙200"的标高，那么 1 – 2/C – D 轴线板底筋和负筋的钢筋信息就会处错，具体操作步骤如下：

单击"墙"下拉菜单→单击"砌体墙"→单击"选择"按钮→分别单击 1′/C′ – D 轴线和 C′/1 – 2 轴线的"砌块墙200"→单击右键出现右键菜单→单击"构件属性编辑器"→单击"其他属性"前面的"＋"号将其展开→修改第 13 行属性的起点顶标高为"层顶标高 – 0.2"→敲回车→ 修改第 14 行属性的终点顶标高为"层顶标高 – 0.2"→敲回车→在黑屏上单击右键出现右键菜单→单击"取消选择"→关闭"属性编辑器"对话框。

4. 修改复制上来的负筋属性

因为三层的负筋和二层的负筋有很大区别，我们要把从二层复制上来的负筋修改成三层的负筋，操作步骤如下：

（1）修改跨层板负筋

1）修改 1 号负筋

单击"板"下拉菜单→单击"板受力筋"→单击"定义"按钮 →单击已经定义好的"1 号负筋"→根据"结施 7"修改属性

编辑如图 2.6.6 所示。

注意：因为板里有跨板负筋或温度筋，板上层形成网片，软件会自动按定义"板"时给的马凳信息计算，这里就不用填写马凳的排数了。

2）修改 2 号负筋

单击"2 号负筋"→根据"结施 7"修改属性编辑如图 2.6.7 所示。

3）删除 3 号跨板负筋属性编辑

单击选中"3 号负筋"→单击右键出现右键菜单→单击"删除"出现"确认"对话框→单击"是"→单击"绘图"退出。

（2）修改板负筋

1）新建 3 号板负筋

单击"板"下拉菜单→单击"板负筋"→单击"定义"→单击"新建"下拉菜单→单击"新建板负筋"→根据"结施 5"修改属性编辑如图 2.6.8 所示。

属性编辑		
	属性名称	属性值
1	名称	1号负筋
2	钢筋信息	A10@100
3	左标注(mm)	1800
4	右标注(mm)	1800
5	马凳筋排数	0/0
6	标注长度位置	支座轴线
7	左弯折(mm)	(0)
8	右弯折(mm)	(0)
9	分布钢筋	A8@200
10	钢筋锚固	(24)
11	钢筋搭接	(29)
12	归类名称	(1号负筋)
13	汇总信息	板受力筋
14	计算设置	按默认计算设置计算
15	节点设置	按默认节点设置计算
16	搭接设置	按默认搭接设置计算
17	长度调整(mm)	

图 2.6.6

属性编辑		
	属性名称	属性值
1	名称	2号负筋
2	钢筋信息	A8@100
3	左标注(mm)	1000
4	右标注(mm)	1000
5	马凳筋排数	0/0
6	标注长度位置	支座轴线
7	左弯折(mm)	(0)
8	右弯折(mm)	(0)
9	分布钢筋	A8@200
10	钢筋锚固	(24)
11	钢筋搭接	(29)
12	归类名称	(2号负筋)
13	汇总信息	板受力筋
14	计算设置	按默认计算设置计算
15	节点设置	按默认节点设置计算
16	搭接设置	按默认搭接设置计算
17	长度调整(mm)	

图 2.6.7

属性编辑		
	属性名称	属性值
1	名称	3号负筋
2	钢筋信息	A10@150
3	左标注(mm)	0
4	右标注(mm)	1650
5	马凳筋排数	0/0
6	单边标注位置	(支座内边线)
7	左弯折(mm)	(0)
8	右弯折(mm)	(0)
9	分布钢筋	A8@200
10	钢筋锚固	(24)
11	钢筋搭接	(29)
12	归类名称	(3号负筋)
13	计算设置	按默认计算设置计算
14	节点设置	按默认节点设置计算
15	搭接设置	按默认搭接设置计算
16	汇总信息	板负筋

图 2.6.8

2）修改 4 号板负筋

单击"4 号负筋"→根据"结施 7"修改 4 号筋的属性编辑如图 2.6.9 所示。

3）修改 5 号板负筋

单击"5 号负筋"→根据"结施 7"修改 5 号筋的属性编辑如图 2.6.10 所示。

4）修改 6 号板负筋

单击"6 号负筋"→根据"结施 7"修改 6 号筋的属性编辑如图 2.6.11 所示。

	属性编辑	
	属性名称	属性值
1	名称	4号负筋
2	钢筋信息	A8@150
3	左标注（mm）	0
4	右标注（mm）	850
5	马凳筋排数	0/0
6	单边标注位置	（支座内边线）
7	左弯折（mm）	(0)
8	右弯折（mm）	(0)
9	分布钢筋	A8@200
10	钢筋锚固	(24)
11	钢筋搭接	(29)
12	归类名称	(4号负筋)
13	计算设置	按默认计算设置计算
14	节点设置	按默认节点设置计算
15	搭接设置	按默认搭接设置计算
16	汇总信息	板负筋

图 2.6.9

	属性编辑	
	属性名称	属性值
1	名称	5号负筋
2	钢筋信息	A10@100
3	左标注（mm）	1800
4	右标注（mm）	1800
5	马凳筋排数	0/0
6	非单边标注含支座	（是）
7	左弯折（mm）	(0)
8	右弯折（mm）	(0)
9	分布钢筋	A8@200
10	钢筋锚固	(24)
11	钢筋搭接	(29)
12	归类名称	(5号负筋)
13	计算设置	按默认计算设置计算
14	节点设置	按默认节点设置计算
15	搭接设置	按默认搭接设置计算
16	汇总信息	板负筋

图 2.6.10

	属性编辑	
	属性名称	属性值
1	名称	6号负筋
2	钢筋信息	A10@120
3	左标注（mm）	1800
4	右标注（mm）	1000
5	马凳筋排数	0/0
6	非单边标注含支座	（是）
7	左弯折（mm）	(0)
8	右弯折（mm）	(0)
9	分布钢筋	A8@200
10	钢筋锚固	(24)
11	钢筋搭接	(29)
12	归类名称	(6号负筋)
13	计算设置	按默认计算设置计算
14	节点设置	按默认节点设置计算
15	搭接设置	按默认搭接设置计算
16	汇总信息	板负筋

图 2.6.11

5）修改 7 号板负筋

单击"7 号负筋"→根据"结施 7"修改 7 号筋的属性编辑如图 2.6.12 所示。

6）修改 8 号板负筋

单击"8 号负筋"→根据"结施 7"修改 8 号筋的属性编辑如图 2.6.13 所示。

7）修改 9 号板负筋

单击"9 号负筋"→根据"结施 7"修改 9 号筋的属性编辑如图 2.6.14 所示。

	属性名称	属性值
1	名称	7号负筋
2	钢筋信息	A8@150
3	左标注 (mm)	1000
4	右标注 (mm)	1000
5	马凳筋排数	0/0
6	非单边标注含支座	(是)
7	左弯折 (mm)	(0)
8	右弯折 (mm)	(0)
9	分布钢筋	A8@200
10	钢筋锚固	(24)
11	钢筋搭接	(29)
12	归类名称	(7号负筋)
13	计算设置	按默认计算设置计算
14	节点设置	按默认节点设置计算
15	搭接设置	按默认搭接设置计算
16	汇总信息	板负筋

图 2.6.12

	属性名称	属性值
1	名称	8号负筋
2	钢筋信息	A10@150
3	左标注 (mm)	1000
4	右标注 (mm)	1500
5	马凳筋排数	0/0
6	非单边标注含支座	(是)
7	左弯折 (mm)	(0)
8	右弯折 (mm)	(0)
9	分布钢筋	A8@200
10	钢筋锚固	(24)
11	钢筋搭接	(29)
12	归类名称	(8号负筋)
13	计算设置	按默认计算设置计算
14	节点设置	按默认节点设置计算
15	搭接设置	按默认搭接设置计算
16	汇总信息	板负筋

图 2.6.13

	属性名称	属性值
1	名称	9号负筋
2	钢筋信息	A10@100
3	左标注 (mm)	1500
4	右标注 (mm)	1500
5	马凳筋排数	0/0
6	非单边标注含支座	(是)
7	左弯折 (mm)	(0)
8	右弯折 (mm)	(0)
9	分布钢筋	A8@200
10	钢筋锚固	(24)
11	钢筋搭接	(29)
12	归类名称	(9号负筋)
13	计算设置	按默认计算设置计算
14	节点设置	按默认节点设置计算
15	搭接设置	按默认搭接设置计算
16	汇总信息	板负筋

图 2.6.14

单击"绘图"退出。

5. 画三层负筋

（1）删除从二层复制上来的所有负筋

单击"板"下拉菜单→单击"板负筋"→单击"批量选择"按钮→单击"板负筋"前面的小方框，软件自动给所有的负筋打"√"→单击"确定"软件自动选中所有的负筋→单击右键出现右键菜单→单击"删除"出现"确认"对画框→单击"是"。

（2）画三层负筋

1）画 1 轴线负筋

单击"板"下拉菜单→单击"板负筋"→选择"3 号负筋"→单击"按梁布置"→单击 1 轴线 A－B 段梁两次→单击 1 轴线 B－C 段梁两次→单击 1 轴线 C－D 段两次→单击右键结束（如果方向不对用"交换左右标注调整"）。

2）画 2 轴线负筋

→选择"5 号负筋"→单击"按梁布置"→单击 2 轴线 A－B 段梁一次→单击 2 轴线 B－C 段梁一次→单击 2 轴线 C－D 段一次→单击右键结束。

3）画 3 轴线负筋

→单击 3 轴线 A－B 段梁一次→单击 3 轴线 B－C 段梁一次→单击 3 轴线 C－D 段一次→单击右键结束。

529

4）画 4 轴线负筋

→选择"6 号负筋"→单击"按梁布置"按钮 →单击 4 轴线 A－B 段梁→单击 4 轴线 B－C 段梁两次→单击 4 轴线 C－D 段两次→单击右键结束（如果方向不对用"交换左右标注调整"）。

5）画 5 轴线负筋

→选择"7 号负筋"→单击"画线布置"按钮→单击（5/A）交点处的梁头（这里还有墙头，为了操作准确，最好取消墙和柱子的显示）→单击（5/C）交点处的梁头→单击 A－C 段梁→单击"按梁布置"按钮→单击 5 轴线 C－D 段梁一次→单击右键结束。

6）画 6 轴线负筋

→选择"8 号负筋"→单击"画线布置"→单击（6/A）交点→单击（6/C）交点→单击 6 轴线 A－C 段墙→单击（6/C）交点→单击（6/D）交点→单击 6 轴线 C－D 段墙→单击右键结束（如果方向不对用"交换左右标注调整"）。

7）画 7 轴线负筋

→选择"3 号负筋"→单击"按墙布置"→单击 7 轴线 A－C 段墙两次→单击 7 轴线 C－D 段墙两次→单击右键结束（如果方向不对用"交换左右标注调整"）。

8）画 A 轴线负筋

→选择"3 号负筋"→单击"画线布置"按钮 →单击（7/A）交点处暗柱中心点→单击（6/A）处墙交点→单击 A 轴线 6－7 段墙→单击"按梁布置"按钮 →单击 A 轴线 3－4 段梁两次→单击 A 轴线 2－3 段梁两次→单击 A 轴线 1－2 段梁两次→选择"4 号负筋"→单击 A 轴线 4－5 段梁两次→单击"按墙布置"→单击 A 轴线 5－6 段墙两次→单击右键结束（如果方向不对用"交换左右标注调整"）。

9）画三层走廊处 B－C 轴线间板受力筋（面筋）

单击"板"下拉菜单→单击"板受力筋"→选择"1 号负筋"→单击"单板"→单击"垂直"→单击 1－2 轴线走廊板→单击 2－3 轴线走廊板→单击 3－4 轴线走廊板→单击右键结束。

10）画三层走廊处 2 号跨板受力筋（面筋）

→选择"2 号负筋"→单击"单板"→单击"垂直"→单击 4－5 轴线走廊板→单击右键结束。

11）画 C 轴线 9 号负筋

单击"板"下拉菜单→单击"板负筋"→选择"9 号负筋"→单击"按墙布置"→单击 C 轴线 6－7 段墙一次→单击"画线布置"按钮→单击（6/C）交点→单击（5/C）交点→单击 C 轴线 5－6 段墙→单击右键结束。

12）画 D 轴线负筋

单击"板"下拉菜单→单击"板负筋"→选择"3 号负筋"→单击"按梁布置"→单击 D 轴线 1－2 段梁两次→单击 D 轴线 2－3 段梁两次→单击 D 轴线 3－4 段梁两次→单击"画线布置"按钮 →单击（6/D）处墙交点→单击（7/D）处墙交点→单击 D 轴线 6－7 段墙→选择"4 号负筋"→单击"按墙布置"按钮→单击 D 轴线 5－6 轴线墙两次→单击"按梁布置"→单击 D 轴线 4－

5 轴线段梁两次→单击右键结束。

6. 画三层板温度筋

（1）建立温度筋属性

单击"板"下拉菜单→单击"板受力筋"→单击"定义"→单击"新建"下拉菜单→单击"新建板受力筋"→根据"结施7"修改属性编辑如图2.6.15所示→单击第10行"计算设置"后的"小三点"，弹出"计算参数设置"对话框→修改第8行计算设置的"否"为"是"→单击"确定"。

→单击"绘图"退出。

（2）画三层温度筋

单击"板"下拉菜单→单击"板受力筋"→选择"温度筋"→单击"单板"→单击"水平"按钮→分别单击各块单板（有跨板受力筋走廊地方不布置）→单击"垂直"按钮→分别单击各块单板（有跨板受力筋走廊地方不布置）→单击右键结束。

7. 三层板底筋、温度筋答案软件手工对比

（1）A－B段

汇总计算后查看三层板 A－B 段底筋、温度筋软件答案见表2.6.14。

属性编辑		
	属性名称	属性值
1	名称	温度筋
2	钢筋信息	A8@200
3	类别	温度筋
4	左弯折(mm)	(0)
5	右弯折(mm)	(0)
6	钢筋锚固	(24)
7	钢筋搭接	(29)
8	归类名称	(温度筋)
9	汇总信息	板受力筋
10	计算设置	按默认计算设置计算
11	节点设置	按默认节点设置计算
12	搭接设置	按默认搭接设置计算
13	长度调整(mm)	
14	备注	

图 2.6.15

表 2.6.14　三层板 A－B 段底筋、温度筋软件答案

钢筋位置	名称	筋方向	筋号	直径	级别	公式		长度	根数	重量	长度	根数	重量
							软件答案				手工答案		
1－2/A－B	底筋	X	板受力筋.1	10	一级	长度计算公式	$5900 + \max(300/2,5 \times d) + \max(300/2,5 \times d) + 12.5 \times d$	6325	59	230.077	6325	59	230.077
						长度公式描述	净长＋锚固＋锚固＋两倍弯钩						
		Y	板受力筋.1	10	一级	长度计算公式	$5850 + \max(300/2,5 \times d) + \max(300/2,5 \times d) + 12.5 \times d$	6275	59	228.259	6275	59	228.259
						长度公式描述	净长＋锚固＋锚固＋两倍弯钩温度筋						
	温度筋	X	板受力筋.1	8	一级	长度计算公式	$2600 + 150 + 150 + 12.5 \times d$	3000	13	15.389	3000	12	14.220
						长度公式描述	净长＋搭接＋搭接＋两倍弯钩						
		Y	板受力筋.1	8	一级	长度计算公式	$2550 + 150 + 150 + 12.5 \times d$	2950	13	15.132	2950	12	13.983
						长度公式描述	净长＋搭接＋搭接＋两倍弯钩						

钢筋位置	名称	筋方向	筋号	直径	级别	软件答案				手工答案		
						公式	长度	根数	重量	长度	根数	重量
2-3/A-B	底筋	X	板受力筋.1	10	一级	长度计算公式 $5700 + \max(300/2,5 \times d) + \max(300/2,5 \times d) + 12.5 \times d$	6125	59	222.802	6125	59	222.802
						长度公式描述 净长 + 锚固 + 锚固 + 两倍弯钩						
		Y	板受力筋.1	10	一级	长度计算公式 $5850 + \max(300/2,5 \times d) + \max(300/2,5 \times d) + 12.5 \times d$	6275	57	220.521	6275	57	220.521
						长度公式描述 净长 + 锚固 + 锚固 + 两倍弯钩温度筋						
	温度筋	X	板受力筋.1	8	一级	长度计算公式 $2400 + 150 + 150 + 12.5 \times d$	2800	13	14.363	2800	12	13.272
						长度公式描述 净长 + 搭接 + 搭接 + 两倍弯钩						
		Y	板受力筋.1		一级	长度计算公式 $2550 + 150 + 150 + 12.5 \times d$	2950	11	12.804	2950	11	12.804
						长度公式描述 净长 + 搭接 + 搭接 + 两倍弯钩						
3-4/A-B	底筋	X	板受力筋.1	10	一级	长度计算公式 $6600 + \max(300/2,5 \times d) + \max(300/2,5 \times d) + 12.5 \times d$	7025	49	212.228	7025	49	212.228
						长度公式描述 净长 + 锚固 + 锚固 + 两倍弯钩						
		Y	板受力筋.1	12	一级	长度计算公式 $5850 + \max(300/2,5 \times d) + \max(300/2,5 \times d) + 12.5 \times d$	6300	66	369.155	6300	66	369.155
						长度公式描述 净长 + 锚固 + 锚固 + 两倍弯钩温度筋						
	温度筋	X	板受力筋.1	8	一级	长度计算公式 $3300 + 150 + 150 + 12.5 \times d$	3700	13	18.98	3700	12	17.538
						长度公式描述 净长 + 搭接 + 搭接 + 两倍弯钩						
		Y	板受力筋.1	8	一级	长度计算公式 $2850 + 150 + 150 + 12.5 \times d$	2950	16	18.624	2950	16	18.624
						长度公式描述 净长 + 搭接 + 搭接 + 两倍弯钩						
4-5/A-B	底筋	X	板受力筋.1	8	一级	长度计算公式 $3200 + \max(300/2,5 \times d) + \max(300/2,5 \times d) + 12.5 \times d$	3600	59	83.81	3600	59	83.81
						长度公式描述 净长 + 锚固 + 锚固 + 两倍弯钩						
		Y	板受力筋.1	8	一级	长度计算公式 $5850 + \max(300/2,5 \times d) + \max(300/2,5 \times d) + 12.5 \times d$	6250	22	54.256	6250	22	54.256
						长度公式描述 净长 + 锚固 + 锚固 + 两倍弯钩温度筋						
	温度筋	X	板受力筋.1	8	一级	长度计算公式 $1500 + 150 + 150 + 12.5 \times d$	1900	21	15.744	1900	20	15.010
						长度公式描述 净长 + 搭接 + 搭接 + 两倍弯钩						
		Y	板受力筋.1	8	一级	长度计算公式 $4150 + 150 + 150 + 12.5 \times d$	4550	7	12.568	4550	7	12.568
						长度公式描述 净长 + 搭接 + 搭接 + 两倍弯钩						

（2）A－C 段

三层板 A－C 段底筋、温度筋软件答案见表 2.6.15。

表 2.6.15 三层板 A－C 段底筋、温度筋软件答案

钢筋位置	名称	筋方向	筋号	直径	级别	软件答案		长度	根数	重量	手工答案 长度	根数	重量
							公式						
5－6/A－C	底筋	X	板受力筋.1	8	一级	长度计算公式	$2500 + \max(300/2, 5 \times d) + \max(300/2, 5 \times d) + 12.5 \times d$	2900	89	101.843	2900	89	101.843
						长度公式描述	净长＋锚固＋锚固＋两倍弯钩						
		Y	板受力筋.1	8	一级	长度计算公式	$8850 + \max(300/2, 5 \times d) + \max(300/2, 5 \times d) + 12.5 \times d$	9250	17	63.605	9250	17	63.605
						长度公式描述	净长＋锚固＋锚固＋两倍弯钩温度筋						
	温度筋	X	板受力筋.1	8	一级	长度计算公式	$800 + 150 + 150 + 12.5 \times d$	1200	33	15.626	1200	33	15.626
						长度公式描述	净长＋搭接＋搭接						
		Y	板受力筋.1	8	一级	长度计算公式	$6650 + 150 + 150 + 12.5 \times d$	7050	3	8.345	7050	3	8.345
						长度公式描述	净长＋搭接＋搭接						
6－7/A－C	底筋	Y	板受力筋.1	10	一级	长度计算公式	$8850 + \max(300/2, 5 \times d) + \max(300/2, 5 \times d) + 12.5 \times d$	9275	57	336.141	9275	57	336.141
						长度公式描述	净长＋锚固＋锚固＋两倍弯钩						
		X	板受力筋.1	10	一级	长度计算公式	$5700 + \max(300/2, 5 \times d) + \max(300/2, 5 \times d) + 12.5 \times d$	6125	89	336.091	6125	89	336.091
						长度公式描述	净长＋锚固＋锚固＋两倍弯钩温度筋						
	温度筋	X	板受力筋.1	8	一级	长度计算公式	$2700 + 150 + 150 + 12.5 \times d$	3100	29	35.473	3000	29	35.473
						长度公式描述	净长＋搭接＋搭接						
		Y	板受力筋.1	8	一级	长度计算公式	$5850 + 150 + 150 + 12.5 \times d$	6250	14	34.526	6250	14	34.526
						长度公式描述	净长＋搭接＋搭接						

（3）B－C 段

三层板 B－C 段底筋、温度筋软件答案见表 2.6.16。

表 2.6.16　三层板 B－C 段底筋、温度筋软件答案

钢筋位置	名称	筋方向	筋号	直径	级别	公式		长度	根数	重量	长度	根数	重量
						软件答案					手工答案		
1－2/B－C	底筋	X	板受力筋.1	8	一级	长度计算公式	$5900 + \max(300/2, 5 \times d) + \max(300/2, 5 \times d) + 12.5 \times d$	6300	19	47.232	6300	19	47.232
						长度公式描述	净长＋锚固＋锚固＋两倍弯钩						
		Y	板受力筋.1	8	一级	长度计算公式	$2700 + \max(300/2, 5 \times d) + \max(300/2, 5 \times d) + 12.5 \times d$	3100	59	72.17	3100	59	72.17
						长度公式描述	净长＋锚固＋锚固＋两倍弯钩						
2－3/B－C	底筋	X	板受力筋.1	8	一级	长度计算公式	$5700 + \max(300/2, 5 \times d) + \max(300/2, 5 \times d) + 12.5 \times d$	6100	19	45.732	6100	19	45.732
						长度公式描述	净长＋锚固＋锚固＋两倍弯钩						
		Y	板受力筋.1	8	一级	长度计算公式	$2700 + \max(300/2, 5 \times d) + \max(300/2, 5 \times d) + 12.5 \times d$	3100	57	69.723	3100	57	69.723
						长度公式描述	净长＋锚固＋锚固＋两倍弯钩						
3－4/B－C	底筋	X	板受力筋.1	8	一级	长度计算公式	$6600 + \max(300/2, 5 \times d) + \max(300/2, 5 \times d) + 12.5 \times d$	7000	19	52.48	7000	19	52.48
						长度公式描述	净长＋锚固＋锚固＋两倍弯钩						
		Y	板受力筋.1	8	一级	长度计算公式	$2700 + \max(300/2, 5 \times d) + \max(300/2, 5 \times d) + 12.5 \times d$	3100	66	80.732	3100	66	80.732
						长度公式描述	净长＋锚固＋锚固＋两倍弯钩						
4－5/B－C	底筋	X	板受力筋.1	8	一级	长度计算公式	$3200 + \max(300/2, 5 \times d) + \max(300/2, 5 \times d) + 12.5 \times d$	3600	19	26.99	3600	19	26.99
						长度公式描述	净长＋锚固＋锚固＋两倍弯钩						
		Y	板受力筋.1	8	一级	长度计算公式	$2700 + \max(300/2, 5 \times d) + \max(300/2, 5 \times d) + 12.5 \times d$	3100	32	39.143	3100	32	39.143
						长度公式描述	净长＋锚固＋锚固＋两倍弯钩						

（2）C－D 段

三层板 C－D 段底筋、温度筋软件答案见表 2.6.17。

534

表 2.6.17　三层板 C－D 段底筋、温度筋软件答案

钢筋位置	名称	筋方向	筋号	直径	级别	公式		长度	根数	重量	长度	根数	重量
						软件答案					**手工答案**		
1－2/C－D	底筋	X	板受力筋.1	10	一级	长度计算公式	$5900 + \max(300/2, 5 \times d) + \max(300/2, 5 \times d) + 12.5 \times d$	6325	57	222.278	6325	57	222.278
						长度公式描述	净长＋锚固＋锚固＋两倍弯钩温度筋						
		Y	板受力筋.1	10	一级	长度计算公式	$5850 + \max(300/2, 5 \times d) + \max(300/2, 5 \times d) + 12.5 \times d$	6275	59	228.259	6275	59	228.259
						长度公式描述	净长＋锚固＋锚固＋两倍弯钩						
	温度筋	X	板受力筋.1	8	一级	长度计算公式	$2600 + 150 + 150 + 12.5 \times d$	3000	13	15.389	3000	12	14.220
						长度公式描述	净长＋搭接＋搭接＋两倍弯钩						
		Y	板受力筋.1	8	一级	长度计算公式	$2550 + 150 + 150 + 12.5 \times d$	2950	12	13.968	2950	12	13.968
						长度公式描述	净长＋搭接＋搭接＋两倍弯钩						
2－3/C－D	底筋	X	板受力筋.1	10	一级	长度计算公式	$5700 + \max(300/2, 5 \times d) + \max(300/2, 5 \times d) + 12.5 \times d$	6125	59	222.802	6125	59	222.802
						长度公式描述	净长＋锚固＋锚固＋两倍弯钩温度筋						
		Y	板受力筋.1	10	一级	长度计算公式	$5850 + \max(300/2, 5 \times d) + \max(300/2, 5 \times d) + 12.5 \times d$	6275	57	220.521	6275	57	220.521
						长度公式描述	净长＋锚固＋锚固＋两倍弯钩						
	温度筋	X	板受力筋.1	8	一级	长度计算公式	$2400 + 150 + 150 + 12.5 \times d$	2800	13	14.363	2800	12	13.272
						长度公式描述	净长＋搭接＋搭接＋两倍弯钩						
		Y	板受力筋.1	8	一级	长度计算公式	$2550 + 150 + 150 + 12.5 \times d$	2950	11	12.804	2950	11	12.804
						长度公式描述	净长＋搭接＋搭接＋两倍弯钩						
3－4/C－D	底筋	X	板受力筋.1	10	一级	长度计算公式	$6600 + \max(300/2, 5 \times d) + \max(300/2, 5 \times d) + 12.5 \times d$	7025	49	212.228	7025	49	212.228
						长度公式描述	净长＋锚固＋锚固＋两倍弯钩温度筋						
		Y	板受力筋.1	12	一级	长度计算公式	$5850 + \max(300/2, 5 \times d) + \max(300/2, 5 \times d) + 12.5 \times d$	6300	66	369.155	6300	66	369.155
						长度公式描述	净长＋锚固＋锚固＋两倍弯钩						
	温度筋	X	板受力筋.1	8	一级	长度计算公式	$3300 + 150 + 150 + 12.5 \times d$	3700	13	18.98	3700	12	17.538
						长度公式描述	净长＋搭接＋搭接＋两倍弯钩						
		Y	板受力筋.1	8	一级	长度计算公式	$2550 + 150 + 150 + 12.5 \times d$	2950	16	18.624	2950	16	18.624
						长度公式描述	净长＋搭接＋搭接＋两倍弯钩						

软件答案								长度	根数	重量	手工答案 长度	根数	重量
钢筋位置	名称	筋方向	筋号	直径	级别	公式							
		X	板受力筋.1	8	一级	长度计算公式	$3200 + \max(300/2, 5 \times d) + \max(300/2, 5 \times d) + 12.5 \times d$	3600	59	83.81	3600	59	83.81
	底筋					长度公式描述	净长+锚固+锚固+两倍弯钩温度筋						
		Y	板受力筋.1	8	一级	长度计算公式	$5850 + \max(300/2, 5 \times d) + \max(300/2, 5 \times d) + 12.5 \times d$	6250	22	54.256	6250	22	54.256
4－5/C－D						长度公式描述	净长+锚固+锚固+两倍弯钩						
		X	板受力筋.1	8	一级	长度计算公式	$1500 + 150 + 150 + 12.5 \times d$	1900	21	15.744	1900	20	15.010
	温度筋					长度公式描述	净长+搭接+搭接+两倍弯钩						
		Y	板受力筋.1	8	一级	长度计算公式	$4150 + 150 + 150 + 12.5 \times d$	4550	7	12.568	4550	7	12.568
						长度公式描述	净长+搭接+搭接+两倍弯钩						
		X	板受力筋.1	8	一级	长度计算公式	$2500 + \max(300/2, 5 \times d) + \max(300/2, 5 \times d) + 12.5 \times d$	2900	59	67.514	2900	59	67.514
	底筋					长度公式描述	净长+锚固+锚固+两倍弯钩						
		Y	板受力筋.1	8	一级	长度计算公式	$5850 + \max(300/2, 5 \times d) + \max(300/2, 5 \times d) + 12.5 \times d$	6250	17	41.925	6250	17	41.925
5－6/C－D						长度公式描述	净长+锚固+锚固+两倍弯钩温度筋						
		X	板受力筋.1	8	一级	长度计算公式	$800 + 150 + 150 + 12.5 \times d$	1200	18	8.523	1200	18	8.523
	温度筋					长度公式描述	净长+搭接+搭接+两倍弯钩						
		Y	板受力筋.1	8	一级	长度计算公式	$3650 + 150 + 150 + 12.5 \times d$	4050	3	4.794	4050	3	4.794
						长度公式描述	净长+搭接+搭接+两倍弯钩						
		X	板受力筋.1	8	一级	长度计算公式	$5700 + \max(300/2, 5 \times d) + \max(300/2, 5 \times d) + 12.5 \times d$	6125	59	222.802	6125	59	222.802
	底筋					长度公式描述	净长+锚固+锚固+两倍弯钩						
		Y	板受力筋.1	8	一级	长度计算公式	$5850 + \max(300/2, 5 \times d) + \max(300/2, 5 \times d) + 12.5 \times d$	6275	57	220.521	6275	57	220.521
6－7/C－D						长度公式描述	净长+锚固+锚固+两倍弯钩温度筋						
		X	板受力筋.1	8	一级	长度计算公式	$2700 + 150 + 150 + 12.5 \times d$	3100	14	17.125	3100	14	17.125
	温度筋					长度公式描述	净长+搭接+搭接+两倍弯钩						
		Y	板受力筋.1	8	一级	长度计算公式	$2850 + 150 + 150 + 12.5 \times d$	3250	14	17.954	3250	13	16.689
						长度公式描述	净长+搭接+搭接+两倍弯钩						

8. 三层板负筋答案软件手工对比

（1）1 轴线

三层板 1 轴线负筋软件答案见表 2.6.18。

表 2.6.18　三层板 1 轴线负筋软件答案

轴号	分段	名称	筋号	直径	级别	公式		长度	根数	重量	长度	根数	重量
							软件答案				手工答案		
1	A－B	3 号负	板负筋.1	10	一级	长度计算公式	$1650+250+120+6.25\times d$	2083	40	61.491	2083	40	61.491
						长度公式描述	右净长＋判断值＋弯折＋弯钩						
		3 号负	分布筋.1	8	一级	长度计算公式	$2550+150+150$	2850	9		2850	9	
						长度公式描述	净长＋搭接＋搭接						
1	B－C	3 号负	板负筋.1	10	一级	长度计算公式	$1650+250+70+6.25\times d$	2033	19	23.815	2033	19	23.815
						长度公式描述	左净长＋判断值＋弯折＋弯钩						
1	C－D	3 号负	板负筋.1	10	一级	长度计算公式	$1650+250+120+6.25\times d$	2083	39	60.207	2083	39	60.207
						长度公式描述	左净长＋判断值＋弯折＋弯钩						
		3 号分	分布筋.1	8	一级	长度计算公式	$2550+150+150$	2850	9		2850	9	
						长度公式描述	净长＋搭接＋搭接						

（2）2 轴线

三层板 2 轴线负筋软件答案见表 2.6.19。

表 2.6.19　三层板 2 轴线负筋软件答案

轴号	分段	名称	筋号	直径	级别	公式		长度	根数	重量	长度	根数	重量
							软件答案				手工答案		
2	A－B	5 号负	板负筋.1	10	一级	长度计算公式	$1800+1800+120+120$	3840	59	159.926	3840	59	159.926
						长度公式描述	左净长＋右净长＋弯折＋弯折						
		5 号分	分布筋.1	8	一级	长度计算公式	$2550+150+150$	2850	18		2850	18	
						长度公式描述	净长＋搭接＋搭接						

537

						软件答案		长度	根数	重量	手工答案		
轴号	分段	名称	筋号	直径	级别		公式				长度	根数	重量
2	B-C	5号负	板负筋.1	10	一级	长度计算公式	1800+1800+70+70	3740	27	62.258	3740	27	62.258
						长度公式描述	左净长+右净长+弯折+弯折						
2	C-D	5号负	板负筋.1	10	一级	长度计算公式	1800+1800+120+120	3840	59	159.926	3840	59	159.926
						长度公式描述	左净长+右净长+弯折+弯折						
		5号分	分布筋.1	8	一级	长度计算公式	2550+150+150	2850	18		2850	18	
						长度公式描述	净长+搭接+搭接						

（3）3 轴线

三层板 3 轴线负筋软件答案见表 2.6.20。

表 2.6.20　三层板 3 轴线负筋软件答案

						软件答案		长度	根数	重量	手工答案		
轴号	分段	名称	筋号	直径	级别		公式				长度	根数	重量
3	A-B	5号负	板负筋.1	10	一级	长度计算公式	1800+1800+120+120	3840	59	159.926	3840	59	159.926
						长度公式描述	左净长+右净长+弯折+弯折						
		5号分	分布筋.1	8	一级	长度计算公式	2550+150+150	2850	18		2850	18	
						长度公式描述	净长+搭接+搭接						
3	B-C	5号负	板负筋.1	10	一级	长度计算公式	1800+1800+70+70	3740	27	62.258	3740	27	62.258
						长度公式描述	左净长+右净长+弯折+弯折						
3	C-D	5号负	板负筋.1	10	一级	长度计算公式	1800+1800+120+120	3840	59	59.926	3840	59	159.926
						长度公式描述	左净长+右净长+弯折+弯折						
		5号分	分布筋.1	8	一级	长度计算公式	2550+150+150	2850	18		2850	18	
						长度公式描述	净长+搭接+搭接						

（4）4 轴线

三层板 4 轴线负筋软件答案见表 2.6.21。

表 2.6.21　三层板 4 轴线负筋软件答案

轴号	分段	名称	筋号	直径	级别	软件答案		长度	根数	重量	手工答案		
						公式					长度	根数	重量
4	A－B	6 号负	板负筋.1	10	一级	长度计算公式	1800＋1000＋120＋70	2990	49		2990	49	
						长度公式描述	左净长＋右净长＋弯折＋弯折						
		6 号分1	分布筋.1	8	一级	长度计算公式	2550＋150＋150	2850	9	109.23	2850	9	109.23
						长度公式描述	净长＋搭接＋搭接						
		6 号分2	分布筋.2	8	一级	长度计算公式	4150＋150＋150	4450	5		4450	5	
						长度公式描述	净长＋搭接＋搭接						
4	B－C	6 号负	板负筋.1	10	一级	长度计算公式	1800＋1000＋70＋70	2940	23	41.69	2940	23	41.69
						长度公式描述	左净长＋右净长＋弯折＋弯折						
4	C－D	6 号负	板负筋.1	10	一级	长度计算公式	1800＋1000＋120＋70	2990	49		2990	49	
						长度公式描述	左净长＋右净长＋弯折＋弯折						
		6 号分1	分布筋.1	8	一级	长度计算公式	2550＋150＋150	2850	9	109.23	2850	9	109.23
						长度公式描述	净长＋搭接＋搭接						
		6 号分2	分布筋.2	8	一级	长度计算公式	4150＋150＋150	4450	5		4450	5	
						长度公式描述	净长＋搭接＋搭接						

（5）5 轴线

三层板 5 轴线负筋软件答案见表 2.6.22。

表 2.6.22　三层板 5 轴线负筋软件答案

轴号	分段	名称	筋号	直径	级别	软件答案		长度	根数	重量	手工答案		
						公式					长度	根数	重量
5	A－C	7 号负1	板负筋.1	8	一级	长度计算公式	1000＋1000＋70＋70	2140	58		2140	58	
						长度公式描述	左净长＋右净长＋弯折＋弯折						
		7 号负2	板负筋.2	8	一级	长度计算公式	850＋250＋70＋6.25×d	1220	2		1220	2	
						长度公式描述	右净长＋判断值＋弯折＋弯钩			72.43			72.43
		7 号分1	分布筋.1	8	一级	长度计算公式	4150＋150＋150	4450	5		4450	5	
						长度公式描述	净长＋搭接＋搭接						
		7 号分2	分布筋.2	8	一级	长度计算公式	6550＋150＋150	6950	5		6950	5	
						长度公式描述	净长＋搭接＋搭接						

轴号	分段	名称	筋号	直径	级别	公式		长度	根数	重量	长度	根数	重量
											手工答案		
5	D-C	7号负	板负筋.1	8	一级	长度计算公式	1000+1000+70+70	2140	40		2140	40	
						长度公式描述	左净长+右净长+弯折+弯折						
		7号分1	分布筋.1	8	一级	长度计算公式	4150+150+150	4450	5	50.349	4450	5	50.349
						长度公式描述	净长+搭接+搭接						
		7号分2	分布筋.2	8	一级	长度计算公式	3650+150+150	3950	5		3950	5	
						长度公式描述	净长+搭接+搭接						

（6）6 轴线

三层板 6 轴线负筋软件答案见表 2.6.23。

表 2.6.23　三层板 6 轴线负筋软件答案

轴号	分段	名称	筋号	直径	级别	软件答案		长度	根数	重量	手工答案		
						公式					长度	根数	重量
6	A-C	8号负	板负筋.1	10	一级	长度计算公式	1000+1500+70+120	2690	60		2690	60	
						长度公式描述	左净长+右净长+弯折+弯折						
		8号分1	分布筋.1	8	一级	长度计算公式	6650+150+150	6950	5	130.208	6950	5	130.208
						长度公式描述	净长+搭接+搭接						
		8号分2	分布筋.2	8	一级	长度计算公式	5850+150+150	6150	7		6150	7	
						长度公式描述	净长+搭接+搭接						
6	D-C	8号负	板负筋.1	10	一级	长度计算公式	1000+1500+70+120	2690	40		2690	40	
						长度公式描述	左净长+右净长+弯折+弯折						
		8号分1	分布筋.1	8	一级	长度计算公式	3650+150+150	3950	5	82.833	3950	5	82.833
						长度公式描述	净长+搭接+搭接						
		8号分2	分布筋.2	8	一级	长度计算公式	2850+150+150	2150	7		3150	7	
						长度公式描述	净长+搭接+搭接						

（7）7 轴线

三层板 7 轴线负筋软件答案见表 2.6.24。

表 2.6.24　三层板 7 轴线负筋软件答案

轴号	分段	名称	筋号	直径	级别	软件答案		长度	根数	重量	手工答案		
						公式					长度	根数	重量
7	A－C	3 号负	板负筋.1	10	一级	长度计算公式	$1650+250+120+6.25×d$	2083	60	98.895	2083	60	98.895
						长度公式描述	右净长＋判断值＋弯折＋弯钩						
		3 号分	分布筋.1	8	一级	长度计算公式	$5850+150+150$	6150	9		6150	9	
						长度公式描述	净长＋搭接＋搭接						
7	D－C	3 号负	板负筋.1	10	一级	长度计算公式	$1650+250+120+6.25×d$	2083	40	62.557	2083	40	62.557
						长度公式描述	右净长＋判断值＋弯折＋弯钩						
		3 号分	分布筋.1	8	一级	长度计算公式	$5850+150+150$	6150	9		6150	9	
						长度公式描述	净长＋搭接＋搭接						

（8）A 轴线

三层板 A 轴线负筋软件答案见表 2.6.25。

表 2.6.25　三层板 A 轴线负筋软件答案

轴号	分段	名称	筋号	直径	级别	软件答案		长度	根数	重量	手工答案		
						公式					长度	根数	重量
A	1－2	3 号负	板负筋.1	10	一级	长度计算公式	$1650+250+120+6.25×d$	2083	40	61.669	2083	40	61.669
						长度公式描述	右净长＋判断值＋弯折＋弯钩						
		3 号分	分布筋.1	8	一级	长度计算公式	$2600+150+150$	2900	9		2900	9	
						长度公式描述	净长＋搭接＋搭接						
A	2－3	3 号负	板负筋.1	10	一级	长度计算公式	$1650+250+120+6.25×d$	2083	39	59.674	2083	39	59.674
						长度公式描述	右净长＋判断值＋弯折＋弯钩						
		3 号分	分布筋.1	8	一级	长度计算公式	$2400+150+150$	2700	9		2700	9	
						长度公式描述	净长＋搭接＋搭接						

		软件答案									手工答案		
轴号	分段	名称	筋号	直径	级别	公式		长度	根数	重量	长度	根数	重量
A	3－4	3号负	板负筋.1	10	一级	长度计算公式	1650＋250＋120＋6.25×d	2083	45	70.576	2083	45	70.576
						长度公式描述	右净长＋判断值＋弯折＋弯钩						
		3号分	分布筋.1	8	一级	长度计算公式	3300＋150＋150	3600	9		3600	9	
						长度公式描述	净长＋搭接＋搭接						
A	4－5	4号负	板负筋.1	8	一级	长度计算公式	850＋250＋70＋6.25×d	1220	22	14.142	1220	22	14.142
						长度公式描述	右净长＋判断值＋弯折＋弯钩						
		4号分	分布筋.1	8	一级	长度计算公式	1500＋150＋150	1800	5		1800	5	
						长度公式描述	净长＋搭接＋搭接						
A	5－6	4号负	板负筋.1	8	一级	长度计算公式	850＋250＋70＋6.25×d	1220	17	10.354	1220	17	10.354
						长度公式描述	右净长＋判断值＋弯折＋弯钩						
		4号分	分布筋.1	8	一级	长度计算公式	800＋150＋150	1100	5		1100	5	
						长度公式描述	净长＋搭接＋搭接						
A	6－7	3号负	板负筋.1	10	一级	长度计算公式	1650＋250＋120＋6.25×d	2083	39	60.74	2083	39	60.74
						长度公式描述	右净长＋判断值＋弯折＋弯钩						
		3号分	分布筋.1	8	一级	长度计算公式	2700＋150＋150	3000	9		3000	9	
						长度公式描述	净长＋搭接＋搭接						

（9）D轴线

三层板D轴线负筋软件答案见表2.6.26。

表2.6.26 三层板D轴线负筋软件答案

		软件答案									手工答案		
轴号	分段	名称	筋号	直径	级别	公式		长度	根数	重量	长度	根数	重量
D	1－2	3号负	板负筋.1	10	一级	长度计算公式	1650＋250＋120＋6.25×d	2083	40	61.669	2083	40	61.669
						长度公式描述	右净长＋判断值＋弯钩						
		3号分	分布筋.1	8	一级	长度计算公式	2600＋150＋150	2900	9		2900	9	
						长度公式描述	净长＋搭接＋搭接						

轴号	分段	名称	筋号	直径	级别	公式		长度	根数	重量	长度	根数	重量
							软件答案				手工答案		
D	2-3	3号负	板负筋.1	10	一级	长度计算公式	$1650+250+120+6.25 \times d$	2083	39		2083	39	
						长度公式描述	右净长+判断值+弯折+弯钩			59.674			59.674
		3号分	分布筋.1	8	一级	长度计算公式	$2400+150+150$	2700	9		2700	9	
						长度公式描述	净长+搭接+搭接						
D	3-4	3号负	板负筋.1	10	一级	长度计算公式	$1650+250+120+6.25 \times d$	2083	45		2083	45	
						长度公式描述	右净长+判断值+弯折+弯钩			70.576			70.576
		3号分	分布筋.1	8	一级	长度计算公式	$3300+150+150$	3600	9		3600	9	
						长度公式描述	净长+搭接+搭接						
D	4-5	4号负	板负筋.1	8	一级	长度计算公式	$850+250+70+6.25 \times d$	1220	22		1220	22	
						长度公式描述	右净长+判断值+弯折+弯钩			14.142			14.142
		4号分	分布筋.1	8	一级	长度计算公式	$1500+150+150$	1800	5		1800	5	
						长度公式描述	净长+搭接+搭接						
D	5-6	4号负	板负筋.1	8	一级	长度计算公式	$850+250+70+6.25 \times d$	1220	17		1220	17	
						长度公式描述	右净长+判断值+弯折+弯钩			10.354			10.354
		4号分	分布筋.1	8	一级	长度计算公式	$800+150+150$	1100	5		1100	5	
						长度公式描述	净长+搭接+搭接						
D	6-7	3号负	板负筋.1	10	一级	长度计算公式	$1650+250+120+6.25 \times d$	2083	39		2083	39	
						长度公式描述	右净长+判断值+弯折+弯钩			60.74			60.74
		3号分	分布筋.1	8	一级	长度计算公式	$2700+150+150$	3000	9		3000	9	
						长度公式描述	净长+搭接+搭接						

（10）B－C 轴线

三层板 B－C 轴线负筋软件答案见表 2.6.27。

表 2.6.27　三层板 B－C 轴线负筋软件答案

轴号	分段	名称	筋号	直径	级别	软件答案		长度	根数	重量	手工答案		
						公式					长度	根数	重量
C	5－6	9 号负	板负筋.1	10	一级	长度计算公式	$1500+1500+70+70$	3140	25	54.475	3140	25	54.475
						长度公式描述	右净长＋左净长＋弯折＋弯折						
		9 号分	分布筋.1	8	一级	长度计算公式	$800+150+150$	1100	14		1100	14	
						长度公式描述	净长＋搭接＋搭接						
C	6－7	9 号负	板负筋.1	10	一级	长度计算公式	$1500+1500+120+120$	3240	57	130.435	3240	57	130.435
						长度公式描述	右净长＋左净长＋弯折＋弯折						
		9 号分	分布筋.1	8	一级	长度计算公式	$2700+150+150$	3000	14		3000	14	
						长度公式描述	净长＋搭接＋搭接						
B－C	1－2	1 号跨板负	板负筋.1	10	一级	长度计算公式	$3000+1800+1800+150-2\times15+150-2\times15$	6840	59	285.428	6840	59	284.508
						长度公式描述	净长＋左标注＋右标注＋弯折＋弯折						
		1 号跨板分	分布筋.1	8	一级	长度计算公式	$2600+150+150$	2900	32		2900	31	
						长度公式描述	净长＋搭接＋搭接						
B－C	2－3	1 号跨板负	板负筋.1	10	一级	长度计算公式	$3000+1800+1800+150-2\times15+150-2\times15$	6840	57	274.469	6840	57	274.469
						长度公式描述	净长＋左标注＋右标注＋弯折＋弯折						
		1 号跨板分	分布筋.1	8	一级	长度计算公式	$2400+150+150$	2700	32		2700	32	
						长度公式描述	净长＋搭接＋搭接						
B－C	3－4	1 号跨板负	板负筋.1	10	一级	长度计算公式	$3000+1800+1800+150-2\times15+150-2\times15$	6840	66	323.787	6840	66	323.787
						长度公式描述	净长＋左标注＋右标注＋弯折＋弯折						
		1 号跨板分	分布筋.1	8	一级	长度计算公式	$3300+150+150$	3600	32		3600	32	
						长度公式描述	净长＋搭接＋搭接						
B－C	4－5	2 号跨板负	板负筋.1	10	一级	长度计算公式	$3000+1000+1000+100-2\times15+100-2\times15$	5140	32	81.948	5140	32	81.948
						长度公式描述	净长＋左标注＋右标注＋弯折＋弯折						
		2 号跨板分	分布筋.1	8	一级	长度计算公式	$1500+150+150$	1800	24		1800	24	
						长度公式描述	净长＋搭接＋搭接						

9. 三层板马凳答案软件手工对比

三层马凳数量根据三层马凳布置图计算如图 2.6.16 所示。

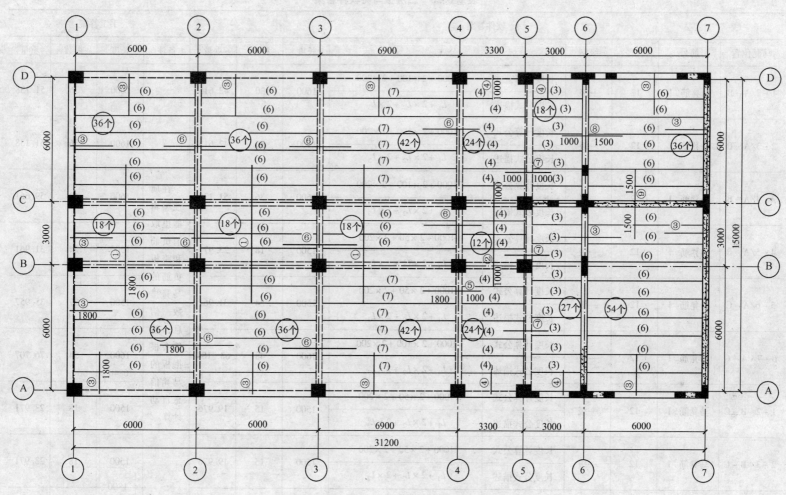

图 2.6.16 10.75 屋面板 Ⅱ 型马凳布置图

三层板马凳软件答案见表 2.6.28。

表 2.6.28　三层板马凳软件答案

马凳位置	筋号	直径	级别	公式		长度	根数	重量	备注	长度	根数	重量
				软件答案						**手工答案**		
1-2/A-B	马凳筋.1	12	一级	长度计算公式	$1000+2\times100+2\times200$	1600	30	42.615	在属性编辑器里取消负筋和跨板负筋的马凳排数信息,软件会根据板的马凳信息自动计算。	1600	36	51.138
				长度公式描述	$L_1+2\times L_2+2\times L_3$							
2-3/A-B	马凳筋.1	12	一级	长度计算公式	$1000+2\times100+2\times200$	1600	30	42.615		1600	36	51.138
				长度公式描述	$L_1+2\times L_2+2\times L_3$							
3-4/A-B	马凳筋.1	12	一级	长度计算公式	$1000+2\times100+2\times200$	1600	36	51.138		1600	42	59.661
				长度公式描述	$L_1+2\times L_2+2\times L_3$							
4-5/A-B	马凳筋.1	12	一级	长度计算公式	$1000+2\times50+2\times200$	1500	18	23.971		1500	24	31.961
				长度公式描述	$L_1+2\times L_2+2\times L_3$							
5-6/A-C	马凳筋.1	12	一级	长度计算公式	$1000+2\times50+2\times200$	1500	24	31.961		1500	27	35.957
				长度公式描述	$L_1+2\times L_2+2\times L_3$							
6-7/A-C	马凳筋.1	12	一级	长度计算公式	$1000+2\times100+2\times200$	1600	48	68.184		1600	54	76.707
				长度公式描述	$L_1+2\times L_2+2\times L_3$							
1-2/B-C	马凳筋.1	12	一级	长度计算公式	$1000+2\times50+2\times200$	1500	15	19.976		1500	18	23.971
				长度公式描述	$L_1+2\times L_2+2\times L_3$							
2-3/B-C	马凳筋.1	12	一级	长度计算公式	$1000+2\times50+2\times200$	1500	15	19.976		1500	18	23.971
				长度公式描述	$L_1+2\times L_2+2\times L_3$							
3-4/B-C	马凳筋.1	12	一级	长度计算公式	$1000+2\times50+2\times200$	1500	18	23.971		1500	21	27.966
				长度公式描述	$L_1+2\times L_2+2\times L_3$							

马凳位置	筋号	直径	级别	公式		长度	根数	重量	备注	长度	根数	重量
										手工答案		
4－5/ B－C	马凳筋.1	12	一级	长度计算公式	$1000 + 2 \times 50 + 2 \times 200$	1500	8	10.654	在属性编辑器里取消负筋和跨板负筋的马凳排数信息，软件会根据板的马凳信息自动计算。	1500	12	15.981
				长度公式描述	$L_1 + 2 \times L_2 + 2 \times L_3$							
1－2/C－D	马凳筋.1	12	一级	长度计算公式	$1000 + 2 \times 100 + 2 \times 200$	1600	30	42.615		1600	36	51.138
				长度公式描述	$L_1 + 2 \times L_2 + 2 \times L_3$							
2－3/C－D	马凳筋.1	12	一级	长度计算公式	$1000 + 2 \times 100 + 2 \times 200$	1600	30	42.615		1600	36	51.138
				长度公式描述	$L_1 + 2 \times L_2 + 2 \times L_3$							
3－4/C－D	马凳筋.1	12	一级	长度计算公式	$1000 + 2 \times 100 + 2 \times 200$	1600	35	49.718		1600	42	29.661
				长度公式描述	$L_1 + 2 \times L_2 + 2 \times L_3$							
4－5/ C－D	马凳筋.1	12	一级	长度计算公式	$1000 + 2 \times 50 + 2 \times 200$	1500	20	26.635		1500	24	31.961
				长度公式描述	$L_1 + 2 \times L_2 + 2 \times L_3$							
5－6/ C－D	马凳筋.1	12	一级	长度计算公式	$1000 + 2 \times 50 + 2 \times 200$	1500	12	15.981		1500	18	23.971
				长度公式描述	$L_1 + 2 \times L_2 + 2 \times L_3$							
6－7/ C－D	马凳筋.1	12	一级	长度计算公式	$1000 + 2 \times 100 + 2 \times 200$	1600	30	42.615		1600	36	51.138
				长度公式描述	$L_1 + 2 \times L_2 + 2 \times L_3$							

此时马凳钢筋软件量和手工量不一致，这是由于我们手工计算马凳排数是按"向上取整＋1"，每排马凳个数是按"向上取整"计算的，而软件在算马凳排数和每排个数时都是按"向下取整＋1"计算的，两者的计算方法不同，会存在一些误差。

（五）修改三层的边柱和角柱

1. 修改角柱

单击"柱"下拉菜单里的"柱"→单击"选择"按钮→分别单击（1/A）、（1/D）轴线的 KZ1→单击右键出现右键菜单→单击"构件属性编辑器"→切换"柱类型"为"角柱"→关闭"属性编辑器"→单击右键出现右键菜单→单击"取消选择"。

2. 修改边柱

（1）修改 x 方向边柱

单击"选择"按钮→分别选中图 2.6.17 所示的柱子→单击"属性"按钮→修改属性编辑如图 2.6.18 所示（注意这里一定要修改柱名称和加"#"号，加"#"号为边柱截面的"b"边（加#号的方法：在英文状态下按"shift＋#"），加"#"后要敲回车）→修改"中柱"为"边柱－B"→单击"属性编辑器"右上角"×"退出→单击右键出现右键菜单→单击"取消选择"。

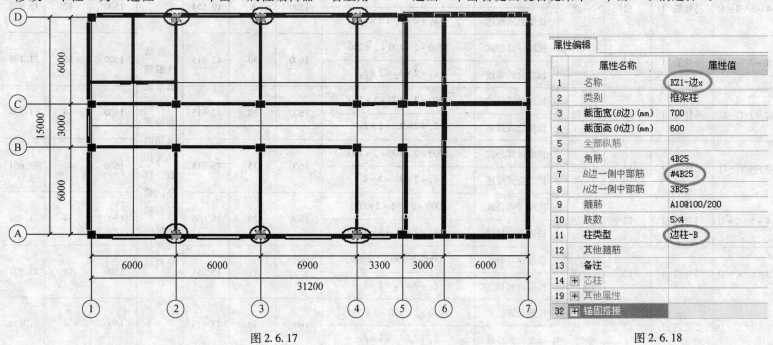

图 2.6.17   图 2.6.18

（2）修改 y 方向边柱

单击"选择"按钮→分别选中图 2.6.19 所示的柱子→单击"属性"按钮→修改属性编辑如图 2.6.20 所示→单击"属性编辑器"右上角"×"退出→单击右键出现右键菜单→单击"取消选择"。

（3）修改端柱 DZ2 为边柱

单击"选择"按钮→单击（5/C）交点的 DZ2→单击"属性"→修改属性编辑如图 2.6.21 所示→单击"属性编辑器"右上角"×"退出→单击右键出现右键菜单→单击"取消选择"。

548

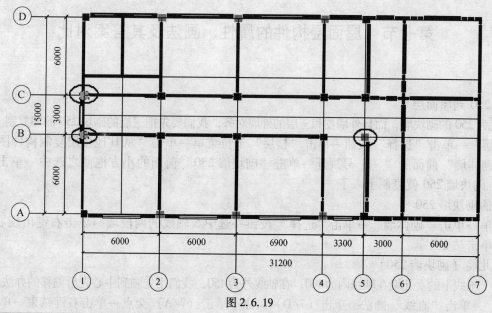

图 2.6.19

	属性名称	属性值
1	名称	KZ1-边y
2	类别	框架柱
3	截面宽(B边)(mm)	700
4	截面高(H边)(mm)	600
5	全部纵筋	
6	角筋	4B25
7	B边一侧中部筋	4B25
8	H边一侧中部筋	#3B25
9	箍筋	A10@100/200
10	肢数	5×4
11	柱类型	边柱-H
12	其他箍筋	
13	备注	
14	⊞ 芯柱	
19	⊞ 其他属性	
32	⊞ 锚固搭接	

图 2.6.20

	属性名称	属性值
1	名称	GDZ1a
2	类别	框架柱
3	截面宽(B边)(mm)	700
4	截面高(H边)(mm)	600
5	全部纵筋	
6	角筋	4B25
7	B边一侧中部筋	4B25
8	H边一侧中部筋	#3B25
9	箍筋	A10@100/200
10	肢数	5×4
11	柱类型	边柱-H
12	其他箍筋	
13	备注	
14	⊞ 芯柱	
19	⊞ 其他属性	
32	⊞ 锚固搭接	

图 2.6.21

549

第七节　屋面层构件的属性、画法及其答案对比

一、画女儿墙

1. 复制三层砌块墙 250 到屋面层

因屋面层女儿墙厚度为 250 的砌块墙，而且外墙皮和三层的外墙对齐，我们要先把三层的砌块 250 的墙复制上来，操作步骤如下：

切换楼层到"屋面层"→单击"选择"按钮→单击"楼层"下拉菜单→单击"从其他楼层复制构件图元"→把所有小方框前的"√"取消→单击"砌体墙"前面的"＋"号展开→单击"砌块墙 250"前面的小方框使之选中→单击"确定"出现"提示"对话框→单击"确定"，砌块墙 250 就复制上来了。

2. 删除多复制上来的砌块墙 250

单击"墙"下拉菜单→单击"砌体墙"→单击"选择"按钮→选中 5 轴线的两段墙→单击右键出现右键菜单→单击"删除"出现"确认"对话框→单击"是"。

3. 画 7 轴线上的女儿墙（砌块墙 250）

从图中可以计算出，7 轴线上的女儿墙在轴线内为 100，在轴线外为 150，我们用先画到中心先后偏移的办法来画，操作步骤如下：

选择"砌块墙 250"→单击"直线"画法→单击（7/D）交点→单击（7/A）交点→单击右键结束→单击"选择"按钮→单击 7 轴线的墙→单击右键出现右键菜单→单击"构件属性编辑器"出现图 2.7.1 所示的对话框架 →修改"轴线距左墙皮距离"的"属性值"为 150 如图 2.7.2 所示→敲回车键。（这里填写 150 或 100 与画墙的方向有关，如果画墙是按照逆时针方向画的就填写 100）→单击"属性编辑器"的小"×"使其关闭→单击右键出现右键菜单→单击"取消选择"。

	属性名称	属性值
1	名称	砌块墙250
2	厚度(mm)	250
3	轴线距左墙皮	(125)
4	⊞ 其他属性	

图 2.7.1

	属性名称	属性值
1	名称	砌块墙250
2	厚度(mm)	250
3	轴线距左墙皮	150
4	⊞ 其他属性	

图 2.7.2

4. 延伸女儿墙使之相交

单击"选择"按钮→单击"延伸"按钮→单击 7 轴线墙作为目的墙→分别单击与 7 轴线垂直的墙→单击右键结束→选中 A 轴线旁的墙为目的墙→分别单击与 A 轴线垂直的墙→单击右键结束→选中 D 轴线旁的墙作为目的墙→分别单击与 D 轴线垂直的墙→

单击右键结束。

二、画构造柱

1. 建立构造柱属性

单击"柱"下拉菜单→单击"构造柱"→单击"定义"→单击"新建"下拉菜单→单击"新建矩形柱"→根据"建施7"定义构造柱的属性编辑如图2.7.3所示→单击"绘图"退出。

2. 画构造柱

（1）建立辅助轴线

1）先删除原来的辅助轴线

单击"轴线"下拉菜单→单击"辅助轴线"→拉框选中所有的辅助轴线（用鼠标滚轮将图放小拉大框选择）→单击右键出现右键菜单→单击"删除"出现"确认"对话框→单击"是"辅助轴线就删除了。

2）建立新的辅助轴线

单击"轴线"下拉菜单→单击"辅助轴线"→单击"平行"按钮→单击1轴线（注意不要选择交点处）出现"请确认"对话框→根据"建施7"填写"偏移距离"为"3000"→单击"确定"→单击2轴线（注意不要选择交点处）→单击"确认"→单击3轴线→填写"偏移距离"为"3450"→单击"确定"→单击6轴线→填写"偏移距离"为"3000"→单击A轴线→单击"确认"→单击C轴线→单击"确认"→单击右键结束。

（2）画构造柱

1）先将构造柱画到轴线交点上

单击"柱"下拉菜单→单击"构造柱"→选择"GZ1"→单击"点"按钮→分别单击D轴线、7轴线、A轴线、1轴线正辅轴线的相交点→单击右键结束，画好的柱如图2.7.4所示。

2）偏移构造柱使其与女儿墙外皮对齐

单击"柱"下拉菜单→单击"构造柱"→单击"选择"按钮→拉框选择D轴线所有的构造柱→单击右键出现右键菜单→单击"批量对齐"→单击D轴线旁的墙上侧边线→单击右键两次结束。

→拉框选择7轴线所有的构造柱（包括角上的柱）→单击右键出现右键菜单→单击"批量对齐"→单击7轴线旁的墙右侧边线→单击右键两次结束。

	属性编辑	
	属性名称	属性值
1	名称	GZ1
2	类别	构造柱
3	截面宽(B边)(mm)	250
4	截面高(H边)(mm)	250
5	全部纵筋	4A12
6	角筋	
7	B边一侧中部筋	
8	H边一侧中部筋	
9	箍筋	A6@200
10	肢数	2×2
11	其他箍筋	
12	备注	
13	其他属性	
25	锚固搭接	

图2.7.3

→拉框选择 A 轴线所有的构造柱（包括角上的柱）→单击右键出现右键菜单→单击"批量对齐"→单击 A 轴线旁的墙下侧边线→单击右键两次结束。

　　→拉框选择 1 轴线所有的构造柱（包括角上的柱）→单击右键出现右键菜单→单击"批量对齐"→单击 1 轴线旁的墙左侧边线→单击右键两次结束。

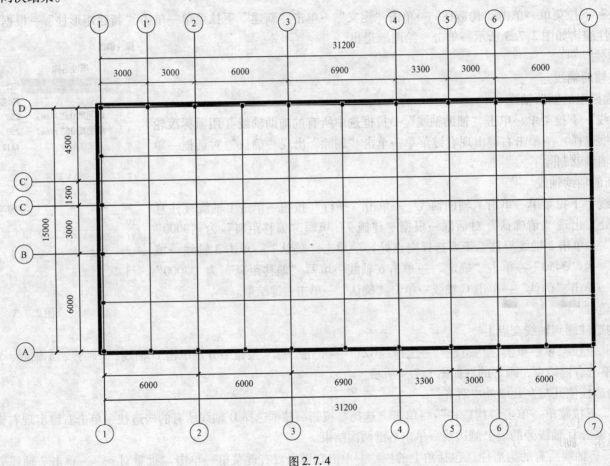

图 2.7.4

3）设置构造柱"计算设置"

构造柱锚固到压顶有两种方法，软件默认是一种方法，现在讲第二种方法。

单击"柱"下拉菜单→单击"构造柱"→单击"选择"按钮→拉框选中所有"GZ1"→单击右键出现右键菜单→单击"构件属性编辑器"→单击"其他属性"前面的"＋"号→单击第20行"计算设置"后面的"三点"出现"计算参数设置"对话框→单击第15行为"$31×d$"→单击"确定"→关闭"属性编辑器"对话框→单击右键出现右键菜单→单击"取消选择"。

（3）修改构造柱的保护层

在进入楼层时如果没有调整构造柱的保护层厚度，我们在这里补调也可以，操作步骤如下：

单击"工程设置"→单击"楼层设置"→单击"屋面层"→将构造柱的保护层改为25→敲回车→单击"绘图输入"。

三、画压顶

1. 建立压顶属性

软件里没有压顶构件，我们按圈梁来画压顶，操作步骤如下：

单击"梁"下拉菜单→单击"圈梁"→单击"定义构件"→单击"新建矩形圈梁"→修改"名称"为"压顶"→截面宽填写300→截面高填写60→删除自带的箍筋→箍筋肢数填写1→删除自带的上部钢筋→填写下部钢筋为3A12→单击"其他箍筋"后面的"三点"→单击"新建"→修改改箍筋图号为"485"→敲回车键→填写箍筋信息如图2.7.5所示→单击"确定"（属性编辑如图2.7.6所示）→单击"绘图"退出。

其他箍筋类型设置

	箍筋图号	箍筋信息	图形
1	485	A6@200	250

图 2.7.5

属性编辑

	属性名称	属性值
1	名称	压顶
2	截面宽度(mm)	300
3	截面高度(mm)	60
4	轴线距梁左边线距离(mm)	(150)
5	上部钢筋	
6	下部钢筋	3A12
7	箍筋	
8	肢数	1
9	其他箍筋	485
10	备注	
11	＋ 其他属性	
23	＋ 锚固搭接	

图 2.7.6

2. 画压顶

单击"梁"下拉菜单→单击"圈梁"→选择"压顶"→单击"智能布置"下拉菜单→单击"砌体墙中心线"→单击"批量选择"按钮→单击"砌块墙250"前面的小方框→单击"确定"→单击右键结束。

四、画砌体加筋

1. 建立砌体加筋

（1）建立 L 形砌体加筋

单击"墙"下拉菜单→单击"砌体加筋"→单击"定义"→单击"新建"下拉菜单→单击"新建砌体加筋"→选择"L 形"→选中"L-1 形"→填写参数如图 2.7.7 所示→单击"确定"，建好的属性编辑如图 2.7.8 所示。

（2）建立一字形墙体加筋

单击"新建"下拉菜单→单击"新建墙体加筋"→选择"一字形"→选中"一字-1 形"→填写参数如图 2.7.9 所示→单击"确定"，建好的属性编辑如图 2.7.10 所示→单击"绘图"退出。

参数		
	属性名称	属性值
1	Ls1 (mm)	1000
2	Ls2 (mm)	1000
3	b1 (mm)	250
4	b2 (mm)	250

图 2.7.7

属性编辑		
	属性名称	属性值
1	名称	L-1形-1
2	砌体加筋形式	L-1形
3	1#加筋	A6@500
4	2#加筋	A6@500
5	其他加筋	
6	计算设置	按默认计算设置计算
7	汇总信息	砌体拉结筋
8	备注	

图 2.7.8

参数		
	属性名称	属性值
1	Ls1 (mm)	1000
2	Ls2 (mm)	1000
3	b1 (mm)	250

图 2.7.9

属性编辑		
	属性名称	属性值
1	名称	一字-1形-1
2	砌体加筋形式	一字-1形
3	1#加筋	2A6@500
4	其他加筋	
5	计算设置	按默认计算设置计算
6	汇总信息	砌体拉结筋
7	备注	

图 2.7.10

2. 画砌体加筋

（1）画 L 形砌体加筋

单击"墙"下拉菜单里的"砌体加筋"→选择"L-1 形-1"→单击"点"→单击（1/D）墙交点→单击"旋转点"→单击（7/D）处墙交点→单击 7 轴线上的任意一根构造柱的中心点（注意不要选择轴线交点，用鼠标滚轮放大选。）→单击（7/A）附近墙交点→单击 A 轴线上任意一个柱子中心点（注意不要选中轴线交点）→单击（1/A）附近墙交点→单击 1 轴线附近任意一根构造柱中心点→单击右键结束。

（2）画一字形砌体加筋

选择"一字-1 形"→单击"点"→分别单击 D 轴线和 A 轴线的柱的中心点（注意不要选中轴线交点）→单击"旋转点"→单击 7 轴线任意一个柱子中心点（注意不要选中轴线交点）→单击 1 轴线旁的另一根柱子的中心点→单击右键结束。

单击"选择"按钮→选中 1 轴线上画好的一字 – 1 形墙体加筋→单击右键出现右键菜单→单击"复制"→单击"一字 – 1 形"墙体加筋的中心点（也是构造柱的中心点，注意不要选中轴线交点）→分别单击 1 轴线和 7 轴线附加没有布置墙体加筋的构造柱→单击右键结束。

五、屋面层构件钢筋答案软件手工对比

1. 压顶钢筋答案软件手工对比

（1）A、D 轴线

汇总计算后查看 A、D 轴线压顶钢筋软件答案见表 2.7.1。

表 2.7.1　A、D 轴线压顶钢筋软件答案

构件名称:A 轴线压顶,软件计算重量:103.023kg,屋面层根数:1 根,D 轴线压顶同											
软件答案									手工答案		
序号	筋号	直径	级别	公式		长度	根数	搭接	长度	根数	搭接
1	下部钢筋.1	12	一级	长度计算公式	$31750 - 25 - 25 + 12.5 \times d$	31850	1	1584	31850	1	1584
				长度公式描述	外皮长度 – 保护层 – 保护层 + 两倍弯钩						
2	下部钢筋.2	12	一级	长度计算公式	$31150 + 31 \times d + 31 \times d + 12.5 \times d$	32044	1	1584	32044	1	1584
				长度公式描述	净长 + 锚固 + 锚固 + 两倍弯钩						
3	下部钢筋.3	12	一级	长度计算公式	$31450 + 12.5 \times d$	31600	1	1584	32044	1	1584
				长度公式描述	净长 + 两倍弯钩						
4	其他箍筋.1	6	一级	长度计算公式	$250 + 2 \times d + 2 \times 11.9 \times d$	405			434.8		
				根数计算公式	$\text{Ceil}((2750 - 50 - 50)/200) + 1 +$ $\text{Ceil}(2750 - 50 - 50/200) + 1 +$ $\text{Ceil}(2750 - 50 - 50/200) + 1 +$ $\text{Ceil}(3050 - 50 - 50/200) + 1 +$ $\text{Ceil}(3200 - 50 - 50/200) + 1 +$ $\text{Ceil}(3200 - 50 - 50/200) + 1 +$ $\text{Ceil}(2750 - 50 - 50/200) + 1 +$ $\text{Ceil}(2750 - 50 - 50/200) + 1 +$ $\text{Ceil}(2750 - 50 - 50/200) + 1 +$ $\text{Ceil}(2950 - 50 - 50/200) + 1$		156			156	

（2）1、7轴线

1、7轴线压顶钢筋软件答案见表2.7.2。

表2.7.2 1、7轴线压顶钢筋软件答案

构件名称:1轴线压顶,软件计算重量:50.048kg,屋面层根数:1根,7轴线压顶同

序号	筋号	直径	级别	软件答案		长度	根数	搭接	手工答案		
					公式				长度	根数	搭接
1	下部钢筋.1	12	一级	长度计算公式	$15650 - 25 - 25 + 12.5 \times d$	15750	1	528	15770	1	528
				长度公式描述	外皮长度 - 保护层 - 保护层 + 两倍弯钩						
2	下部钢筋.2	12	一级	长度计算公式	$15050 + 31 \times d + 31 \times d + 12.5 \times d$	15944	1	528	15944	1	528
				长度公式描述	净长 + 锚固 + 锚固 + 两倍弯钩						
3	下部钢筋.3	12	一级	长度计算公式	$15350 + 12.5 \times d$	15500	1	528	15944	1	528
				长度公式描述	净长 + 两倍弯钩						
4	其他箍筋.1	6	一级	长度计算公式	$250 + 2 \times d + 2 \times 11.9 \times d$	405			434.8		
				根数计算公式	$Ceil(2900 - 50 - 50/200) + 1 +$ $Ceil(2750 - 50 - 50/200) + 1 +$ $Ceil(2750 - 50 - 50/200) + 1 +$ $Ceil(2750 - 50 - 50/200) + 1 +$ $Ceil(2900 - 50 - 50/200) + 1$		75			77	

2. 构造柱钢筋答案软件手工对比

构造柱钢筋软件答案见表2.7.3。

表2.7.3 构造柱钢筋软件答案

构件名称:构造柱,软件计算单根重量:8.327kg,屋面层根数:30根

序号	筋号	直径	级别	软件答案		长度	根数	搭接	手工答案		
					公式				长度	根数	搭接
1	角筋.1	12	一级钢	长度计算公式	$600 - 60 + 31 \times d + 12.5 \times d$	1062	4		1062	4	
				长度公式描述	层高 - 节点高 + 预留埋件纵筋弯折长度 + 两倍弯钩						

556

序号	筋号	直径	级别	软件答案		长度	根数	搭接	手工答案		
									长度	根数	搭接
2	插筋.1	12	一级钢	长度计算公式	$44 \times d + 31 \times d$	900	4		900	4	
				长度公式描述	搭接+锚固						
3	箍筋.1	6	一级钢	长度计算公式	$2 \times \left[(250 - 2 \times 25) + (250 - 2 \times 25) \right] + 2 \times (75 + 1.9 \times d) + (8 \times d)$	1021			1021		
				根数计算公式	$Ceil(550/200) + 1 + 2$		6			6	

由表 2.7.3 可以看出插筋.1 软件和手工量不一致,这是由于软件在计算构造柱预埋件插筋时没有计算弯钩长度。

3. 墙体加筋答案软件手工对比

墙体加筋软件答案见表 2.7.4。

表 2.7.4 墙体加筋软件答案

构件名称:转角处墙体加筋,软件计算单根重量:2.353kg,数量:4个

加筋位置	型号名称	筋号	直径	级别	软件答案		长度	根数	手工答案	
									长度	根数
4角	L-1形-1	砌体加筋.1	6	一级钢	长度计算公式	$250 - 2 \times 60 + 1000 + 200 + 60 + 1000 + 200 + 60$	2650	4	2650	4
					长度公式描述	宽度-2×保护层+端头长度+锚固+弯折+端头长度+锚固+弯折				

构件名称:非转角处墙体加筋,软件计算单根重量:2.104kg,数量:26个

加筋位置	型号名称	筋号	直径	级别	软件答案		长度	根数	手工答案	
									长度	根数
非角处	一字-1形-1	砌体加筋.1	6	一级钢	长度计算公式	$125 + 1000 + 60 + 125 + 1000 + 60$	2370	4	2370	4
					长度公式描述	延伸长度+端头长度+弯折+延伸长度+端头长度+弯折				

第八节　基础层构件的属性、画法及其答案对比

一、复制首层的柱和墙到基础层

将楼层切换到基础层→单击"选择"按钮→单击"楼层"下拉菜单→单击"从其他楼层复制构件图元"→将"源楼层"切换为"首层"→把所有小方框里的"√"取消→单击"柱"前面的小方框使其加上"√"→单击"剪力墙"前面的小方框使其加上"√"→单击"砌体墙"前面的小方框使其加上"√"→单击"暗柱"前面的小方框使其加上"√"→单击"端柱"前面的小方框使其加上"√"→单击"暗梁"前面的小方框使其加上"√"→单击"确定",出现"提示"对话框架→单击"确定"。

二、修改 KZ1 为 2 肢箍

单击"柱"下拉菜单→单击"柱"→单击"选择"按钮→单击"批量选择"按钮→选择"KZ1"→单击"确定"→单击右键出现右键菜单→单击"构件属性编辑器"→将第 10 行箍筋肢数修改为 2×2→敲回车→关闭"属性编辑器"窗口→单击右键出现右键菜单→单击"取消选择"。

三、画平板式筏形基础

1. 建立平板式筏形基础属性

单击"基础"下拉菜单→单击"筏板基础"→单击"定义"→单击"新建"下拉菜单→单击"新建筏板基础"→修改筏板基础的"名称"、"底标高"、"厚度"等如图 2.8.1 所示→单击"马凳筋参数图形"后面的"三点"→选择"Ⅱ型"马凳并填写相应的数值如图 2.8.2 所示→填写马凳筋信息为"B20@1000"→单击"确定"→将马凳数量计算调整为"向下取整 +1"→单击"绘图"退出。

2. 画平板式筏形基础

单击"基础"下拉菜单里的"筏板基础"→选择"MJ−1"→单击"三点画弧"后面

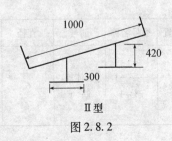

	属性名称	属性值
1	名称	MJ-1
2	混凝土强度等级	(C30)
3	厚度 (mm)	600
4	底标高 (m)	(-1.6)
5	保护层厚度 (mm)	(40)
6	马凳筋参数图	Ⅱ型
7	马凳筋信息	B20@1000
8	线形马凳筋方向	平行纵向受力筋
9	拉筋	
10	拉筋数量计算方式	向上取整+1
11	马凳筋数量计算方式	向下取整+1
12	筏板侧面纵筋	
13	归类名称	(MJ-1)
14	汇总信息	筏板马凳筋
15	备注	

图 2.8.1

图 2.8.2

的"矩形"画法→单击（1/D）交点→单击（7/A）交点→单击右键结束→单击"选择"按钮→单击左键选中刚画好的筏板基础→单击右键出现右键菜单→单击"偏移"出现"请选择偏移方式"对话框→单击"整体偏移"→单击"确定"→向外挪动鼠标输入偏移距离为"800"→敲回车。

四、画筏板主筋

1. 建立筏板主筋属性

（1）B20@200 筏板底筋的属性建立

单击"基础"下拉菜单→单击"筏板主筋"→单击"定义"→单击"新建"下拉菜单→单击"新建筏板主筋"→新建筏板底筋属性编辑如图 2.8.3 所示。

（2）B20@200 筏板面筋的属性建立

新建筏板底筋属性编辑如图 2.8.4 所示。

→单击"绘图"退出。

2. 画筏板主筋

（1）画 B20@200 筏板底筋

单击"基础"下拉菜单→单击"筏板主筋"→单击"选择"按钮→选择"B20@200 底筋"→单击"单板"按钮→单击"水平"按钮→单击"筏板基础"→单击"垂直"按钮→单击"筏板基础"→单击右键结束。

（2）画 B20@200 筏板面筋

选择"B20@200 面筋"→单击"单板"按钮→单击"水平"按钮→单击"筏板基础"→单击"垂直"按钮→单击"筏板基础"→单击右键结束。

五、基础层构件钢筋答案软件手工对比

1. 平板式筏形基础钢筋答案软件手工对比

基础马凳布置图如图 2.8.5 所示。

属性编辑	
属性名称	**属性值**
1 名称	B20@200底筋
2 类别	底筋
3 钢筋信息	B20@200
4 左弯折（mm）	(240)
5 右弯折（mm）	(240)
6 钢筋锚固	(34)
7 钢筋搭接	(41)
8 归类名称	(B20@200底筋)
9 汇总信息	筏板主筋
10 计算设置	按默认计算设置计算
11 节点设置	按默认节点设置计算
12 搭接设置	按默认搭接设置计算
13 长度调整（mm）	
14 备注	

图 2.8.3

属性编辑	
属性名称	**属性值**
1 名称	B20@200面筋
2 类别	面筋
3 钢筋信息	B20@200
4 左弯折（mm）	(240)
5 右弯折（mm）	(240)
6 钢筋锚固	(34)
7 钢筋搭接	(41)
8 归类名称	(B20@200面筋)
9 汇总信息	筏板主筋
10 计算设置	按默认计算设置计算
11 节点设置	按默认节点设置计算
12 搭接设置	按默认搭接设置计算
13 长度调整（mm）	
14 备注	

图 2.8.4

559

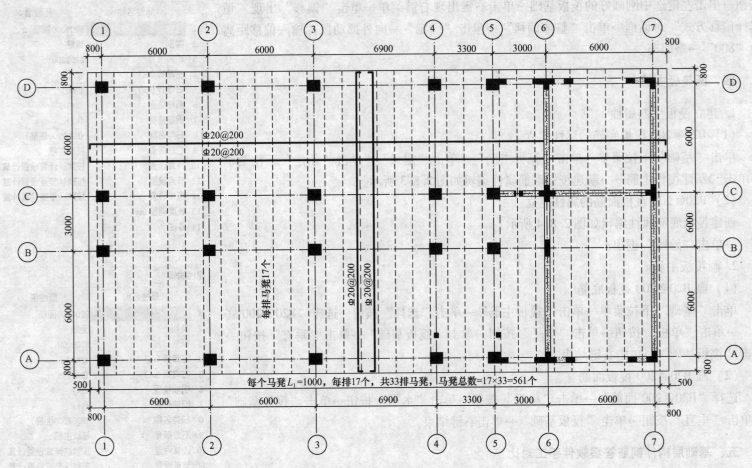

图 2.8.5 基础Ⅱ型马凳布置图

平板式筏形基础钢筋软件答案见表2.8.1。

表 2.8.1 平板式筏形基础钢筋软件答案

位置	方向	筋号	直径	级别	公式		长度	根数	搭接	重量	长度	根数	搭接	重量
						软件答案					手工答案			
筏基底部	x方向	筏板受力筋.1	20	二级	长度计算公式	$32800 - 40 + 12 \times d - 40 + 12 \times d$	33200	84	3	6877.627	33200	84	3	6877.627
					长度公式描述	净长 - 保护层 + 设定弯折 - 保护层 + 设定弯折								
	y方向	筏板受力筋.1	20	二级	长度计算公式	$16600 - 40 + 12 \times d - 40 + 12 \times d$	17000	165	1	6917.579	17000	165	1	6917.579
					长度公式描述	净长 - 保护层 + 设定弯折 - 保护层 + 设定弯折								
筏基顶部	x方向	筏板受力筋.1	20	二级	长度计算公式	$32800 - 40 + 12 \times d - 40 + 12 \times d$	33200	84	3	6877.627	33200	84	3	6877.627
					长度公式描述	净长 - 保护层 + 设定弯折 - 保护层 + 设定弯折								
	y方向	筏板受力筋.1	20	二级	长度计算公式	$16600 - 40 + 12 \times d - 40 + 12 \times d$	17000	165	1	6917.579	17000	165	1	6917.579
					长度公式描述	净长 - 保护层 + 设定弯折 - 保护层 + 设定弯折								
查看基础马凳钢筋操作步骤:单击"基础"下拉菜单→单击"筏形基础"查看														
筏基中部	平行纵向	马凳,1	20	二级	长度计算公式	$1000 + 2 \times 420 + 2 \times 300$	2440	544		3273.482	2440	544		3273.482
					长度公式描述	$L_1 - 250 \times 500 + 2 \times L_2 - 250 \times 450 + 2 \times L_3$								

此时马凳钢筋软件量和手工量不一致,这是由于我们手工计算马凳排数是按"向上取整 +1",每排马凳个数是按"向上取整"计算的,而软件在算马凳排数和每排个数时都是按"向下取整 +1"计算的,两者的计算方法不同,会存在一些误差。

2. 首层门下连梁钢筋答案软件手工答案对比

首层连梁 LL3 -300 ×500 和 LL4 -300 ×500 的属性定义和画法在首层里已经讲过,这里来对其钢筋的量。

(1) LL3 -300 ×500 钢筋答案软件手工对比

单击"汇总计算"按钮→单击"全选"→单击"计算"→计算成功后,单击"确定"。

将楼层切换到"首层"→单击"门窗洞"下拉菜单→单击"连梁"→在"动态观察"状态下,选中"连梁 LL3 -300 ×500"。

查看 LL3 - 300×500 钢筋的软件答案见表 2.8.2。

表 2.8.2 LL3 - 300×500 钢筋软件答案

构件名称:LL3 - 300×500,位置:6/A - C,软件计算单构件钢筋重量:102.118,数量:1 根

序号	筋号	直径	级别	软件答案		长度	根数	手工答案	
					公式	长度	根数	长度	根数
1	连梁上部纵筋.1	22	二级	长度计算公式	$2100 + 34 \times d + 34 \times d$	3596	4	3596	4
				长度公式描述	净长 + 锚固 + 锚固				
2	连梁下部纵筋.1	22	二级	长度计算公式	$2100 + 34 \times d + 34 \times d$	3596	4	3596	4
				长度公式描述	净长 + 锚固 + 锚固				
3	连梁箍筋.1	10	一级	长度计算公式	$2 \times [(300 - 2 \times 30) + (500 - 2 \times 30)] + 2 \times (11.9 \times d) + (8 \times d)$	1678		1678	
				根数计算公式	$Ceil(2100 - 100/150) + 1$		15		15
4	连梁拉筋.1	6	一级	长度计算公式	$(300 - 2 \times 30) + 2 \times (75 + 1.9 \times d) + (2 \times d)$	425		425	
				根数计算公式	$Ceil(2100 - 100/300) + 1)$		8		8

（2）LL4 - 300×500 钢筋答案软件手工对比

LL4 - 300×5000 钢筋的软件答案见表 2.8.3。

表 2.8.3 LL4 - 300×500 钢筋软件答案

构件名称:LL4 - 300×500, 位置:C/5 - 6、6/C - D,软件计算单构件钢筋重量:64.818g,数量:2 根

序号	筋号	直径	级别	软件答案		长度	根数	手工答案	
					公式	长度	根数	长度	根数
1	连梁上部纵筋.1	22	二级	长度计算公式	$900 + 34 \times d + 34 \times d$	2396	4	2396	4
				长度描述公式	净长 + 锚固 + 锚固				
2	连梁下部纵筋.1	22	二级	长度计算公式	$900 + 34 \times d + 34 \times d$	2396	4	2396	4
				长度描述公式	净长 + 锚固 + 锚固				
3	连梁箍筋.1	10	一级	长度计算公式	$2 \times [(300 - 2 \times 30) + (500 - 2 \times 30)] + 2 \times (11.9 \times d) + (8 \times d)$	1678		1678	
				根数计算公式	$Ceil((900 - 100)/150) + 1$		7		7
4	连梁拉筋.1	6	一级	长度计算公式	$(300 - 2 \times 30) + 2 \times (75 + 1.9 \times d) + (2 \times d)$	425		425	
				根数计算公式	$3 \times [Ceil(900 - 100/300) + 1]$		4		5

第九节　垂直构件钢筋答案软件手工对比

一、基础层垂直构件钢筋答案软件手工对比

1. KZ1 基础插筋答案软件手工对比

将楼层切换到"基础层",查看 KZ1 基础插筋软件答案见表 2.9.1。

表 2.9.1　KZ1 基础插筋软件答案

构件名称:KZ1 基础插筋,软件计算单构件钢筋重量:148.474kg,根数:17 根

序号	筋号	直径	级别	软件答案		长度	根数	搭接	手工答案		
					公式				长度	根数	搭接
1	B 边插筋.1	25	二级	长度计算公式	$(3850/3)+600-40+\max(10\times d,150)$	2093	8		2093	8	
				长度公式描述	上层露出长度+基础厚度-保护层+计算设置设定的弯折						
2	H 边插筋.1	25	二级	长度计算公式	$(3850/3)+600-40+\max(10\times d,150)$	2093	6		2093	6	
				长度公式描述	上层露出长度+基础厚度-保护层+计算设置设定的弯折						
3	角筋插筋.1	25	二级	长度计算公式	$(3850/3)+600-40+\max(10\times d,150)$	2093	4		2093	4	
				长度公式描述	上层露出长度+基础厚度-保护层+计算设置设定的弯折						
4	箍筋.1	10	一级	长度计算公式	$2\times[(700-2\times30)+(600-2\times30)]+2\times(11.9\times d)+(8\times d)$	2678	2		2678	2	

2. Z1 基础插筋答案软件手工对比

Z1 基础插筋软件答案见表 2.9.2。

表 2.9.2　Z1 基础插筋软件答案

构件名称:Z1 基础插筋,软件计算单构件钢筋重量:40.121kg,根数:2 根

序号	筋号	直径	级别	软件答案		长度	根数	搭接	手工答案		
					公式				长度	根数	搭接
1	B 边插筋.1	20	二级	长度计算公式	$(3850/3)+600-40+\max(6\times d,150)$	1993	2		1993	2	
				长度公式描述	上层露出长度+基础厚度-保护层+计算设置设定的弯折						

序号	筋号	直径	级别	软件答案		长度	根数	搭接	手工答案		
				公式					长度	根数	搭接
2	H边插筋.1	20	二级	长度计算公式	$(3850/3)+600-40+\max(6\times d,150)$	1993	2		1993	2	
				长度公式描述	上层露出长度+基础厚度-保护层+计算设置设定的弯折						
3	角筋插筋.1	20	二级	长度计算公式	$(3850/3)+600-40+\max(6\times d,150)$	1993	4		1993	4	
				长度公式描述	上层露出长度+基础厚度-保护层+计算设置设定的弯折						
4	箍筋.1	8	一级	长度计算公式	$2\times[(250-2\times30)+(250-2\times30)]+2\times(11.9\times d)+(8\times d)$	1014	2		1014	2	

3. DZ1 基础插筋答案软件手工对比

（1）. DZ1 基础插筋软件答案（调整前）

DZ1 基础插筋软件答案见表2.9.3。

表2.9.3 DZ1 基础插筋软件答案

构件名称:DZ1,位置：5/A 、5/D,软件计算单构件钢筋重量:101.101kg,数量:2 根

序号	筋号	直径	级别	软件答案		长度	根数	搭接	手工答案		
				公式					长度	根数	搭接
1	全部纵筋插筋.1	22	二级	长度计算公式	$500+600-40+\max(8\times d,150)$	1236	24		1236	24	
				长度公式描述	上层露出长度+基础厚度-保护层+计算设置设定的弯折						
2	箍筋1	10	一级	长度计算公式	$2\times(150+150+300-2\times30+350+350-2\times30)+2\times(11.9\times d)+8\times d$	2678	2		2678	2	
3	箍筋2	10	一级	长度计算公式	$2\times(150+150+300-2\times30+350+350-2\times30)+2\times(11.9\times d)+8\times d$	2878	2		2878	2	
4	拉筋3	10	一级	长度计算公式	$150+150+300-2\times30+2\times(11.9\times d)+2\times d$	798	2		798	2	
5	其他箍筋.1	10	一级	长度计算公式	$2\times281+2\times640+8\times d+2\times11.9\times d$	2160	2		2160	2	
6	其他箍筋.2	10	一级	长度计算公式	$2\times540+2\times146+8\times d+2\times11.9\times d$	1690	2		1690	2	

从表2.9.5可以看出，软件是按照暗柱的计算原理来计算端柱的纵筋的，这与我们前面讲的原理矛盾，端柱的纵筋和箍筋应该和框架柱的计算原理一样，我们需要做一些调整，把端柱的属性变成框架柱，操作步骤如下：

切换楼层到基础层→单击墙下拉菜单→单击"端柱"→单击"选择"按钮→选中 A、D 轴线上的"DZ1"→单击右键出现右键菜单→单击"构件属性编辑器"→将类别行的"端柱"切换成"框架柱"→关闭"属性编辑器"对话框→单击右键出现右键菜单

→单击"取消选择"。

用同样的方法修改"DZ2",同理,其他层的"DZ1"和"DZ2"也要修改,修改方法同基础层。

（2）DZ1 基础插筋软件答案（调整后）

DZ1 基础插筋软件答案见表 2.9.4。

表 2.9.4　DZ1 基础插筋软件答案

构件名称:DZ1,位置:5/A 、5/D,软件计算单构件钢筋重量:157.178kg,数量:2 根

序号	筋号	直径	级别	软件答案		长度	根数	搭接	手工答案		
					公式				长度	根数	搭接
1	全部纵筋插筋.1	22	二级	长度计算公式	$(3850/3) + 600 - 40 + \max(8 \times d, 150)$	2109	24		2019	24	
				长度公式描述	上层露出长度 + 基础厚度 - 保护层 + 计算设置设定的弯折						
2	箍筋1	10	一级	长度计算公式	$2 \times (150 + 150 + 300 - 2 \times 30 + 350 + 350 - 2 \times 30) + 2 \times (11.9 \times d) + 8 \times d$	2678	2		2678	2	
3	箍筋2	10	一级	长度计算公式	$2 \times (150 + 150 + 300 - 2 \times 30 + 350 + 350 - 2 \times 30) + 2 \times (11.9 \times d) + 8 \times d$	2878	2		2878	2	
4	拉筋3	10	一级	长度计算公式	$150 + 150 + 300 - 2 \times 30 + 2 \times (11.9 \times d) + 2 \times d$	798	2		798	2	
5	其他箍筋.1	10	一级	长度计算公式	$2 \times 281 + 2 \times 640 + 8 \times d + 2 \times 11.9 \times d$	2160	2		2162	2	
6	其他箍筋.2	10	一级	长度计算公式	$2 \times 540 + 2 \times 146 + 8 \times d + 2 \times 11.9 \times d$	1690	2		1690	2	

4. DZ2 基础插筋答案软件手工对比

DZ2 基础插筋软件答案见表 2.9.5。

表 2.9.5　DZ2 基础插筋软件答案

构件名称:DZ2,位置:5/C,软件计算单构件钢筋重量:148.474kg,数量:1 根

序号	筋号	直径	级别	软件答案		长度	根数	搭接	手工答案		
					公式				长度	根数	搭接
1	B 边插筋.1	25	二级	长度计算公式	$(3850/3) + 600 - 40 + \max(10 \times d, 150)$	2093	8		2093	8	
				长度公式描述	上层露出长度 + 基础厚度 - 保护层 + 计算设置设定的弯折						
2	H 边插筋.1	25	二级	长度计算公式	$(3850/3) + 600 - 40 + \max(10 \times d, 150)$	2093	6		2093	6	
				长度公式描述	上层露出长度 + 基础厚度 - 保护层 + 计算设置设定的弯折						

序号	筋号	直径	级别	软件答案		长度	根数	搭接	长度	根数	搭接
					公式				手工答案		
3	角筋插筋.1	25	二级	长度计算公式	$(3850/3)+600-40+\max(10\times d,150)$	2093	4		2093	4	
				长度公式描述	上层露出长度+基础厚度-保护层+计算设置设定的弯折						
4	箍筋.1	10	一级	长度计算公式	$2\times((700-2\times30)+(600-2\times30))+2\times(11.9\times d)+(8\times d)$	2678	2		2678	2	

5. AZ1 基础插筋答案软件手工对比

AZ1 基础插筋软件答案见表 2.9.6。

表 2.9.6 AZ1 基础插筋软件答案

构件名称:AZ1,位置:6/A 、6/D,软件计算单构件钢筋重量:64.735kg,数量:2 根

序号	筋号	直径	级别	软件答案		长度	根数	搭接	长度	根数	搭接
					公式				手工答案		
1	全部纵筋插筋.1	18	二级	长度计算公式	$500+600-40+\max(6\times d,150)$	1210	24		1210	24	
				长度公式描述	上层露出长度+基础厚度-保护层+计算设置设定的弯折						
2	箍筋1	10	一级	长度计算公式	$2\times(600+300+300-2\times30+300-2\times30)+2\times(11.9\times d)+8\times d$	3078	2		3078	2	
3	拉筋1	10	一级	长度计算公式	$300-2\times30+2\times(11.9\times d)+2\times d$	498	2		498	2	
4	箍筋2	10	一级	长度计算公式	$2\times(300+300-2\times30+300-2\times30)+2\times(11.9\times d)+8\times d$	1878	2		1878	2	

6. AZ2 基础插筋答案软件手工对比

AZ2 基础插筋软件答案见表 2.9.7。

表 2.9.7 AZ2 基础插筋软件答案

构件名称:AZ2,位置:7/A 、7/D,软件计算单构件钢筋重量:40.888kg,数量:2 根

序号	筋号	直径	级别	软件答案		长度	根数	搭接	长度	根数	搭接
					公式				手工答案		
1	基础插筋	18	二级	长度计算公式	$500+600-40+\max(6\times d,150)$	1210	15		1210	15	
				长度公式描述	上层露出长度+基础厚度-保护层+计算设置设定的弯折						

序号	筋号	直径	级别	软件答案		长度	根数	搭接	长度	根数	搭接
					公式						
2	箍筋1	10	一级	长度计算公式	$2 \times (300 + 300 - 2 \times 30 + 300 - 2 \times 30) + 2 \times (11.9 \times d) + 8 \times d$	1878	2		1878	2	
3	箍筋2	10	一级	长度计算公式	$2 \times (300 + 300 - 2 \times 30 + 300 - 2 \times 30) + 2 \times (11.9 \times d) + 8 \times d$	1878	2		1878	2	

7. AZ3 基础插筋答案软件手工对比

AZ3 基础插筋软件答案见表 2.9.8。

表 2.9.8　AZ3 基础插筋软件答案

构件名称:AZ3,位置:A/6 - 7 窗两边、D/6 - 7 窗两边、C/5 - 6 门一侧、6/C - D 门一侧,软件计算单构件钢筋重量:26.24kg,数量:6 根

序号	筋号	直径	级别	软件答案		长度	根数	搭接	长度	根数	搭接
					公式						
1	全部纵筋 插筋.1	18	二级	长度计算公式	$500 + 600 - 40 + \max(6 \times d, 150)$	1210	10		1210	10	
				长度公式描述	上层露出长度 + 基础厚度 - 保护层 + 计算设置设定的弯折						
2	箍筋1	10	一级	长度计算公式	$2 \times (250 + 250 - 2 \times 30 + 150 + 150 - 2 \times 30) + 2 \times (11.9 \times d) + 8 \times d$	1678	2		1678	2	

8. AZ4 基础插筋答案软件手工对比

AZ4 基础插筋软件答案见表 2.9.9。

表 2.9.9　AZ4 基础插筋软件答案

构件名称:AZ4,位置:6/A - C 门一侧,软件计算单构件钢筋重量:32.675kg,数量:1 根

序号	筋号	直径	级别	软件答案		长度	根数	搭接	长度	根数	搭接
					公式						
1	全部纵筋 插筋.1	18	二级	长度计算公式	$500 + 600 - 40 + \max(6 \times d, 150)$	1210	12		1210	12	
				长度公式描述	上层露出长度 + 基础厚度 - 保护层 + 计算设置设定的弯折						
2	箍筋1	10	一级	长度计算公式	$2 \times (450 + 450 - 2 \times 30 + 150 + 150 - 2 \times 30) + 2 \times (11.9 \times d) + 8 \times d$	2478	2		2478	2	
3	拉筋1	10	一级	长度计算公式	$150 + 150 - 2 \times 30 + 2 \times (11.9 \times d) + 2 \times d$	498	2		498	2	

9. AZ5 基础插筋答案软件手工对比

AZ5 基础插筋软件答案见表 2.9.10。

表 2.9.10　AZ5 基础插筋软件答案

构件名称：AZ5，位置：6/C，软件计算单构件钢筋重量：64.121kg，数量：1 根

序号	筋号	直径	级别	软件答案		长度	根数	搭接	手工答案		
					公式				长度	根数	搭接
1	全部纵筋插筋.1	18	二级	长度计算公式	$500 + 600 - 40 + \max(6 \times d, 150)$	1210	24		1210	24	
				长度公式描述	上层露出长度 + 基础厚度 - 保护层 + 计算设置设定的弯折						
2	箍筋1	10	一级	长度计算公式	$2 \times (300 + 300 + 300 - 2 \times 30 + 300 - 2 \times 30) + 2 \times (11.9 \times d) + 8 \times d$	2478	2		2478	2	
3	箍筋2	10	一级	长度计算公式	$2 \times (300 - 2 \times 30 + 300 + 300 + 300 - 2 \times 30) + 2 \times (11.9 \times d) + 8 \times d$	2478	2		2478	2	

10. AZ6 基础插筋答案软件手工对比

AZ6 基础插筋软件答案见表 2.9.11。

表 2.9.11　AZ6 基础插筋软件答案

构件名称：AZ6，位置：7/C，软件计算单构件钢筋重量：51.296kg，数量：1 根

序号	筋号	直径	级别	软件答案		长度	根数	搭接	手工答案		
					公式				长度	根数	搭接
1	全部纵筋插筋.1	18	二级	长度计算公式	$500 + 600 - 40 + \max(6 \times d, 150)$	1210	19		1210	19	
				长度公式描述	上层露出长度 + 基础厚度 - 保护层 + 计算设置设定的弯折						
2	箍筋1	10	一级	长度计算公式	$2 \times (300 + 300 + 300 - 2 \times 30 + 300 - 2 \times 30) + 2 \times (11.9 \times d) + 8 \times d$	2478	2		2478	2	
3	箍筋2	10	一级	长度计算公式	$2 \times (300 + 300 - 2 \times 30 + 300 + 300 - 2 \times 30) + 2 \times (11.9 \times d) + 8 \times d$	1878	2		1878	2	

11. 基础层剪力墙钢筋答案软件手工对比

（1）A、D 轴线

A、D 轴线基础层剪力墙钢筋软件答案见表 2.9.12。

表 2.9.12 A、D 轴线基础层剪力墙钢筋软件答案

构件名称:基础剪力墙,位置:A/5 - 7、D/5 - 7,软件计算单构件钢筋重量:123.348kg,数量:2 段

序号	筋号	直径	级别	公式		长度	根数	搭接	长度	根数	搭接
					软件答案				**手工答案**		
1	墙身水平钢筋.1	12	二级	长度计算公式	$9500 - 15 - 15 + 15 \times d$	9650	2		8793	2	
				长度公式描述	外皮长度 - 保护层 - 保护层 + 设定弯折						
2	墙身水平钢筋.2	12	二级	长度计算公式	$9200 + 300 - 15 + 15d - 15 + 15 \times d$	9380	2		8973	2	
				长度公式描述	净长 + 支座宽 - 保护层 + 弯折 - 保护层 + 设定弯折						
3	墙身插筋左侧.1	12	二级	长度计算公式	$41 \times 12 + 600 - 40 + \max(6 \times d, 150)$	1202	15				
				长度公式描述	搭接 + 节点高 - 保护层 + 基础弯折						
4	墙身插筋左侧.2	12	二级	长度计算公式	$0.3 \times 34 \times d + 41 \times 12 + 600 - 40 + \max(6 \times d, 150)$	1324	14				
				长度公式描述	错开长度 + 搭接 + 节点高 - 保护层 + 基础弯折				1202	58	
5	墙身插筋右侧.1	12	二级	长度计算公式	$41 \times 12 + 600 - 40 + \max(6 \times d, 150)$	1202	15				
				长度公式描述	搭接 + 节点高 - 保护层 + 基础弯折						
6	墙身插筋右侧.2	12	二级	长度计算公式	$0.3 \times 34 \times d + 41 \times 12 + 600 - 40 + \max(6 \times d, 150)$	1324	14				
				长度公式描述	错开长度 + 搭接 + 节点高 - 保护层 + 基础弯折						
7	墙身插筋左侧.1	12	二级	长度计算公式	$(300 - 2 \times 15) + 2 \times (75 + 1.9 \times d) + (2 \times d)$	455			455		
				根数计算公式	$2 \times [\text{Floor}(5600/400) + 1]$		30			32	

从表 2.9.12 我们可以看出墙内外侧水平筋 1、2 和墙插筋的软件和手工计算结果不一致,这主要有以下几个原因:

1)软件计算墙内外侧水平筋遇见(A/5)交点处 DZ1 是按照(支座宽 - 保护层 + 15 × d)计算的,而手工是按照 L_a(34 × d)计算的。

2)软件计算墙插筋是按照实际下料计算的,考虑到了"错开长度",而手工没有考虑到"错开长度"。

(2)C 轴线

C 轴线基础层剪力墙钢筋软件答案见表 2.9.13。

569

表 2.9.13　C 轴线基础层剪力墙钢筋软件答案

构件名称:基础层剪力墙,位置:C/5－7,软件计算单构件钢筋重量:114.126kg,数量:1 段

筋号	筋号	直径	级别	软件答案		长度	根数	搭接	手工答案		
				公式					长度	根数	搭接
1	墙身水平钢筋.1	12	二级	长度计算公式	$8500 + 34 \times d + 300 - 15 + 15 \times d$	9373	4		9373	4	
				长度公式描述	净长＋锚固＋支座宽－保护层＋设定弯折						
2	墙身插筋左侧.1	12	二级	长度计算公式	$41 \times 12 + 600 - 40 + \max(6 \times d, 150)$	1202	15		非洞口下基础插筋长度＝1202,洞口下基础插筋长度＝1825	非洞口下基础插筋根数＝60,洞口下基础插筋根数＝10	
				长度公式描述	搭接＋节点高－保护层＋基础弯折						
3	墙身插筋左侧.2	12	二级	长度计算公式	$0.3 \times 34 \times d + 41 \times 12 + 600 - 40 + \max(6 \times d, 150)$	1324	15				
				长度公式描述	错开长度＋搭接＋节点高－保护层＋基础弯折						
4	墙身插筋左侧.3	12	二级	长度计算公式	$950 + 600 - 40 + \max(6 \times d, 150) + 34 \times d$	1825	5				
				长度公式描述	墙实际高度＋节点高－保护层＋基础弯折＋锚固						
5	墙身插筋右侧.1	12	二级	长度计算公式	$41 \times 12 + 600 - 40 + \max(6 \times d, 150)$	1202	15				
				长度公式描述	搭接＋节点高－保护层＋基础弯折						
6	墙身插筋右侧.2	12	二级	长度计算公式	$0.3 \times 34 \times d + 41 \times 12 + 600 - 40 + \max(6 \times d, 150)$	1324	15				
				长度公式描述	错开长度＋搭接＋节点高－保护层＋基础弯折						
7	墙身插筋右侧.3	12	二级	长度计算公式	$950 + 600 - 40 + \max(6 \times d, 150) + 34 \times d$	1825	5				
				长度公式描述	墙实际高度＋节点高－保护层＋基础弯折＋锚固						
8	墙身拉筋.1	6	一级	长度计算公式	$(300 - 2 \times 15) + 2 \times (75 + 1.9 \times d) + (2 \times d)$	455			455		
				根数计算公式	$2 \times [\operatorname{ceil}(6800/400) + 1]$		36			37	

　　根据表 2.9.13 可以看出墙插筋的软件和手工计算结果不一致，是由于软件在计算墙插筋时考虑到了"错开长度"，而手工没有考虑到"错开长度"。

（3）6 轴线

6 轴线基础层剪力墙钢筋软件答案见表 2.9.14。

表 2.9.14　6 轴线基础层剪力墙钢筋软件答案

构件名称:基础层剪力墙,位置:6/A－D,软件计算单构件钢筋重量:201.84kg,数量:1 段

筋号	筋号	直径	级别	软件答案		长度	根数	搭接	手工答案		
					公式				长度	根数	搭接
1	墙身水平钢筋.1	12	二级	长度计算公式	$15000+300-15+15\times d+300-15+15\times d$	15930	4		15930	4	
				长度公式描述	净长＋支座宽－保护层＋设定弯折＋支座宽－保护层＋设定弯折						
2	墙身插筋左侧.1	12	二级	长度计算公式	$41\times12+600-40+\max(6\times d,150)$	1202	24		非洞口下基础插筋长度＝1202,洞口下基础插筋长度＝1825	非洞口下基础插筋根数＝94,洞口下基础插筋根数＝32	
				长度公式描述	搭接＋节点高－保护层＋基础弯折						
3	墙身插筋左侧.2	12	二级	长度计算公式	$0.3\times34\times d+41\times12+600-40+\max(6\times d,150)$	1324	23				
				长度公式描述	错开长度＋搭接＋节点高－保护层＋基础弯折						
4	墙身插筋左侧.3	12	二级	长度计算公式	$950+600-40+\max(6\times d,150)-15+15\times d$	1825	16				
				长度公式描述	墙实际高度＋节点高－保护层＋基础弯折－保护层＋设定弯折						
5	墙身插筋右侧.1	12	二级	长度计算公式	$41\times12+600-40+\max(6\times d,150)$	1202	24				
				长度公式描述	搭接＋节点高－保护层＋基础弯折						
6	墙身插筋右侧.2	12	二级	长度计算公式	$0.3\times34\times d+41\times12+600-40+\max(6\times d,150)$	1324	23				
				长度公式描述	错开长度＋搭接＋节点高－保护层＋基础弯折						
7	墙身插筋右侧.3	12	二级	长度计算公式	$950+600-40+\max(6\times d,150)+34\times d$	1825	16				
				长度公式描述	墙实际高度＋节点高－保护层＋基础弯折＋锚固						
				根数计算公式	$2\times[\text{ceil}(12100/400)+1]$		64			65	

根据表 2.9.14 可以看出墙插筋的软件和手工计算结果不一致，是由于软件在计算墙插筋时考虑到了"错开长度"，而手工没

有考虑到"错开长度"。

（4）7 轴线

7 轴线基础层剪力墙钢筋软件答案见表 2.9.15。

表 2.9.15 7 轴线基础层剪力墙钢筋软件答案

构件名称:基础层剪力墙,位置:7/A－D,软件计算单构件钢筋重量:219.382kg,数量:1 段

筋号	筋号	直径	级别	软件答案	公式	长度	根数	搭接	手工答案 长度	根数	搭接
1	墙身水平钢筋.1	12	二级	长度计算公式	$15600-15-15$	15570	2	492	15570	2	492
				长度公式描述	外皮长度－保护层－保护层						
2	墙身水平钢筋.2	12	二级	长度计算公式	$15000+300-15+15\times d+300-15+15\times d$	15930	2	492	15930	2	492
				长度公式描述	净长＋支座宽－保护层＋设定弯折＋支座宽－保护层＋设定弯折						
3	墙身插筋左侧.1	12	二级	长度计算公式	$41\times12+600-40+\max(6\times d,150)$	1202	35				
				长度公式描述	搭接＋节点高－保护层＋基础弯折						
4	墙身插筋左侧.2	12	二级	长度计算公式	$0.3\times34\times d+41\times12+600-40+\max(6\times d,150)$	1324	34		1202	138	
				长度公式描述	错开长度＋搭接＋节点高－保护层＋基础弯折						
5	墙身插筋右侧.1	12	二级	长度计算公式	$41\times12+600-40+\max(6\times d,150)$	1202	35				
				长度公式描述	搭接＋节点高－保护层＋基础弯折						
6	墙身插筋右侧.2	12	二级	长度计算公式	$0.3\times34\times d+41\times12+600-40+\max(6\times d,150)$	1324	34				
				长度公式描述	错开长度＋搭接＋节点高－保护层＋基础弯折						
7	墙身拉筋.1	6	一级	长度计算公式	$(300-2\times15)+2\times(75+1.9\times d)+(2\times d)$	455			455		
				根数计算公式	$2\times[ceil(13500/400)+1]$		70			70	

根据表 2.9.15 可以看出墙插筋的软件和手工计算结果不一致,是由于软件在计算墙插筋时考虑到了"错开长度",而手工没有考虑到"错开长度"。

二、首层垂直构件钢筋答案软件手工对比

1. KZ1 首层钢筋答案软件手工对比

KZ1 首层钢筋软件答案见表 2.9.16。

表 2.9.16　KZ1 首层钢筋软件答案

构件名称:KZ1 首层钢筋,软件计算单构件钢筋重量:446.955kg,数量:17 根

序号	筋号	直径	级别	软件答案		长度	根数	搭接	手工答案 长度	根数	搭接
1	B 边纵筋.1	25	二级	长度计算公式	$4550 - (3850/3) + \max(2900/6,700,500)$	3967	8	1	3966	8	1
				长度公式描述	层高 − 本层的露出长度 + 上层露出长度						
2	H 边纵筋.1	25	二级	长度计算公式	$4550 - (3850/3) + \max(2900/6,700,500)$	3967	6	1	3966	6	1
				长度公式描述	层高 − 本层的露出长度 + 上层露出长度						
3	角筋.1	25	二级	长度计算公式	$4550 - (3850/3) + \max(2900/6,700,500)$	3967	4	1	3966	4	1
				长度公式描述	层高 − 本层的露出长度 + 上层露出长度						
4	箍筋.1	10	一级	长度计算公式	$2 \times [(700 - 2 \times 30) + (600 - 2 \times 30)] + 2 \times (11.9 \times d) + (8 \times d)$	2678			2678		
				根数计算公式	$\text{Ceil}(700/100) + 1 + \text{Ceil}(1234/100) + 1 + \text{Ceil}(700/100) + \text{Ceil}(1866/200) - 1$		38			38	
5	箍筋.2	10	一级	长度计算公式	$2 \times [(700 - 2 \times 30 - 25/5) \times 1 + 25 + (600 - 2 \times 30)] + 2 \times (11.9 \times d) + (8 \times d)$	1694			1694		
				根数计算公式	$\text{Ceil}(700/100) + 1 + \text{Ceil}(1234/100) + 1 + \text{Ceil}(700/100) + \text{Ceil}(1866/200) - 1$		38			38	
6	箍筋.3	10	一级	长度计算公式	$(600 - 2 \times 30) + 2 \times (11.9 \times d) + (2 \times d)$	798			798		
				根数计算公式	$\text{Ceil}(700/100) + 1 + \text{Ceil}(1234/100) + 1 + \text{Ceil}(700/100) + \text{Ceil}(1866/200) - 1$		38			38	
7	箍筋.4	10	一级	长度计算公式	$2 \times [(600 - 2 \times 30 - 25/4) \times 2 + 25 + (700 - 2 \times 30)] + 2 \times (11.9 \times d) + (8 \times d)$	2163			2164		
				根数计算公式	$\text{Ceil}(700/100) + 1 + \text{Ceil}(1234/100) + 1 + \text{Ceil}(700/100) + \text{Ceil}(1866/200) - 1$		38			38	

　　在对量的过程中你会发现箍筋 2 的长度软件计算结果为 1940,和手工答案 1694 不一致,这是因为软件默认的计算公式不对,我们需要对软件的计算公式进行修改,操作步骤如下:

　　单击"工程设置"→单击"计算设置"→单击"箍筋公式"→选择箍筋肢数为"5 肢箍（1 型）",修改 B 边长度（如图 2.9.1 所示）→单击"绘图输入",回到绘图界面→单击"汇总计算"重新汇总,再看计算结果箍筋 2 的长度就会变成 1694。

箍筋肢数 : 5肢箍(1型) ▼

	箍筋编号	纵筋数量	b边长度计算	h边长度计算	箍筋总长计算	是否输出
1	外侧箍筋(1#)		$b-2\times hc$	$H-2\times bhc$	$2\times(b+h)+2\times L_{w}+L$	☑
2	单肢箍(3#)		0	$H-2\times bhc$	$h+2\times L_{w}+L$	☑
3		5	$(B-2\times bhc-d)/4\times 1+d$	$H-2\times bhc$	$2\times(b+h)+2\times L_{w}+L$	
4		6	$(B-2\times bhc-d)/5\times 1+d$	$H-2\times bhc$	$2\times(b+h)+2\times L_{w}+L$	
5	2#	7	$(B-2\times bhc-d)/6\times 2+d$	$H-2\times bhc$	$2\times(b+h)+2\times L_{w}+L$	☑
6		8	$(B-2\times bhc-d)/7\times 2+d$	$H-2\times bhc$	$2\times(b+h)+2\times L_{w}+L$	
7		9	$(B-2\times bhc-d)/7\times 2+d$	$H-2\times bhc$	$2\times(b+h)+2\times L_{w}+L$	

图 2.9.1

2. Z1 首层钢筋答案软件手工对比

Z1 首层钢筋软件答案见表 2.9.17。

表 2.9.17 Z1 首层钢筋软件答案

构件名称:Z1 首层钢筋,软件计算单构件钢筋重量:83.923kg,数量:2 根

序号	筋号	直径	级别	软件答案		长度	根数	搭接	长度	根数	搭接
					公式				手工答案		
1	B 边纵筋.1	20	二级	长度计算公式	$4550-(3850/3)+\max(2900/6,250,500)$	3767	2	1	3767	2	1
				长度公式描述	层高－本层的露出长度+上层露出长度						
2	H 边纵筋.1	20	二级	长度计算公式	$4550-(3850/3)+\max(2900/6,250,500)$	3767	2	1	3767	2	1
				长度公式描述	层高－本层的露出长度+上层露出长度						
3	角筋.1	20	二级	长度计算公式	$4550-(3850/3)+\max(2900/6,250,500)$	3767	4	1	3767	4	1
				长度公式描述	层高－本层的露出长度+上层露出长度						
4	箍筋.1	8	一级	长度计算公式	$2\times[(250-2\times30)+(250-2\times30)]+2\times(11.9\times d)+(8\times d)$	1014			1014		
				根数计算公式	$Ceil(4500/200)+1$		24			24	

3. DZ1 首层钢筋答案软件手工对比

DZ1 首层钢筋软件答案见表 2.9.18。

表 2.9.18　DZ1 首层钢筋软件答案

构件名称:DZ1,位置:5/A、5/D,软件计算单构件钢筋重量:564.4kg,数量:2 根

序号	筋号	直径	级别	公式		长度	根数	搭接	长度	根数	搭接
					软件答案				手工答案		
1	全部纵筋.1	22	二级	长度计算公式	$4550 - (3850/3) + \max(2900/6,1100,500)$	4367	24	1	4367	24	1
				长度公式描述	层高 − 本层的露出长度 + 上层露出长度						
2	箍筋1	10	一级	长度计算公式	$2 \times (150 + 150 + 300 - 2 \times 30 + 350 + 350 - 2 \times 30) + 2 \times (11.9 \times d) + 8 \times d$	2678			2678		
				根数计算公式	$\text{Ceil}(642/100) + 1 + \text{Ceil}(1234/100) + 1 + \text{Ceil}(700/100) + \text{Ceil}(1925/200) - 1$		40			40	
3	箍筋2	10	一级	长度计算公式	$2 \times (150 + 150 - 2 \times 30 + 400 + 350 + 350 - 2 \times 30) + 2 \times (11.9 \times d) + 8 \times d$	2878			2878		
				根数计算公式	$\text{Ceil}(642/100) + 1 + \text{Ceil}(1234/100) + 1 + \text{Ceil}(700/100) + \text{Ceil}(1925/200) - 1$		40			40	
4	拉筋3	10	一级	长度计算公式	$2 \times (150 + 150 - 2 \times 30 + 400 + 350 + 350 - 2 \times 30) + 2 \times (11.9 \times d) + 8 \times d$	798			798		
				根数计算公式	$\text{Ceil}(642/100) + 1 + \text{Ceil}(1234/100) + 1 + \text{Ceil}(700/100) + \text{Ceil}(1925/200) - 1$		40			40	
5	其他箍筋.1	10	一级	长度计算公式	$2 \times 281 + 2 \times 640 + 8 \times d + 2 \times 11.9 \times d$	2160			2160		
				根数计算公式	$\text{Ceil}(642/100) + 1 + \text{Ceil}(1234/100) + 1 + \text{Ceil}(700/100) + \text{Ceil}(1925/200) - 1$		40			40	
6	其他箍筋.2	10	一级	长度计算公式	$2 \times 540 + 2 \times 146 + 8 \times d + 2 \times 11.9 \times d$	1690			1690		
				根数计算公式	$\text{Ceil}(642/100) + 1 + \text{Ceil}(1234/100) + 1 + \text{Ceil}(700/100) + \text{Ceil}(1925/200) - 1$		40			40	

4. DZ2 首层钢筋答案软件手工对比

DZ2 首层钢筋软件答案见表 2.9.19。

表 2.9.19　DZ2 首层钢筋软件答案

构件名称:$GDZL_a$,位置:5/C,软件计算单构件钢筋重量:446.955kg,数量:1 根

序号	筋号	直径	级别	公式		长度	根数	搭接	长度	根数	搭接
					软件答案				手工答案		
1	B 边纵筋.1	25	二级	长度计算公式	$4550 - (3850/3) + \max(2900/6,700,500)$	3967	8	1	3967	8	1
				长度公式描述	层高 − 本层的露出长度 + 上层露出长度						
2	H 边纵筋.1	25	二级	长度计算公式	$4550 - (3850/3) + \max(2900/6,700,500)$	3967	6	1	3967	6	1
				长度公式描述	层高 − 本层的露出长度 + 上层露出长度						

序号	筋号	直径	级别	公式		长度	根数	搭接	长度	根数	搭接
					软件答案				**手工答案**		
3	角筋.1	25	二级	长度计算公式	$4550 - (3850/3) + \max(2900/6, 700, 500)$	3967	4	1	3967	4	1
				长度公式描述	层高 - 本层的露出长度 + 上层露出长度						
4	箍筋.1	10	一级	长度计算公式	$2 \times [(700 - 2 \times 30) + (600 - 2 \times 30)] + 2 \times (11.9 \times d) + (8 \times d)$	2678			2678		
				根数计算公式	$\mathrm{Ceil}(700/100) + 1 + \mathrm{Ceil}(1234/100) + 1 + \mathrm{Ceil}(700/100) + \mathrm{Ceil}(1866/200) - 1$		38			38	
5	箍筋.2	10	一级	长度计算公式	$2 \times [(700 - 2 \times 30 - 25/5) \times 1 + 25 + (600 - 2 \times 30)] + 2 \times (11.9 \times d) + (8 \times d)$	1694			1694		
				根数计算公式	$\mathrm{Ceil}(700/100) + 1 + \mathrm{Ceil}(1234/100) + 1 + \mathrm{Ceil}(700/100) + \mathrm{Ceil}(1866/200) - 1$		38			38	
6	箍筋.3	10	一级	长度计算公式	$(600 - 2 \times 30) + 2 \times (11.9 \times d) + (2 \times d)$	798			798		
				根数计算公式	$\mathrm{Ceil}(700/100) + 1 + \mathrm{Ceil}(1234/100) + 1 + \mathrm{Ceil}(700/100) + \mathrm{Ceil}(1866/200) - 1$		38			38	
7	箍筋.4	10	一级	长度计算公式	$2 \times [(600 - 2 \times 30 - 25/4) \times 2 + 25 + (700 - 2 \times 30)] + 2 \times (11.9 \times d) + (8 \times d)$	2163			2163		
				根数计算公式	$\mathrm{Ceil}(700/100) + 1 + \mathrm{Ceil}(1234/100) + 1 + \mathrm{Ceil}(700/100) + \mathrm{Ceil}(1866/200) - 1$		38			38	

5. AZ1 首层钢筋答案软件手工对比

AZ1 首层钢筋软件答案见表 2.9.20。

表 2.9.20　AZ1 首层钢筋软件答案

构件名称:AZ1,位置:6/A、6/D,软件计算单构件钢筋重量:372.817kg,数量:2 根

序号	筋号	直径	级别	公式		长度	根数	搭接	长度	根数	搭接
					软件答案				**手工答案**		
1	全部纵筋.1	18	二级	长度计算公式	$4550 - 500 + 500$	4550	24	1	4550	24	1
				长度公式描述	层高 - 本层的露出长度 + 上层露出长度						
2	箍筋1	10	一级	长度计算公式	$2 \times (600 + 300 + 300 - 2 \times 30 + 300 - 2 \times 30) + 2 \times (11.9 \times d) + 8 \times d$	3078			3078		
				根数计算公式	$\mathrm{Ceil}(4500/100) + 1$		46			46	
3	拉筋1	10	一级	长度计算公式	$300 - 2 \times 30 + 2 \times (11.9 \times d) + 2 \times d$	498			498		
				根数计算公式	$\mathrm{Ceil}(4500/100) + 1$		46			46	
4	箍筋2	10	一级	长度计算公式	$2 \times (300 + 300 - 2 \times 30 + 300 - 2 \times 30) + 2 \times (11.9 \times d) + 8 \times d$	1878			1878		
				根数计算公式	$\mathrm{Ceil}(4500/100) + 1$		46			46	

6. AZ2 首层钢筋答案软件手工对比

AZ2 首层钢筋软件答案见表 2.9.21。

表 2.9.21　AZ2 首层钢筋软件答案

构件名称:AZ2,位置:7/A、7/D,软件计算单构件钢筋重量:242.859kg,数量:2 根

序号	筋号	直径	级别	软件答案		长度	根数	搭接	手工答案		
					公式				长度	根数	搭接
1	全部纵筋.1	18	二级	长度计算公式	$4550 - 500 + 500$	4550	15	1	4550	15	1
				长度公式描述	层高 - 本层的露出长度 + 上层露出长度						
2	箍筋1	10	一级	长度计算公式	$2 \times (300 + 300 - 2 \times 30 + 300 - 2 \times 30) + 2 \times (11.9 \times d) + 8 \times d$	1878			1878		
				根数计算公式	$Ceil(4500/100) + 1$		46			46	
3	箍筋2	10	一级	长度计算公式	$2 \times (300 + 300 - 2 \times 30 + 300 - 2 \times 30) + 2 \times (11.9 \times d) + 8 \times d$	1878			1878		
				根数计算公式	$Ceil(4500/100) + 1$		46			46	

7. AZ3 首层钢筋答案软件手工对比

AZ3 首层钢筋软件答案见表 2.9.22。

表 2.9.22　AZ3 首层钢筋软件答案

构件名称:AZ3,位置:A/6 - 7 窗两边、D/6 - 7 窗两边、C/5 - 6 门一侧、6/C - D 门一侧,软件计算单构件钢筋重量:138.48kg,数量:6 根

序号	筋号	直径	级别	软件答案		长度	根数	搭接	手工答案		
					公式				长度	根数	搭接
1	全部纵筋.1	18	二级	长度计算公式	$4550 - 500 + 500$	4550	10	1	4550	10	1
				长度公式描述	层高 - 本层的露出长度 + 上层露出长度						
2	箍筋1	10	一级	长度计算公式	$2 \times (250 + 250 - 2 \times 30 + 150 + 150 - 2 \times 30) + 2 \times (11.9 \times d) + 8 \times d$	1678			1678		
				根数计算公式	$Ceil(4500/100) + 1$		46			46	

8. AZ4 首层钢筋答案软件手工对比

AZ4 首层钢筋软件答案见表 2.9.23。

表 2.9.23　AZ4 首层钢筋软件答案

构件名称:AZ4,位置:6/A－C 门一侧,软件计算单构件钢筋重量:193.47kg,数量:1 根

序号	筋号	直径	级别	软件答案		长度	根数	搭接	手工答案		
					公式				长度	根数	搭接
1	全部纵筋.1	18	二级	长度计算公式	$4550 - 500 + 500$	4550	12	1	4550	12	1
				长度公式描述	层高 － 本层的露出长度 + 上层露出长度						
2	箍筋1	10	一级	长度计算公式	$2 \times (450 + 450 - 2 \times 30 + 150 + 150 - 2 \times 30) + 2 \times (11.9 \times d) + 8 \times d$	2478			2478		
				根数计算公式	$Ceil(4500/100) + 1$		46			46	
3	拉筋1	10	一级	长度计算公式	$150 + 150 - 2 \times 30 + 2 \times (11.9 \times d) + 2 \times d$	498			498		
				根数计算公式	$Ceil(4500/100) + 1$		46			46	

9. AZ5 首层钢筋答案软件手工对比

AZ5 首层钢筋软件答案见表 2.9.24。

表 2.9.24　AZ5 首层钢筋软件答案

构件名称:AZ5,位置:6/C,软件计算单构件钢筋重量:358.693kg,数量:1 根

序号	筋号	直径	级别	软件答案		长度	根数	搭接	手工答案		
					公式				长度	根数	搭接
1	全部纵筋.1	18	二级	长度计算公式	$4550 - 500 + 500$	4550	24	1	4550	24	1
				长度公式描述	层高 － 本层的露出长度 + 上层露出长度						
2	箍筋1	10	一级	长度计算公式	$2 \times (300 + 300 + 300 - 2 \times 30 + 300 - 2 \times 30) + 2 \times (11.9 \times d) + 8 \times d$	2478			2478		
				根数计算公式	$Ceil(4500/100) + 1$		46			46	
3	箍筋2	10	一级	长度计算公式	$2 \times (300 - 2 \times 30 + 300 + 300 + 300 - 2 \times 30) + 2 \times (11.9 \times d) + 8 \times d$	2478			2478		
				根数计算公式	$Ceil(4500/100) + 1$		46			46	

10. AZ6 首层钢筋答案软件手工对比

AZ6 首层钢筋软件答案见表 2.9.25。

表 2.9.25　AZ6 首层钢筋软件答案

构件名称:AZ6,位置:7/C,软件计算单构件钢筋重量:296.231kg,数量:1 根

序号	筋号	直径	级别	软件答案		长度	根数	搭接	手工答案		
					公式				长度	根数	搭接
1	全部纵筋.1	18	二级	长度计算公式	$4550 - 500 + 500$	4550	19	1	4550	19	1
				长度公式描述	层高 – 本层的露出长度 + 上层露出长度						
2	箍筋1	10	一级	长度计算公式	$2 \times (300 + 300 + 300 - 2 \times 30 + 300 - 2 \times 30) + 2 \times (11.9 \times d) + 8 \times d$	2478			2478		
				根数计算公式	$Ceil(4500/100) + 1$		46			46	
3	箍筋2	10	一级	长度计算公式	$2 \times (300 + 300 - 2 \times 30 + 300 - 2 \times 30) + 2 \times (11.9 \times d) + 8 \times d$	1878			1878		
				根数计算公式	$Ceil(4500/100) + 1$		46			46	

11. 首层剪力墙钢筋答案软件手工对比

（1） A、D 轴线

A、D 轴线首层剪力墙钢筋软件答案见表 2.9.26。

表 2.9.26　A、D 轴线首层剪力墙钢筋软件答案

构件名称:首层剪力墙,位置:A/5 – 7、D/5 – 7,软件计算单构件钢筋重量:462.076kg,数量:2 段

序号	筋号	直径	级别	软件答案		长度	根数	搭接	手工答案		
					公式				长度	根数	搭接
1	墙身水平钢筋.1	12	二级	长度计算公式	$9500 - 15 - 15 + 15 \times d$	9650	14		8793	14	
				长度公式描述	外皮长度 – 保护层 – 保护层 + 设定弯折						
2	墙身水平钢筋.2	12	二级	长度计算公式	$1650 - 15 - 15 + 15 \times d$	1800	10		1800	10	
				长度公式描述	外皮长度 – 保护层 – 保护层 + 设定弯折						
3	墙身水平钢筋.3	12	二级	长度计算公式	$2250 - 15 + 15 \times d - 15 + 15 \times d$	2580	20		2580	20	
				长度公式描述	净长 – 保护层 + 设定弯折 – 保护层 + 设定弯折						
4	墙身水平钢筋.4	12	二级	长度计算公式	$9200 + 300 - 15 + 15 \times d - 15 + 15 \times d$	9830	14		8973	14	
				长度公式描述	净长 + 支座宽 – 保护层 + 设定弯折 – 保护层 + 设定弯折						

序号	筋号	直径	级别	软件答案		长度	根数	搭接	手工答案		
					公式				长度	根数	搭接
5	墙身水平钢筋.5	12	二级	长度计算公式	$1350 + 300 - 15 + 15 \times d - 15 + 15 \times d$	1980	10		1980	10	
				长度公式描述	净长 + 支座宽 - 保护层 + 设定弯折 - 保护层 + 设定弯折						
6	墙身垂直钢筋.1	12	二级	长度计算公式	$4550 + 41 \times 12$	5042	12		5042	12	
				长度公式描述	墙实际高度 + 搭接						
7	墙身垂直钢筋.2	12	二级	长度计算公式	$1850 - 0.3 \times 34 \times d - 15 + 15 \times d$	1893	24		2015	46	
				长度公式描述	墙实际高度 - 错开长度 - 保护层 + 设定弯折						
8	墙身垂直钢筋.3	12	二级	长度计算公式	$1850 - 15 + 15 \times d$	2015	22				
				长度公式描述	墙实际高度 - 保护层 + 设定弯折						
9	墙身拉筋.1	6	一级	长度计算公式	$(300 - 2 \times 15) + 2 \times (75 + 1.9 \times d) + (2 \times d)$	455			455		
				根数计算公式	$Floor(2502500/(400 \times 400)) + 1 +$ $Floor(4050000/(400 \times 400)) + 1 +$ $Floor(2502500/(400 \times 400)) + 1 +$ $Floor(2025000/(400 \times 400)) + 1$		71			72	

拉筋根数如果对不上,是因为软件是按"向上取整 +1"计算的,而手工只是"向上取整",我们把软件根数计算调整为"向下取整 +1"有可能对的上,这里主要让大家明白软件是怎么算的,在实际做工程时可以根据实际情况调整,下面教大家"向下取整 +1"的操作步骤:

单击"墙"下拉菜单→单击"剪力墙"→单击"选择"按钮单击"批量选择"按钮→单击"Q1"→单击"确定"→单击右键出现右键菜单→单击"构件属性编辑器"→单击"第15行"计算设置后的"三点"进入"计算参数设置"对话框→将第26行"墙体拉筋根数计算方式"设置为"向下取整 +1",调整完后再汇总计算查看。

从表2.9.26 我们可以看出墙内外侧水平筋1、4 和墙垂直筋的软件和手工计算结果不一致,这主要有以下几个原因:

1)软件计算墙内外侧水平筋遇见(A/5)交点处 DZ1 是按照(支座宽 - 保护层 + 15 × d)计算的,而手工是按照 L_a($34 \times d$)计算的。

2)软件计算墙垂直筋是按照实际下料计算的考虑到了"错开长度",而手工没有考虑到"错开长度"。

(2)C 轴线

1)查看 C 轴线剪力墙钢筋计算结果

汇总计算后,单击"编辑钢筋"→单击 C 轴线剪力墙→软件计算结果如图2.9.2 所示。

	筋号	直径	级别	图号	图形	计算公式	公式描述	长度(mm)	根数
1	墙身水平钢筋.1	12	Φ	18	180└─────9193─────┘	8500+34×d+300-15+15×d	净长+锚固+支座宽-保护层+弯折	9373	22
2	墙身水平钢筋.2	12	Φ	18	180└─────1693─────┘	1300+34×d-15+15×d	净长+锚固-保护层+设定弯折	1873	24
3	墙身水平钢筋.3	12	Φ	64	180└──6570──┘180	6300-15+15×d+300-15+15×d	净长-保护层+设定弯折+支座宽-保护层+弯折	6930	24
4	墙身水平钢筋.4	12	Φ	18	180└─────9427─────┘	8650+41×d+300-15+15×d	净长+搭接+支座宽-保护层+弯折	9607	2
5	墙身垂直钢筋.1	12	Φ	1	5042	4550+41×12	墙实际高度+搭接	5042	60
6	墙身拉筋.1	6	Φ	485	⌐───270───⌐	(300-2×15)+2×(75+1.9×d)+(2×d)		455	172

图 2.9.2

从图2.9.2我们可以看出，软件计算的"墙身水平钢筋.4"是错误的，我们需要对这个结果进行调整。

2）调整软件计算结果

我们查出是有一段剪力墙如图2.9.3所示，我们用修剪的方法将这段墙修剪掉，操作步骤如下：

单击"墙"下拉菜单→单击"剪力墙"→单击"选择"→单击"修剪"按钮（再英文状态下按"Z"键取消柱子显示）→单击5轴线的砌块墙作为目的墙→单击（5/C）轴线处剪力墙的墙头→单击右键结束。

修剪后延伸C轴线砌块墙与5轴线砌块墙相交，用同样的方法修剪2、3层剪力墙。

3）重新查看C轴线剪力墙钢筋计算结果

修剪后我们重新汇总，在查看钢筋的计算结果见表2.9.27。

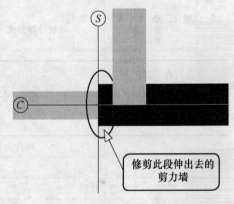

图 2.9.3

修剪此段伸出去的剪力墙

表 2.9.27 C轴线首层剪力墙钢筋软件答案

				构件名称:首层剪力墙,位置:C/5-7,软件计算单构件钢筋重量:673.24kg,数量:1段					
				软件答案				手工答案	
序号	筋号	直径	级别	公式	长度	根数	搭接	长度	根数	搭接
1	墙身水平钢筋.1	12	二级	长度计算公式 $8500+34×d+300-15+15×d$	9373	24		9373	22	
				长度公式描述 净长+锚固+支座宽-保护层+设定弯折						

581

序号	筋号	直径	级别	软件答案		长度	根数	搭接	长度	根数	搭接
					公式				手工答案		
2	墙身水平钢筋.2	12	二级	长度计算公式	$1300 + 34 \times d - 15 + 15 \times d$	1873	24		1873	24	
				长度公式描述	净长 + 锚固 − 保护层 + 设定弯折						
3	墙身水平钢筋.3	12	二级	长度计算公式	$6300 - 15 + 15 \times d + 300 - 15 + 15 \times d$	6930	24		6930	22	
				长度公式描述	净长 − 保护层 + 设定弯折 + 支座宽 − 保护层 + 设定弯折						
4	墙身垂直钢筋.1	12	二级	长度计算公式	$4550 + 41 \times 12$	5042	60		5042	60	
				长度公式描述	墙实际高度 + 搭接						
5	墙身拉筋.1	6	一级	长度计算公式	$(300 - 2 \times 15) + 2 \times (75 + 1.9 \times d) + (2 \times d)$	455			455		
				根数计算公式	$\mathrm{Floor}[3640000/(400 \times 400)] + 1 +$ $\mathrm{Floor}[405000/(400 \times 400)] + 1 +$ $\mathrm{Floor}[23205000/(400 \times 400)] + 1$		172			169	

（3）6 轴线

6 轴线首层剪力墙钢筋软件答案见表 2.9.28。

表 2.9.28　6 轴线首层剪力墙钢筋软件答案

构件名称:首层剪力墙,位置:6/A − D,软件计算单构件钢筋重量:1057.205kg,数量:1 段

序号	筋号	直径	级别	软件答案		长度	根数	搭接	长度	根数	搭接
					公式				手工答案		
1	墙身水平钢筋.1	12	二级	长度计算公式	$15000 + 300 - 15 + 15 \times d + 300 - 15 + 15 \times d$	15930	22		15930	22	
				长度公式描述	净长 + 支座宽 − 保护层 + 设定弯折 + 支座宽 − 保护层 + 设定弯折						
2	墙身水平钢筋.2	12	二级	长度计算公式	$4650 + 300 - 15 + 15 \times d - 15 + 15 \times d$	5280	24		5280	24	
				长度公式描述	净长 + 支座宽 − 保护层 + 设定弯折 − 保护层 + 设定弯折						
3	墙身水平钢筋.3	12	二级	长度计算公式	$6450 - 15 + 15 \times d + 300 - 15 + 15 \times d$	7080	28		7080	30	
				长度公式描述	净长 − 保护层 + 设定弯折 + 支座宽 − 保护层 + 设定弯折						

序号	筋号	直径	级别	软件答案		长度	根数	搭接	手工答案		
					公式				长度	根数	搭接
4	墙身垂直钢筋.1	12	二级	长度计算公式	$4550 + 41 \times 12$	5042	94		5042	94	
				长度公式描述	墙实际高度 + 搭接						
5	墙身拉筋.1	6	一级	长度计算公式	$(300 - 2 \times 15) + 2 \times (75 + 1.9 \times d) + (2 \times d)$	455			455		
				根数计算公式	$\mathrm{Floor}[17517500/(400 \times 400)] + 1 +$ $\mathrm{Floor}[405000/(400 \times 400)] + 1 +$ $\mathrm{Floor}[945000/(400 \times 400)] + 1 +$ $\mathrm{Floor}[23887500/(400 \times 400)] + 1$	269			260		

（4）7 轴线

7 轴线首层剪力墙钢筋软件答案见表 2.9.29。

表 2.9.29　7 轴线首层剪力墙钢筋软件答案

构件名称:首层剪力墙,位置:7/A－D,软件计算单构件钢筋重量:1080.106kg,数量:1 段

序号	筋号	直径	级别	软件答案		长度	根数	搭接	手工答案		
					公式				长度	根数	搭接
1	墙身水平钢筋.1	12	二级	长度计算公式	$15600 - 15 - 15$	15570	24	492	15570	24	492
				长度公式描述	外皮长度 - 保护层 - 保护层						
2	墙身水平钢筋.2	12	二级	长度计算公式	$15000 + 300 - 15 + 15 \times d + 300 - 15 + 15 \times d$	15930	24	492	15930	24	492
				长度公式描述	净长 + 支座宽 - 保护层 + 弯折 + 支座宽 - 保护层 + 弯折						
3	墙身垂直钢筋.1	12	二级	长度计算公式	$4550 + 41 \times 12$	5042	138		5042	138	
				长度公式描述	墙实际高度 + 搭接						
4	墙身拉筋.1	6	一级	长度计算公式	$(300 - 2 \times 15) + 2 \times (75 + 1.9 \times d) + (2 \times d)$	455			455		
				根数计算公式	$\mathrm{Floor}[18900000/(400 \times 400)] + 1 +$ $\mathrm{Floor}[29700000/(400 \times 400)] + 1$	385			385		

三、二层垂直构件钢筋答案软件手工对比

1. KZ1 二层钢筋答案软件手工对比

KZ1 二层钢筋软件答案见表 2.9.30。

表 2.9.30　KZ1 二层钢筋软件答案

构件名称:KZ1 二层钢筋,软件计算单构件钢筋重量:385.331kg,数量:17 根

序号	筋号	直径	级别	软件答案		长度	根数	搭接	手工答案 长度	根数	搭接
					公式						
1	B 边纵筋.1	25	二级	长度计算公式	$3600 - \max(2900/6,700,500) + \max(2900/6,700,500)$	3600	8	1	3600	8	1
				长度公式描述	层高-本层的露出长度+上层露出长度						
2	H 边纵筋.1	25	二级	长度计算公式	$3600 - \max(2900/6,700,500) + \max(2900/6,700,500)$	3600	6	1	3600	6	1
				长度公式描述	层高-本层的露出长度+上层露出长度						
3	角筋.1	25	二级	长度计算公式	$3600 - \max(2900/6,700,500) + \max(2900/6,700,500)$	3600	4	1	3600	4	1
				长度公式描述	层高-本层的露出长度+上层露出长度						
4	箍筋.1	10	一级	长度计算公式	$2 \times ((700 - 2 \times 30) + (600 - 2 \times 30)) + 2 \times (11.9 \times d) + (8 \times d)$	2678			2678		
				根数计算公式	$\mathrm{Ceil}(700/100) + 1 + \mathrm{Ceil}(650/100) + 1 + \mathrm{Ceil}(700/100) + \mathrm{Ceil}(1500/200) - 1$		30			30	
5	箍筋.2	10	一级	长度计算公式	$2 \times [(700 - 2 \times 30 - 25/5) \times 1 + 25 + (600 - 2 \times 30)] + 2 \times (11.9 \times d) + (8 \times d)$	1694			1694		
				根数计算公式	$\mathrm{Ceil}(700/100) + 1 + \mathrm{Ceil}(650/100) + 1 + \mathrm{Ceil}(700/100) + \mathrm{Ceil}(1500/200) - 1$		30			30	
6	箍筋.3	10	一级	长度计算公式	$(600 - 2 \times 30) + 2 \times (11.9 \times d) + (2 \times d)$	798			798		
				根数计算公式	$\mathrm{Ceil}(700/100) + 1 + \mathrm{Ceil}(650/100) + 1 + \mathrm{Ceil}(700/100) + \mathrm{Ceil}(1500/200) - 1$		30			30	
7	箍筋.4	10	一级	长度计算公式	$2 \times [(600 - 2 \times 30 - 25/4) \times 2 + 25 + (700 - 2 \times 30)] + 2 \times (11.9 \times d) + (8 \times d)$	2163			2163		
				根数计算公式	$\mathrm{Ceil}(700/100) + 1 + \mathrm{Ceil}(650/100) + 1 + \mathrm{Ceil}(700/100) + \mathrm{Ceil}(1500/200) - 1$		30			30	

2. Z1 二层钢筋答案软件手工对比

Z1 二层钢筋软件答案见表 2.9.31。

表 2.9.31　Z1 二层钢筋软件答案

构件名称:Z1 二层钢筋,软件计算单构件钢筋重量:72.906kg,数量:2 根

序号	筋号	直径	级别	软件答案		长度	根数	搭接	长度	根数	搭接
					公式				手工答案		
1	B 边纵筋.1	20	二级	长度计算公式	$3600 - \max(2900/6,250,500) - 700 + 700 - 30 + 12 \times d$	3310	2	1	3310	2	1
				长度公式描述	层高－本层的露出长度－节点高＋节点高－保护层＋节点设置中的柱内侧纵筋顶层弯折						
2	H 边纵筋.1	20	二级	长度计算公式	$3600 - \max(2900/6,250,500) - 700 + 700 - 30 + 12 \times d$	3310	2	1	3310	2	1
				长度公式描述	层高－本层的露出长度－节点高＋节点高－保护层＋节点设置中的柱内侧纵筋顶层弯折						
3	角筋.1	20	二级	长度计算公式	$3600 - \max(2900/6,250,500) - 700 + 700 - 30 + 12 \times d$	3310	4	1	3310	4	1
				长度公式描述	层高－本层的露出长度－节点高＋节点高－保护层＋节点设置中的柱内侧纵筋顶层弯折						
4	箍筋.1	8	一级	长度计算公式	$2 \times [(250 - 2 \times 30) + (250 - 2 \times 30)] + 2 \times (11.9 \times d) + (8 \times d)$	1014			1014		
				根数计算公式	$\mathrm{Ceil}(3550/200) + 1$		19			19	

3. DZ1 二层钢筋答案软件手工对比

DZ1 二层钢筋软件答案见表 2.9.32。

表 2.9.32　DZ1 二层钢筋软件答案

构件名称:DZ1,位置:5/A、5/D,软件计算单构件钢筋重量:471.722kg,数量:2 根

序号	筋号	直径	级别	软件答案		长度	根数	搭接	长度	根数	搭接
					公式				手工答案		
1	全部纵筋.1	22	二级	长度计算公式	$3600 - \max(2900/6,1100,500) + \max(2900/6,1100,500)$	3600	24	1	3600	24	1
				长度公式描述	层高－本层的露出长度＋上层露出长度						
2	箍筋1	10	一级	长度计算公式	$2 \times (150 + 150 + 300 - 2 \times 30 + 350 + 350 - 2 \times 30) + 2 \times (11.9 \times d) + 8 \times d$	2678			2678		
				根数计算公式	$\mathrm{Ceil}(1100/100) + 1 + \mathrm{Ceil}(1100/100) + 1 + \mathrm{Ceil}(700/100) + \mathrm{Ceil}(700/200) - 1$		34			34	
3	箍筋2	10	一级	长度计算公式	$2 \times (150 + 150 - 2 \times 30 + 400 + 350 + 350 - 2 \times 30) + 2 \times (11.9 \times d) + 8 \times d$	2878			2678		
				根数计算公式	$\mathrm{Ceil}(1100/100) + 1 + \mathrm{Ceil}(1100/100) + 1 + \mathrm{Ceil}(700/100) + \mathrm{Ceil}(700/200) - 1$		34			34	
4	拉筋	10	一级	长度计算公式	$150 + 150 + 300 - 2 \times 30 + 2 \times (11.9 \times d) + 2 \times d$	798			798		
				根数计算公式	$\mathrm{Ceil}(1100/100) + 1 + \mathrm{Ceil}(1100/100) + 1 + \mathrm{Ceil}(700/100) + \mathrm{Ceil}(700/200) - 1$		34			34	

				软件答案					手工答案		
序号	筋号	直径	级别		公式		长度	根数	搭接	长度	根数	搭接
5	其他箍筋.1	10	一级	长度计算公式	$2 \times 281 + 2 \times 640 + 8 \times d + 2 \times 11.9 \times d$		2160			2160		
				根数计算公式	$Ceil(1100/100) + 1 + Ceil(1100/100) + 1 + Ceil(700/100) + Ceil(700/200) - 1$			34			34	
6	其他箍筋.2	10	一级	长度计算公式	$2 \times 540 + 2 \times 146 + 8 \times d + 2 \times 11.9 \times d$		1690			1690		
				根数计算公式	$Ceil(1100/100) + 1 + Ceil(1100/100) + 1 + Ceil(700/100) + Ceil(700/200) - 1$			34			34	

4. DZ2 二层钢筋答案软件手工对比

DZ2 二层钢筋软件答案见表 2.9.33。

表 2.9.33　DZ2 二层钢筋软件答案

构件名称:GDZLa,位置:5/C,软件计算单构件钢筋重量:385.331kg,数量:1 根

				软件答案					手工答案		
序号	筋号	直径	级别		公式		长度	根数	搭接	长度	根数	搭接
1	B 边纵筋.1	25	二级	长度计算公式	$3600 - \max(2900/6, 700, 500) + \max(2900/6, 700, 500)$		3600	8	1	3600	8	1
				长度公式描述	层高 - 本层的露出长度 + 上层露出长度							
2	H 边纵筋.1	25	二级	长度计算公式	$3600 - \max(2900/6, 700, 500) + \max(2900/6, 700, 500)$		3600	6	1	3600	6	1
				长度公式描述	层高 - 本层的露出长度 + 上层露出长度							
3	角筋	25	二级	长度计算公式	$3600 - \max(2900/6, 700, 500) + \max(2900/6, 700, 500)$		3600	4	1	3600	4	1
				长度公式描述	层高 - 本层的露出长度 + 上层露出长度							
4	箍筋1	10	一级	长度计算公式	$2 \times [(700 - 2 \times 30) + (600 - 2 \times 30)] + 2 \times (11.9 \times d) + (8 \times d)$		2678			2678		
				根数计算公式	$Ceil(700/100) + 1 + Ceil(650/100) + 1 + Ceil(700/100) + Ceil(1500/200) - 1$			30			30	
5	箍筋2	10	一级	长度计算公式	$2 \times 540 + 2 \times 148 + 8 \times d + 2 \times 11.9 \times d$		1694			1694		
				根数计算公式	$Ceil(700/100) + 1 + Ceil(650/100) + 1 + Ceil(700/100) + Ceil(1500/200) - 1$			30			30	
6	箍筋3	10	一级	长度计算公式	$(600 - 2 \times 30) + 2 \times (11.9 \times d) + (2 \times d)$		798			798		
				根数计算公式	$Ceil(700/100) + 1 + Ceil(650/100) + 1 + Ceil(700/100) + Ceil(1500/200) - 1$			30			30	
7	箍筋4	10	一级	长度计算公式	$2 \times 640 + 2 \times 283 + 8 \times d + 2 \times 11.9 \times d$		2163			2163		
				根数计算公式	$Ceil(700/100) + 1 + Ceil(650/100) + 1 + Ceil(700/100) + Ceil(1500/200) - 1$			30			30	

5. AZ1 二层钢筋答案软件手工对比

AZ1 二层钢筋软件答案见表 2.9.34。

表 2.9.34　AZ1 二层钢筋软件答案

构件名称:AZ1,位置:6/A、6/D,软件计算单构件钢筋重量:297.008kg,数量:2 根

序号	筋号	直径	级别	软件答案		长度	根数	搭接	手工答案		
				公式					长度	根数	搭接
1	全部纵筋.1	18	二级	长度计算公式	$3600-500+500$	3600	24	1	3600	24	1
				长度公式描述	层高 - 本层的露出长度 + 上层露出长度						
2	箍筋1	10	一级	长度计算公式	$2\times(600+300+300-2\times30+300-2\times30)+2\times(11.9\times d)+8\times d$	3078			3078		
				根数计算公式	$Ceil(3550/100)+1$		37			37	
3	箍筋2	10	一级	长度计算公式	$2\times(300+300-2\times30+300-2\times30)+2\times(11.9\times d)+8\times d$	1878			1878		
				根数计算公式	$Ceil(3550/100)+1$		37			37	
4	拉筋1	10	一级	长度计算公式	$300-2\times30+2\times(11.9\times d)+2\times d$	498			498		
				根数计算公式	$Ceil(3550/100)+1$		37			37	

6. AZ2 二层钢筋答案软件手工对比

AZ2 二层钢筋软件答案见表 2.9.35。

表 2.9.35　AZ2 二层钢筋软件答案

构件名称:AZ2,位置:7/A、7/D,软件计算单构件钢筋重量:193.552kg,数量:2 根

序号	筋号	直径	级别	软件答案		长度	根数	搭接	手工答案		
				公式					长度	根数	搭接
1	全部纵筋.1	18	二级	长度计算公式	$3600-500+500$	3600	15	1	3600	15	
				长度公式描述	层高 - 本层的露出长度 + 上层露出长度						
2	箍筋1	10	一级	长度计算公式	$2\times(300+300-2\times30+300-2\times30)+2\times(11.9\times d)+8\times d$	1878			1878		
				根数计算公式	$Ceil(3550/100)+1$		37			37	
3	箍筋2	10	一级	长度计算公式	$2\times(300+300-2\times30+300-2\times30)+2\times(11.9\times d)+8\times d$	1878			1878		
				根数计算公式	$Ceil(3550/100)+1$		37			37	

7. AZ3 二层钢筋答案软件手工对比

AZ3 二层钢筋软件答案见表 2.9.36。

表 2.9.36　AZ3 二层钢筋软件答案

构件名称:AZ3,位置:A/6-7 窗两边、D/6-7 窗两边、C/5-6 门一侧、6/C-D 门一侧,软件计算单构件钢筋重量:110.192kg,数量:6 根

序号	筋号	直径	级别	公式		长度	根数	搭接	长度	根数	搭接
				软件答案					手工答案		
1	全部纵筋.1	18	二级	长度计算公式	$3600-500+500$	3600	10	1	3600	10	
				长度公式描述	层高 - 本层的露出长度 + 上层露出长度						
2	箍筋1	10	一级	长度计算公式	$2\times(500+0-2\times30+150+150-2\times30)+2\times(11.9\times d)+8\times d$	1678			1678		
				根数计算公式	$Ceil(3550/100)+1$		37			37	

8. AZ4 二层钢筋答案软件手工对比

AZ4 二层钢筋软件答案见表 2.9.37。

表 2.9.37　AZ4 二层钢筋软件答案

构件名称:AZ4,位置:6/A-C 门一侧,软件计算单构件钢筋重量:154.184kg,数量:1 根

序号	筋号	直径	级别	公式		长度	根数	搭接	长度	根数	搭接
				软件答案					手工答案		
1	全部纵筋.1	18	二级	长度计算公式	$3600-500+500$	3600	12	1	3600	12	1
				长度公式描述	层高 - 本层的露出长度 + 上层露出长度						
2	箍筋1	10	一级	长度计算公式	$2\times(900+0-2\times30+150+150-2\times30)+2\times(11.9\times d)+8\times d$	2478			2478		
				根数计算公式	$Ceil(3550/100)+1$		37			37	
3	拉筋1	10	一级	长度计算公式	$150+150-2\times30+2\times(11.9\times d)+2\times d$	498			498		
				根数计算公式	$Ceil(3550/100)+1$		37			37	

9. AZ5 二层钢筋答案软件手工对比

AZ5 二层钢筋软件答案见表 2.9.38。

表 2.9.38 AZ5 二层钢筋软件答案

构件名称:AZ5,位置:6/C,软件计算单构件钢筋重量:285.648kg,数量:1 根

序号	筋号	直径	级别	公式		长度	根数	搭接	长度	根数	搭接
				软件答案					手工答案		
1	全部纵筋	18	二级	长度计算公式	$3600 - 500 + 500$	3600	24	1	3600	24	1
				长度公式描述	层高 − 本层的露出长度 + 上层露出长度						
2	箍筋1	10	一级	长度计算公式	$2 \times (300 + 300 + 300 - 2 \times 30 + 300 - 2 \times 30) + 2 \times (11.9 \times d) + 8 \times d$	2478			2478		
				根数计算公式	$Ceil(3550/100) + 1$		37			37	
3	箍筋2	10	一级	长度计算公式	$2 \times (300 + 300 + 300 - 2 \times 30 + 300 - 2 \times 30) + 2 \times (11.9 \times d) + 8 \times d$	2478			2478		
				根数计算公式	$Ceil(3550/100) + 1$		37			37	

10. AZ6 二层钢筋答案软件手工对比

AZ6 二层钢筋软件答案见表 2.9.39。

表 2.9.39 AZ6 二层钢筋软件答案

构件名称:AZ6,位置:7/C,软件计算单构件钢筋重量:236.004kg,数量:1 根

序号	筋号	直径	级别	公式		长度	根数	搭接	长度	根数	搭接
				软件答案					手工答案		
1	全部纵筋	18	二级	长度计算公式	$3600 - 500 + 500$	3600	19	1	3600	19	1
				长度公式描述	层高 − 本层的露出长度 + 上层露出长度						
2	箍筋1	10	一级	长度计算公式	$2 \times (300 + 300 + 300 - 2 \times 30 + 300 - 2 \times 30) + 2 \times (11.9 \times d) + 8 \times d$	2478			2478		
				根数计算公式	$Ceil(3550/100) + 1$		37			37	
3	箍筋2	10	一级	长度计算公式	$2 \times (300 + 300 - 2 \times 30 + 300 - 2 \times 30) + 2 \times (11.9 \times d) + 8 \times d$	1878			1878		
				根数计算公式	$Ceil(3550/100) + 1$		37			37	

11. 二层剪力墙钢筋答案软件手工对比

(1) A、D 轴线

A、D 轴线二层剪力墙钢筋软件答案见表 2.9.40。

589

表 2.9.40　A、D 轴线二层剪力墙钢筋软件答案

构件名称:二层剪力墙,位置:A/5-7,D/5-7,软件计算单构件钢筋重量:271.887kg,数量:2 段

序号	筋号	直径	级别	软件答案		长度	根数	搭接	手工答案 长度	根数	搭接
1	墙身水平钢筋.1	12	二级	长度计算公式	$9500-15-15+15 \times d$	9650	8		8793	9	
				长度公式描述	外皮长度-保护层-保护层+设定弯折						
2	墙身水平钢筋.2	12	二级	长度计算公式	$1650-15-15+15 \times d$	1800	11		1800	10	
				长度公式描述	外皮长度-保护层-保护层+设定弯折						
3	墙身水平钢筋.3	12	二级	长度计算公式	$2250-15+15 \times d-15+15 \times d$	2580	22		2580	20	
				长度公式描述	净长-保护层+设定弯折-保护层+设定弯折						
4	墙身水平钢筋.4	12	二级	长度计算公式	$9200+300-15+15 \times d-15+15 \times d$	9830	8		8973	9	
				长度公式描述	净长+支座宽-保护层+设定弯折-保护层+设定弯折						
5	墙身水平钢筋.5	12	二级	长度计算公式	$1350+300-15+15 \times d-15+15 \times d$	1980	11		1980	10	
				长度公式描述	净长+支座宽-保护层+设定弯折-保护层+设定弯折						
6	墙身垂直钢筋.1	12	二级	长度计算公式	$3600+41 \times 12$	4092	12		4092	12	
				长度公式描述	墙实际高度+搭接						
7	墙身垂直钢筋.2	12	二级	长度计算公式	$(300-2 \times 15)+2 \times (75+1.9 \times d)+(2 \times d)$	455			455		
				根数计算公式	Floor$(1980000/(400 \times 400))+1+$ Floor$(1980000/(400 \times 400))+1$		26			26	

将拉筋根数计算方式调整为:向下取整+1,调整方法参考首层。

从表 2.9.40 我们可以看出墙内外侧水平筋 1、4 和墙垂直筋的软件和手工计算结果不一致,这主要有以下几个原因:

1)软件计算墙内外侧水平筋遇见(A/5)交点处 DZ1 是按照(支座宽-保护层+$15 \times d$)计算的,而手工是按照 L_a($34 \times d$)计算的。

2)软件计算墙垂直筋是按照实际下料计算的考虑到了"错开长度",而手工没有考虑到"错开长度"。

(2)C 轴线

C 轴线二层剪力墙钢筋软件答案见表 2.9.41。

表 2.9.41　C 轴线二层剪力墙钢筋软件答案

构件名称:二层剪力墙,位置:C/5 – 7,软件计算单构件钢筋重量:535.582kg,数量:1 段

序号	筋号	直径	级别	软件答案		长度	根数	搭接	手工答案 长度	根数	搭接
1	墙身水平钢筋.1	12	二级	长度计算公式	$1300 + 34 \times d - 15 + 15 \times d$	1873	24		1873	22	
				长度公式描述	净长 + 锚固 – 保护层 + 设定弯折						
2	墙身水平钢筋.2	12	二级	长度计算公式	$6300 - 15 + 15 \times d + 300 - 15 + 15 \times d$	6930	24		6930	22	
				长度公式描述	净长 – 保护层 + 设定弯折 + 支座宽 – 保护层 + 设定弯折						
3	墙身水平钢筋.3	12	二级	长度计算公式	$8500 + 34 \times d + 300 - 15 + 15 \times d$	9373	14		9373	14	
				长度公式描述	净长 + 锚固 + 支座宽 – 保护层 + 设定弯折						
4	墙身垂直钢筋.1	12	二级	长度计算公式	$3600 + 41 \times 12$	4092	60		4092	60	
				长度公式描述	墙实际高度 + 搭接						
5	墙身拉筋.1	6	一级	长度计算公式	$(300 - 2 \times 15) + 2 \times (75 + 1.9 \times d) + (2 \times d)$	455			455		
				根数计算公式	$Floor(2880000/(400 \times 400)) + 1 + Floor(18360000/(400 \times 400)) + 1$		134			133	

(3) 6 轴线

6 轴线二层剪力墙钢筋软件答案见表 2.9.42。

表 2.9.42　6 轴线二层剪力墙钢筋软件答案

构件名称:二层剪力墙,位置:6/A – D,软件计算单构件钢筋重量:821.747kg,数量:1 段

序号	筋号	直径	级别	软件答案		长度	根数	搭接	手工答案 长度	根数	搭接
1	墙身水平钢筋.1	12	二级	长度计算公式	$6450 + 300 - 15 + 15 \times d - 15 + 15 \times d$	7080	32		7080	30	
				长度公式描述	净长 + 支座宽 – 保护层 + 设定弯折 – 保护层 + 设定弯折						
2	墙身水平钢筋.2	12	二级	长度计算公式	$4650 - 15 + 15 \times d + 300 - 15 + 15 \times d$	5280	24		5280	24	
				长度公式描述	净长 – 保护层 + 设定弯折 + 支座宽 – 保护层 + 设定弯折						

591

序号	筋号	直径	级别		公式	软件答案			手工答案		
						长度	根数	搭接	长度	根数	搭接
3	墙身水平钢筋.3	12	二级	长度计算公式	$15000 + 300 - 15 + 15 \times d + 300 - 15 + 15 \times d$	15930	10	492	1593	12	492
				长度公式描述	净长 + 支座宽 − 保护层 + 设定弯折 + 支座宽 − 保护层 + 设定弯折						
4	墙身垂直钢筋.1	12	二级	长度计算公式	$3600 + 41 \times 12$	4092	94	4092	4092	94	
				长度公式描述	墙实际高度 + 搭接						
5	墙身拉筋.1	6	一级	长度计算公式	$(300 - 2 \times 15) + 2 \times (75 + 1.9 \times d) + (2 \times d)$	455			455		
				根数计算公式	$Floor(18900000/(400 \times 400)) + 1 +$ $Floor(13860000/(400 \times 400)) + 1$		206			206	

（4）7 轴线

7 轴线二层剪力墙钢筋软件答案见表 2.9.43。

表 2.9.43 7 轴线二层剪力墙钢筋软件答案

构件名称：二层剪力墙,位置:7/A – D,软件计算单构件钢筋重量:1080.106kg,数量:1 段

序号	筋号	直径	级别		公式	软件答案			手工答案		
						长度	根数	搭接	长度	根数	搭接
1	墙身水平钢筋.1	12	二级	长度计算公式	$15600 - 15 - 15$	15570	19	492	15570	19	492
				长度公式描述	外皮长度 − 保护层 − 保护层						
2	墙身水平钢筋.2	12	二级	长度计算公式	$15000 + 300 - 15 + 15 \times d + 300 - 15 + 15 \times d$	15930	19	492	15930	19	492
				长度公式描述	净长 + 支座宽 − 保护层 + 设定弯折 + 支座宽 − 保护层 + 设定弯折						
3	墙身垂直钢筋.1	12	二级	长度计算公式	$3600 + 41 \times 12$	4092	138		4092	138	
				长度公式描述	墙实际高度 + 搭接						
4	墙身拉筋.1	6	一级	长度计算公式	$(300 - 2 \times 15) + 2 \times (75 + 1.9 \times d) + (2 \times d)$	455			455		
				根数计算公式	$Floor(18900000/(400 \times 400)) + 1 +$ $Floor(29700000/(400 \times 400)) + 1$		305			305	

四、三层垂直构件钢筋答案软件手工对比

1. KZ1 三层钢筋答案软件手工对比

（1）KZ1 中柱位置

KZ1 中柱三层钢筋软件答案见表 2.9.44。

表 2.9.44 KZ1 中柱三层钢筋软件答案

构件名称:KZ1(位置:顶层中柱),软件计算单构件钢筋重量:355.506kg,根数:6 根											
				软件答案						手工答案		
序号	筋号	直径	级别		公式		长度	根数	搭接	长度	根数	搭接
1	B 边纵筋.1	25	二级	长度计算公式	$3600 - \max(2900/6,700,500) - 700 + 700 - 30 + 12 \times d$		3170	8	1	3170	8	1
				长度公式描述	层高 - 本层的露出长度 - 节点高 + 节点高 - 保护层 + 节点设置中的柱内侧纵筋顶层弯折							
2	H 边纵筋.1	25	二级	长度计算公式	$3600 - \max(2900/6,700,500) - 700 + 700 - 30 + 12 \times d$		3170	6	1	3170	6	1
				长度公式描述	层高 - 本层的露出长度 - 节点高 + 节点高 - 保护层 + 节点设置中的柱内侧纵筋顶层弯折							
3	角筋.1	25	二级	长度计算公式	$3600 - \max(2900/6,700,500) - 700 + 700 - 30 + 12 \times d$		3170	4	1	3170	4	1
				长度公式描述	层高 - 本层的露出长度 - 节点高 + 节点高 - 保护层 + 节点设置中的柱内侧纵筋顶层弯折							
4	箍筋.1	10	一级	长度计算公式	$2 \times ((700 - 2 \times 30) + (600 - 2 \times 30)) + 2 \times (11.9 \times d) + (8 \times d)$		2678			2678		
				根数计算公式	$\text{Ceil}(700/100) + 1 + \text{Ceil}(650/100) + 1 + \text{Ceil}(700/100) + \text{Ceil}(1500/200) - 1$			30			30	
5	箍筋.2	10	一级	长度计算公式	$2 \times [(700 - 2 \times 30 - 25/5) \times 1 + 25 + (600 - 2 \times 30)] + 2 \times (11.9 \times d) + (8 \times d)$		1694			1694		
				根数计算公式	$\text{Ceil}(700/100) + 1 + \text{Ceil}(650/100) + 1 + \text{Ceil}(700/100) + \text{Ceil}(1500/200) - 1$			30			30	
6	箍筋.3	10	一级	长度计算公式	$(600 - 2 \times 30) + 2 \times (11.9 \times d) + (2 \times d)$		798			798		
				根数计算公式	$\text{Ceil}(700/100) + 1 + \text{Ceil}(650/100) + 1 + \text{Ceil}(700/100) + \text{Ceil}(1500/200) - 1$			30			30	
7	箍筋.4	10	一级	长度计算公式	$2 \times [(600 - 2 \times 30 - 25/4) \times 2 + 25) + (700 - 2 \times 30)] + 2 \times (11.9 \times d) + (8 \times d)$		2163			2164		
				根数计算公式	$\text{Ceil}(700/100) + 1 + \text{Ceil}(650/100) + 1 + \text{Ceil}(700/100) + \text{Ceil}(1500/200) - 1$			30			30	

（2）KZ1 - A、D 轴线边柱位置

KZ1 - A、D 轴线边柱位置三层钢筋软件答案见表 2.9.45。

表 2.9.45　KZ1－A、D 轴线边柱位置三层钢筋软件答案

构件名称:KZ1(位置:A、D 轴线边柱),软件计算单构件钢筋重量:362.558kg,根数:6 根

序号	筋号	直径	级别	软件答案		长度	根数	搭接	手工答案 长度	根数	搭接
					公式						
1	B 边纵筋.1	25	二级	长度计算公式	$3600 - \max(2900/6,700,500) - 700 + 700 - 30 + 12 \times d$	3170	4	1	3170	4	1
				长度公式描述	层高－本层的露出长度－节点高＋节点高－保护层＋节点设置中的柱内侧纵筋顶层弯折						
2	B 边纵筋.2	25	二级	长度计算公式	$3600 - \max(2900/6,700,500) - 700 + 1.5 \times (34 \times d)$	3475	4	1	3475	4	1
				长度公式描述	层高－本层的露出长度－节点高＋节点设置中的柱顶锚固						
3	H 边纵筋.1	25	二级	长度计算公式	$3600 - \max(2900/6,700,500) - 700 + 700 - 30 + 12 \times d$	3170	6	1	3170	6	1
				长度公式描述	层高－本层的露出长度－节点高＋节点高－保护层＋节点设置中的柱内侧纵筋顶层弯折						
4	角筋.1	25	二级	长度计算公式	$3600 - \max(2900/6,700,500) - 700 + 700 - 30 + 12 \times d$	3170	2	1	3170	2	1
				长度公式描述	层高－本层的露出长度－节点高＋节点高－保护层＋节点设置中的柱内侧纵筋顶层弯折						
5	角筋.2	2	二级	长度计算公式	$3600 - \max(2900/6,700,500) - 700 + 1.5 \times (34 \times d)$	3475	2	1	3475	2	1
				长度公式描述	层高－本层的露出长度－节点高＋节点设置中的柱顶锚固						
6	箍筋.1	10	一级	长度计算公式	$2 \times ((700 - 2 \times 30) + (600 - 2 \times 30)) + 2 \times (11.9 \times d) + (8 \times d)$	2678			2678		
				根数计算公式	$Ceil(700/100) + 1 + Ceil(650/100) + 1 + Ceil(700/100) + Ceil(1500/200) - 1$		30			30	
7	箍筋.2	10	一级	长度计算公式	$2 \times [(700 - 2 \times 30 - 25/5) \times 1 + 25) + (600 - 2 \times 30)] + 2 \times (11.9 \times d) + (8 \times d)$	1694			1694		
				根数计算公式	$Ceil(700/100) + 1 + Ceil(650/100) + 1 + Ceil(700/100) + Ceil(1500/200) - 1$		30			30	
8	箍筋.3	10	一级	长度计算公式	$(600 - 2 \times 30) + 2 \times (10 \times d,75) + (2 \times 10)$	798			798		
				根数计算公式	$Ceil(700/100) + 1 + Ceil(650/100) + 1 + Ceil(700/100) + Ceil(1500/200) - 1$		30			30	
9	箍筋.4	10	一级	长度计算公式	$2 \times [(600 - 2 \times 30 - 25/4) \times 2 + 25) + (700 - 2 \times 30)] + 2 \times (11.9 \times d) + (8 \times d)$	2163			2163		
				根数计算公式	$Ceil(700/100) + 1 + Ceil(650/100) + 1 + Ceil(700/100) + Ceil(1500/200) - 1$		30			30	

（3）KZ1-1、5轴线边柱位置

KZ1-1、5轴线边柱位置三层钢筋软件答案见表2.9.46。

表2.9.46 KZ1-1、5轴线边柱位置三层钢筋软件答案

构件名称:KZ1(位置:1、5轴线边柱),软件计算单构件钢筋重量:361.383kg,根数:3根

序号	筋号	直径	级别		公式	长度	根数	搭接	长度	根数	搭接
					软件答案				手工答案		
1	B边纵筋.1	25	二级	长度计算公式	$3600 - \max(2900/6,700,500) - 700 + 700 - 30 + 12 \times d$	3170	8	1	3170	8	1
				长度公式描述	层高-本层的露出长度-节点高+节点高-保护层+节点设置中的柱内侧纵筋顶层弯折						
2	H边纵筋.1	25	二级	长度计算公式	$3600 - \max(2900/6,700,500) - 700 + 1.5 \times (34 \times d)$	3475	3	1	3475	3	1
				长度公式描述	层高-本层的露出长度-节点高+节点设置中的柱顶锚固						
3	H边纵筋.2	25	二级	长度计算公式	$3600 - \max(2900/6,700,500) - 700 + 700 - 30 + 12 \times d$	3170	3	1	3170	3	1
				长度公式描述	层高-本层的露出长度-节点高+节点高-保护层+节点设置中的柱内侧纵筋顶层弯折						
4	角筋.1	25	二级	长度计算公式	$3600 - \max(2900/6,700,500) - 700 + 700 - 30 + 12 \times d$	3170	2	1	3170	2	1
				长度公式描述	层高-本层的露出长度-节点高+节点高-保护层+节点设置中的柱内侧纵筋顶层弯折						
5	角筋.2	2	二级	长度计算公式	$3600 - \max(2900/6,700,500) - 700 + 1.5 \times (34 \times d)$	3475	2	1	3475	2	1
				长度公式描述	层高-本层的露出长度-节点高+节点设置中的柱顶锚固						
6	箍筋.1	10	一级	长度计算公式	$2 \times [(700 - 2 \times 30) + (600 - 2 \times 30)] + 2 \times (11.9 \times d) + (8 \times d)$	2678			2678		
				根数计算公式	$\text{Ceil}(700/100) + 1 + \text{Ceil}(650/100) + 1 + \text{Ceil}(700/100) + \text{Ceil}(1500/200) - 1$		30			30	
7	箍筋.2	10	一级	长度计算公式	$2 \times [(700 - 2 \times 30 - 25)/5 \times 1 + 25 + (600 - 2 \times 30)] + 2 \times (11.9 \times d) + (8 \times d)$	1694			1694		
				根数计算公式	$\text{Ceil}(700/100) + 1 + \text{Ceil}(650/100) + 1 + \text{Ceil}(700/100) + \text{Ceil}(1500/200) - 1$		30			30	
8	箍筋.3	10	一级	长度计算公式	$(600 - 2 \times 30) + 2 \times (11.9 \times d) + (2 \times d)$	798			798		
				根数计算公式	$\text{Ceil}(700/100) + 1 + \text{Ceil}(650/100) + 1 + \text{Ceil}(700/100) + \text{Ceil}(1500/200) - 1$		30			30	
9	箍筋.4	10	一级	长度计算公式	$2 \times [(600 - 2 \times 30 - 25/4) \times 2 + 25 + (700 - 2 \times 30)] + 2 \times (11.9 \times d) + (8 \times d)$	2163			2164		
				根数计算公式	$\text{Ceil}(700/100) + 1 + \text{Ceil}(650/100) + 1 + \text{Ceil}(700/100) + \text{Ceil}(1500/200) - 1$		30			30	

（4）KZ1-角柱位置

KZ1-角柱位置三层钢筋软件答案见表2.9.47。

表 2.9.47　KZ1－角柱位置三层钢筋软件答案

构件名称:KZ1(位置:顶层角柱),软件计算单构件钢筋重量:367.259kg,根数:2根

序号	筋号	直径	级别		软件答案 公式	长度	根数	搭接	手工答案 长度	根数	搭接
1	B 边纵筋.1	25	二级	长度计算公式	$3600 - \max(2900/6,700,500) - 700 + 1.5 \times (34 \times d)$	3475	4	1	3475	4	1
				长度公式描述	层高－本层的露出长度－节点高+节点设置中的柱顶锚固						
2	B 边纵筋.2	25	二级	长度计算公式	$3600 - \max(2900/6,700,500) - 700 + 700 - 30 + 12 \times d$	3170	4	1	3170	4	1
				长度公式描述	层高－本层的露出长度－节点高+节点高－保护层+节点设置中的柱内侧纵筋顶层弯折						
3	H 边纵筋.1	25	二级	长度计算公式	$3600 - \max(2900/6,700,500) - 700 + 1.5 \times (34 \times d)$	3475	3	1	3475	3	1
				长度公式描述	层高－本层的露出长度－节点高+节点设置中的柱顶锚固						
4	H 边纵筋.2	25	二级	长度计算公式	$3600 - \max(2900/6,700,500) - 700 + 700 - 30 + 12 \times d$	3170	3	1	3170	3	1
				长度公式描述	层高－本层的露出长度－节点高+节点高－保护层+节点设置中的柱内侧纵筋顶层弯折						
5	角筋.1	25	二级	长度计算公式	$3600 - \max(2900/6,700,500) - 700 + 700 - 30 + 12 \times d$	3170	1	1	3170	1	1
				长度公式描述	层高－本层的露出长度－节点高+节点高－保护层+节点设置中的柱内侧纵筋顶层弯折						
6	角筋.2	2	二级	长度计算公式	$3600 - \max(2900/6,700,500) - 700 + 1.5 \times (34 \times d)$	3475	3	1	3475	3	1
				长度公式描述	层高－本层的露出长度－节点高+节点设置中的柱顶锚固						
7	箍筋.1	10	一级	长度计算公式	$2 \times [(700 - 2 \times 30) + (600 - 2 \times 30)] + 2 \times (11.9 \times d) + (8 \times d)$	2678			2678		
				根数计算公式	$Ceil(700/100) + 1 + Ceil(650/100) + 1 + Ceil(700/100) + Ceil(1500/200) - 1$		30			30	
8	箍筋.2	10	一级	长度计算公式	$2 \times [(700 - 2 \times 30 - 25/5) \times 1 + 25 + (600 - 2 \times 30)] + 2 \times (11.9 \times d) + (8 \times d)$	1694			1694		
				根数计算公式	$Ceil(700/100) + 1 + Ceil(650/100) + 1 + Ceil(700/100) + Ceil(1500/200) - 1$		30			30	
9	箍筋.3	10	一级	长度计算公式	$(600 - 2 \times 30) + 2 \times (11.9 \times d) + (2 \times d)$	798			798		
				根数计算公式	$Ceil(700/100) + 1 + Ceil(650/100) + 1 + Ceil(700/100) + Ceil(1500/200) - 1$		30			30	
10	箍筋.4	10	一级	长度计算公式	$2 \times [(600 - 2 \times 30 - 25/4) \times 2 + 25 + (700 - 2 \times 30)] + 2 \times (11.9 \times d) + (8 \times d)$	2163			2163		
				根数计算公式	$Ceil(700/100) + 1 + Ceil(650/100) + 1 + Ceil(700/100) + Ceil(1500/200) - 1$		30			30	

2. DZ1 三层钢筋答案软件手工对比

A、D 轴线端柱我们按照边柱来对待,外侧钢筋需要设置,操作步骤如下:

将楼层切换到三层→单击"墙"下拉菜单→单击"端柱"→单击"选择"按钮→选中 A、D 轴线的"DZ1"→单击右键出现右键菜单→单击"构件属性编辑器"→将第 6 行全部纵筋"24B22"修改为"15B22 + #9B22"（在英文状态下按 shift + #）→敲回车键→关闭"构件属性编辑器"对话框→单击右键出现右键菜单→单击"取消选择"。

重新汇总后查看 DZ1 三层钢筋软件答案见表 2.9.48。

表 2.9.48　DZ1 三层钢筋软件答案

构件名称:DZ1,位置:5/A、5/D,软件计算单构件钢筋重量:414.751kg,数量:2 根

序号	筋号	直径	级别	软件答案		长度	根数	搭接	手工答案		
					公式				长度	根数	搭接
1	全部纵筋.1	22	二级	长度计算公式	$3600 - \max(2900/6,1100,500) - 700 + 1.5 \times (34 \times d)$	2922	9	1	2922	9	1
				长度公式描述	层高 - 本层的露出长度 - 节点高 + 节点设置中的柱顶锚固						
2	全部纵筋.2	22	二级	长度计算公式	$3600 - \max(2900/6,1100,500) - 700 + 670 + 12 \times d$	2734	15	1	2735	15	1
				长度公式描述	层高 - 本层的露出长度 - 节点高 + 节点高 - 保护层 - 弯折						
2	箍筋1	10	一级	长度计算公式	$2 \times (150 + 150 + 300 - 2 \times 30 + 350 + 350 - 2 \times 30) + 2 \times (11.9 \times d) + 8 \times d$	2678			2678		
				根数计算公式	$\text{Ceil}(1100/100) + 1 + \text{Ceil}(1100/100) + 1 + \text{Ceil}(700/100) + \text{Ceil}(700/200) - 1$		34			34	
3	箍筋2	10	一级	长度计算公式	$2 \times (150 + 150 - 2 \times 30 + 400 + 350 + 350 - 2 \times 30) + 2 \times (11.9 \times d) + 8 \times d$	2878			2878		
				根数计算公式	$\text{Ceil}(500/100) + 1 + \text{Ceil}(450/100) + 1 + \text{Ceil}(700/100) + \text{Ceil}(1900/200) - 1$		34			34	
4	拉筋	10	一级	长度计算公式	$150 + 150 + 300 - 2 \times 30 + 2 \times (11.9 \times d) + 2 \times d$	798			798		
				根数计算公式	$\text{Ceil}(1100/100) + 1 + \text{Ceil}(1100/100) + 1 + \text{Ceil}(700/100) + \text{Ceil}(700/200) - 1$		34			34	
5	其他箍筋.1	10	一级	长度计算公式	$2 \times 281 + 2 \times 640 + 8 \times d + 2 \times 11.9 \times d$	2160			2160		
				根数计算公式	$\text{Ceil}(1100/100) + 1 + \text{Ceil}(1100/100) + 1 + \text{Ceil}(700/100) + \text{Ceil}(700/200) - 1$		34			34	
6	其他箍筋.2	10	一级	长度计算公式	$2 \times 540 + 2 \times 146 + 8 \times d + 2 \times 11.9 \times d$	1690			1690		
				根数计算公式	$\text{Ceil}(1100/100) + 1 + \text{Ceil}(1100/100) + 1 + \text{Ceil}(700/100) + \text{Ceil}(700/200) - 1$		34			34	

3. DZ2 三层钢筋答案软件手工对比

DZ2 三层钢筋软件答案见表 2.9.49。

表 2.9.49 DZ2 三层钢筋软件答案

构件名称:GDZLa,位置:5/C,软件计算单构件钢筋重量:361.383kg,数量:1 根

序号	筋号	直径	级别	软件答案		长度	根数	搭接	长度	根数	搭接
									手工答案		
1	B 边纵筋.1	25	二级	长度计算公式	$3600 - \max(2900/6,700,500) - 700 + 700 - 30 + 12 \times d$	3170	8	1	3170	8	1
				长度公式描述	层高 − 本层的露出长度 − 节点高 + 节点高 − 保护层 + 节点设置中的柱内侧纵筋顶层弯折						
2	H 边纵筋.1	25	二级	长度计算公式	$3600 - \max(2900/6,700,500) - 700 + 1.5 \times (34 \times d)$	3475	3	1	3475	3	1
				长度公式描述	层高 − 本层的露出长度 − 节点高 + 节点设置中的柱顶锚固						
3	H 边纵筋.2	25	二级	长度计算公式	$3600 - \max(2900/6,700,500) - 700 + 700 - 30 + 12 \times d$	3170	3	1	3170	3	1
				长度公式描述	层高 − 本层的露出长度 − 节点高 + 节点高 − 保护层 + 节点设置中的柱内侧纵筋顶层弯折						
4	角筋.1	25	二级	长度计算公式	$3600 - \max(2900/6,700,500) - 700 + 700 - 30 + 12 \times d$	3170	2	1	3170	2	1
				长度公式描述	层高 − 本层的露出长度 − 节点高 + 节点高 − 保护层 + 节点设置中的柱内侧纵筋顶层弯折						
5	角筋.2	25	二级	长度计算公式	$3600 - \max(2900/6,700,500) - 700 + 1.5 \times (34 \times d)$	3475	2	1	3475	2	1
				长度公式描述	层高 − 本层的露出长度 − 节点高 + 节点设置中的柱顶锚固						
6	箍筋1	10	一级	长度计算公式	$2 \times ((700 - 2 \times 30) + (600 - 2 \times 30)) + 2 \times (11.9 \times d) + (8 \times d)$	2678			2678		
				根数计算公式	$\text{Ceil}(700/100) + 1 + \text{Ceil}(650/100) + 1 + \text{Ceil}(700/100) + \text{Ceil}(1500/200) - 1$		30			30	
7	箍筋2	10	一级	长度计算公式	$2 \times 540 + 2 \times 148 + 8 \times d + 2 \times 11.9 \times d$	1694			1694		
				根数计算公式	$\text{Ceil}(700/100) + 1 + \text{Ceil}(650/100) + 1 + \text{Ceil}(700/100) + \text{Ceil}(1500/200) - 1$		30			30	
8	箍筋3	10	一级	长度计算公式	$(600 - 2 \times 30) + 2 \times (11.9 \times d) + (2 \times d)$	798			798		
				根数计算公式	$\text{Ceil}(700/100) + 1 + \text{Ceil}(650/100) + 1 + \text{Ceil}(700/100) + \text{Ceil}(1500/200) - 1$		30			30	
9	箍筋4	10	一级	长度计算公式	$2 \times 640 + 2 \times 283 + 8 \times d + 2 \times 11.9 \times d$	2163			2163		
				根数计算公式	$\text{Ceil}(700/100) + 1 + \text{Ceil}(650/100) + 1 + \text{Ceil}(700/100) + \text{Ceil}(1500/200) - 1$		30			30	

4. AZ1 三层钢筋答案软件手工对比

AZ1 三层钢筋软件答案见表 2.9.50。

表 2.9.50　AZ1 三层钢筋软件答案

构件名称:AZ1,位置:6/A、6/D,软件计算单构件钢筋重量:295.187kg,数量:2 根

序号	筋号	直径	级别	软件答案		长度	根数	搭接	手工答案		
					公式				长度	根数	搭接
1	全部纵筋	18	二级	长度计算公式	$3600 - 500 - 150 + 34 \times d$	3562	24	1	3562	24	1
				长度公式描述	层高 - 本层的露出长度 - 节点高 + 锚固						
2	箍筋1	10	一级	长度计算公式	$2 \times (600 + 300 + 300 - 2 \times 30 + 300 - 2 \times 30) + 2 \times (11.9 \times d) + 8 \times d$	3078			3078		
				根数计算公式	$\mathrm{Ceil}(3550/100) + 1$		37			37	
3	箍筋2	10	一级	长度计算公式	$2 \times (300 + 300 - 2 \times 30 + 300 - 2 \times 30) + 2 \times (11.9 \times d) + 8 \times d$	1878			1878		
				根数计算公式	$\mathrm{Ceil}(3550/100) + 1$		37			37	
4	拉筋1	10	一级	长度计算公式	$300 - 2 \times 30 + 2 \times (11.9 \times d) + 2 \times d$	498			498		
				根数计算公式	$\mathrm{Ceil}(3550/100) + 1$		37			37	

此时"全部纵筋长度"可能会为3212,这是因为软件默认锚入构件为暗梁,需要作出调整。调整如下:单击"工程设置"→单击"计算设置"→单击"柱/墙柱"→修改第28行为"从板底开始计算锚固"→单击"绘图输入",全部重新汇总后查看钢筋量。

5. AZ2 三层钢筋答案软件手工对比

AZ2 三层钢筋软件答案见表 2.9.51。

表 2.9.51　AZ2 三层钢筋软件答案

构件名称:AZ2,位置:7/A、7/D,软件计算单构件钢筋重量:192.413kg,数量:2 根

序号	筋号	直径	级别	软件答案		长度	根数	搭接	手工答案		
					公式				长度	根数	搭接
1	全部纵筋	18	二级	长度计算公式	$3600 - 500 - 150 + 34 \times d$	3562	15	1	3562	15	1
				长度公式描述	层高 - 本层的露出长度 - 节点高 + 锚固						
2	箍筋1	10	一级	长度计算公式	$2 \times (300 + 300 - 2 \times 30 + 300 - 2 \times 30) + 2 \times (11.9 \times d) + 8 \times d$	1878			1878		
				根数计算公式	$\mathrm{Ceil}(3550/100) + 1$		37			37	
3	箍筋2	10	一级	长度计算公式	$2 \times (300 + 300 - 2 \times 30 + 300 - 2 \times 30) + 2 \times (11.9 \times d) + 8 \times d$	1878			1878		
				根数计算公式	$\mathrm{Ceil}(3550/100) + 1$		37			37	

6. A、D、6 轴 AZ3 三层钢筋答案软件手工对比

A、D、6 轴 AZ3 三层钢筋软件答案见表2.9.52。

表2.9.52　A、D、6 轴 AZ3 三层钢筋软件答案

构件名称:AZ3,位置:A/6－7 窗两边、D/6－7 窗两边6/C－D 门一侧,软件计算单构件钢筋重量:109.433kg,数量:5 根

序号	筋号	直径	级别	软件答案		长度	根数	搭接	手工答案 长度	根数	搭接
					公式						
1	全部纵筋	18	二级	长度计算公式	$3600-500-150+34\times d$	3562	10	1	3562	10	1
				长度公式描述	层高－本层的露出长度－节点高＋锚固						
2	箍筋1	10	一级	长度计算公式	$2\times(500+0-2\times30+150+150-2\times30)+2\times(11.9\times d)+8\times d$	1678			1678		
				根数计算公式	$Ceil(3550/100)+1$		37			37	

7. C 轴 AZ3 三层钢筋答案软件手工对比

C 轴 AZ3 三层钢筋软件答案见表2.9.53。

表2.9.53　C 轴 AZ3 三层钢筋软件答案

构件名称:AZ3,位置:C/5－6 门一侧,软件计算单构件钢筋重量:110.431kg,数量:1 根

序号	筋号	直径	级别	软件答案		长度	根数	搭接	手工答案 长度	根数	搭接
					公式						
1	全部纵筋	18	二级	长度计算公式	$3600-500-100+34\times d$	3612	10	1	3612	10	1
				长度公式描述	层高－本层的露出长度－节点高－锚固						
2	箍筋1	10	一级	长度计算公式	$2\times(500+0-2\times30+150+150-2\times30)+2\times(11.9\times d)+8\times d$	1678			1678		
				根数计算公式	$Ceil(3550/100)+1$		37			37	

8. AZ4 三层钢筋答案软件手工对比

AZ4 三层钢筋软件答案见表2.9.54。

表 2.9.54　AZ4 三层钢筋软件答案

构件名称:AZ4,位置:6/A-C门一侧,软件计算单构件钢筋重量:153.273kg,数量:1根

序号	筋号	直径	级别	软件答案		长度	根数	搭接	长度	根数	搭接
					公式				手工答案		
1	全部纵筋	18	二级	长度计算公式	$3600 - 500 - 150 + 34 \times d$	3562	12	1	3562	12	1
				长度公式描述	层高-本层的露出长度-节点高+锚固						
2	箍筋1	10	一级	长度计算公式	$2 \times (900 + 0 - 2 \times 30 + 150 + 150 - 2 \times 30) + 2 \times (11.9 \times d) + 8 \times d$	2478			2478		
				根数计算公式	$Ceil(3550/100) + 1$		37			37	
3	拉筋1	10	一级	长度计算公式	$150 + 150 - 2 \times 30 + 2 \times (11.9 \times d) + 2 \times d$	498			498		
				根数计算公式	$Ceil(3550/100) + 1$		37			37	

9. AZ5 三层钢筋答案软件手工对比

AZ5 三层钢筋软件答案见表 2.9.55。

表 2.9.55　AZ5 三层钢筋软件答案

构件名称:AZ5,位置:6/C,软件计算单构件钢筋重量:283.826kg,数量:1根

序号	筋号	直径	级别	软件答案		长度	根数	搭接	长度	根数	搭接
					公式				手工答案		
1	全部纵筋	18	二级	长度计算公式	$3600 - 500 - 150 + 34 \times d$	3562	24	1	3562	19	1
				长度公式描述	层高-本层的露出长度-节点高+锚固				3612	5	1
2	箍筋1	10	一级	长度计算公式	$2 \times (300 + 300 + 300 - 2 \times 30 + 300 - 2 \times 30) + 2 \times (11.9 \times d) + 8 \times d$	2478			2478		
				根数计算公式	$Ceil(3550/100) + 1$		37			37	
3	箍筋2	10	一级	长度计算公式	$2 \times (300 + 300 + 300 - 2 \times 30 + 300 - 2 \times 30) + 2 \times (11.9 \times d) + 8 \times d$	2478			2478		
				根数计算公式	$Ceil(3550/100) + 1$		37			37	

10. AZ6 三层钢筋答案软件手工对比

AZ6 三层钢筋软件答案见表 2.9.56。

表 2.9.56 AZ6 三层钢筋软件答案

构件名称:AZ6,位置:7/C,软件计算单构件钢筋重量:234.562kg,数量:1 根

序号	筋号	直径	级别		公式	长度	根数	搭接	长度	根数	搭接
					软件答案				**手工答案**		
1	全部纵筋	18	二级	长度计算公式	$3600 - 500 - 150 + 34 \times d$	3562	19	1	3562	19	1
				长度公式描述	层高 - 本层的露出长度 - 节点高 + 锚固						
2	箍筋1	10	一级	长度计算公式	$2 \times (300 + 300 + 300 - 2 \times 30 + 300 - 2 \times 30) + 2 \times (11.9 \times d) + 8 \times d$	2478			2478		
				根数计算公式	$Ceil(3550/100) + 1$		37			37	
3	箍筋2	10	一级	长度计算公式	$2 \times (300 + 300 + 300 - 2 \times 30 + 300 - 2 \times 30) + 2 \times (11.9 \times d) + 8 \times d$	1878			1878		
				根数计算公式	$Ceil(3550/100) + 1$		37			37	

11. 三层剪力墙钢筋答案软件手工对比

(1) A、D 轴线

A、D 轴线三层剪力墙钢筋软件答案见表 2.9.57。

表 2.9.57 A、D 轴线三层剪力墙钢筋软件答案

构件名称:顶层剪力墙,位置:A/5 - 7,D/5 - 7,软件计算单构件钢筋重量:268.96kg,数量:2 段

序号	筋号	直径	级别		公式	长度	根数	搭接	长度	根数	搭接
					软件答案				**手工答案**		
1	墙身水平钢筋.1	12	二级	长度计算公式	$9500 - 15 - 15 + 15 \times d$	9650	8		8793	9	
				长度公式描述	外皮长度 - 保护层 - 保护层 + 设定弯折						
2	墙身水平钢筋.2	12	二级	长度计算公式	$1650 - 15 - 15 + 15 \times d$	1800	11		1800	10	
				长度公式描述	外皮长度 - 保护层 - 保护层 + 设定弯折						
3	墙身水平钢筋.3	12	二级	长度计算公式	$2250 - 15 + 15 \times d - 15 + 15 \times d$	2580	22		2580	20	
				长度公式描述	净长 - 保护层 + 设定弯折 - 保护层 + 设定弯折						

序号	筋号	直径	级别	软件答案		长度	根数	搭接	手工答案 长度	根数	搭接
4	墙身水平钢筋.4	12	二级	长度计算公式	$9200+300-15+15\times d-15+15\times d$	9830	8		8973	9	
				长度公式描述	净长+支座宽−保护层+设定弯折−保护层+设定弯折						
5	墙身水平钢筋.5	12	二级	长度计算公式	$1350+300-15+15\times d-15+15\times d$	1980	11		1980	10	
				长度公式描述	净长+支座宽−保护层+设定弯折−保护层+设定弯折						
6	墙身垂直钢筋.1	12	二级	长度计算公式	$3600-150+34\times d$	3858	4				
				长度公式描述	墙实际高度+搭接						
7	墙身垂直钢筋.2	12	二级	长度计算公式	$3600-0.3\times34\times d-150+34\times d$	3736	2				
				长度公式描述	墙实际高度−错开长度−节点高+锚固						
8	墙身垂直钢筋.3	12	二级	长度计算公式	$3600-150+34\times d$	3858	4		3858	12	
				长度公式描述	墙实际高度+搭接						
9	墙身垂直钢筋.4	12	二级	长度计算公式	$3600-0.3\times34\times d-150+34\times d$	3736	2				
				长度公式描述	墙实际高度−错开长度−节点高+锚固						
10	墙身拉筋.1	6	一级	长度计算公式	$(300-2\times15)+2\times(75+1.9\times d)+(2\times d)$	455			455		
				根数计算公式	$Floor(1980000/(400\times400))+1+$ $Floor(1980000/(400\times400))+1$		26			26	

将拉筋根数计算方式调整为:向下取整+1,调整方法参考首层。

从表 2.9.57 我们可以看出墙内外侧水平筋 1、4 和墙垂直筋的软件和手工计算结果不一致,这主要有以下几个原因:

1)软件计算墙内外侧水平筋遇见(A/5)交点处 DZ1 是按照(支座宽−保护层+15×d)计算的,而手工是按照 L_a(34×d)计算的。

2)软件计算墙垂直筋是按照实际下料计算的考虑到了"错开长度",而手工没有考虑到"错开长度"。

(2) C 轴线

C 轴线三层剪力墙钢筋软件答案见表 2.9.58。

表 2.9.58   C 轴线三层剪力墙钢筋软件答案

构件名称:顶层剪力墙,位置:C/5 –7,软件计算单构件钢筋重量:520.222kg,数量:1 段

序号	筋号	直径	级别		软件答案 公式	长度	根数	搭接	手工答案 长度	根数	搭接
1	墙身水平钢筋.1	12	二级	长度计算公式	$8500 + 34 \times d + 300 - 15 + 15 \times d$	9373	14		9373	14	
				长度公式描述	净长 + 锚固 + 支座宽 – 保护层 + 设定弯折						
2	墙身水平钢筋.2	12	二级	长度计算公式	$1300 + 34 \times d - 15 + 15 \times d$	1873	24		1873	24	
				长度公式描述	净长 + 锚固 – 保护层 + 设定弯折						
3	墙身水平钢筋.3	12	二级	长度计算公式	$6300 - 15 + 15 \times d + 300 - 15 + 15 \times d$	6930	24		6930	24	
				长度公式描述	净长 – 保护层 + 设定弯折 + 支座宽 – 保护层 + 设定弯折						
4	墙身垂直钢筋.1	12	二级	长度计算公式	$3600 - 100 + 34 \times d$	3908	2		3908	8	
				长度公式描述	墙实际高度 – 节点高 + 锚固						
5	墙身垂直钢筋.2	12	二级	长度计算公式	$3600 - 0.3 \times 34 \times d - 100 + 34 \times d$	3786	2				
				长度公式描述	墙实际高度 – 错开长度 – 节点高 + 锚固						
6	墙身垂直钢筋.3	12	二级	长度计算公式	$3600 - 100 + 34 \times d$	3908	2				
				长度公式描述	墙实际高度 – 节点高 + 锚固						
7	墙身垂直钢筋.4	12	二级	长度计算公式	$3600 - 0.3 \times 34 \times d - 100 + 34 \times d$	3786	2				
				长度公式描述	墙实际高度 – 错开长度 – 节点高 + 锚固						
8	墙身垂直钢筋.5	12	二级	长度计算公式	$3600 - 0.3 \times 34 \times d - 150 + 34 \times d$	3736	13		3858	52	
				长度公式描述	墙实际高度 – 错开长度 – 节点高 + 锚固						
9	墙身垂直钢筋.6	12	二级	长度计算公式	$3600 - 150 + 34 \times d$	3858	13				
				长度公式描述	墙实际高度 – 节点高 + 锚固						
10	墙身垂直钢筋.7	12	二级	长度计算公式	$3600 - 0.3 \times 34 \times d - 150 + 34 \times d$	3736	13				
				长度公式描述	墙实际高度 – 错开长度 – 节点高 + 锚固						
11	墙身垂直钢筋.8	12	二级	长度计算公式	$3600 - 150 + 34 \times d$	3858	13				
				长度公式描述	墙实际高度 – 节点高 + 锚固						
12	墙身拉筋.1	6	一级	长度计算公式	$(300 - 2 \times 15) + 2 \times (75 + 1.9 \times d) + (2 \times d)$	455			455		
				根数计算公式	$Floor[2880000/(400 \times 400)] + 1 +$ $Floor[18360000/(400 \times 400)] + 1$		134			133	

从表2.9.58我们可以墙垂直筋的软件和手工计算结果不一致，是由于软件计算墙垂直筋是按照实际下料计算的考虑到了"错开长度"，而手工没有考虑到"错开长度"。

（3）6轴线

6轴线三层剪力墙钢筋软件答案见表2.9.59。

表2.9.59 6轴线三层剪力墙钢筋软件答案

构件名称:顶层剪力墙,位置:6/A−D,软件计算单构件钢筋重量:797.236kg,数量:1段

序号	筋号	直径	级别		公式	长度	根数	搭接	长度	根数	搭接
					软件答案				手工答案		
1	墙身水平钢筋.1	12	二级	长度计算公式	$15000 + 300 - 15 + 15 \times d + 300 - 15 + 15 \times d$	15930	10	492	15930	12	492
				长度公式描述	净长 + 支座宽 − 保护层 + 设定弯折 + 支座宽 − 保护层 + 设定弯折						
2	墙身水平钢筋.2	12	二级	长度计算公式	$4650 + 300 - 15 + 15 \times d - 15 + 15 \times d$	5280	24		5280	24	
				长度公式描述	净长 + 支座宽 − 保护层 + 设定弯折 − 保护层 + 设定弯折						
3	墙身水平钢筋.3	12	二级	长度计算公式	$6450 - 15 + 15 \times d + 300 - 15 + 15 \times d$	7080	32		7080	30	
				长度公式描述	净长 − 保护层 + 设定弯折 + 支座宽 − 保护层 + 设定弯折						
4	墙身垂直钢筋.1	12	二级	长度计算公式	$3600 - 150 + 34 \times d$	3858	24				
				长度公式描述	墙实际高度 − 节点高 + 锚固						
5	墙身垂直钢筋.2	12	二级	长度计算公式	$3600 - 0.3 \times 34 \times d - 150 + 34 \times d$	3736	23				
				长度公式描述	墙实际高度 − 错开长度 − 节点高 + 锚固				3858	94	
6	墙身垂直钢筋.3	12	二级	长度计算公式	$3600 - 150 + 34 \times d$	3858	24				
				长度公式描述	墙实际高度 − 节点高 + 锚固						
7	墙身垂直钢筋.4	12	二级	长度计算公式	$3600 - 0.3 \times 34 \times d - 150 + 34 \times d$	3736	23				
				长度公式描述	墙实际高度 − 错开长度 − 节点高 + 锚固						
8	墙身拉筋.1	6	一级	长度计算公式	$(300 - 2 \times 15) + 2 \times (75 + 1.9 \times d) + (2 \times d)$	455			455		
				根数计算公式	$Floor(13860000/(400 \times 400)) + 1 +$ $Floor(18900000/(400 \times 400)) + 1$		206			206	

从表 2.9.59 我们可以墙垂直筋的软件和手工计算结果不一致，是由于软件计算墙垂直筋是按照实际下料计算的考虑到了"错开长度"，而手工没有考虑到"错开长度"。

（4）7 轴线

7 轴线三层剪力墙钢筋软件答案见表 2.9.60。

表 2.9.60　7 轴线三层剪力墙钢筋软件答案

构件名称:顶层剪力墙,位置:7/A－D,软件计算单构件钢筋重量:1044.072kg,数量:1 段

序号	筋号	直径	级别		公式	长度	根数	搭接	长度	根数	搭接
					软件答案				手工答案		
1	墙身水平钢筋.1	12	二级	长度计算公式	$15600-15-15$	15570	19	492	15570	19	492
				长度公式描述	外皮长度－保护层－保护层						
2	墙身水平钢筋.2	12	二级	长度计算公式	$15000+300-15+15 \times d+300-15+15 \times d$	15930	19	492	15930	19	492
				长度公式描述	净长＋支座宽－保护层＋设定弯折＋支座宽－保护层＋设定弯折						
3	墙身垂直钢筋.1	12	二级	长度计算公式	$3600-150+34 \times d$	3858	35				
				长度公式描述	墙实际高度－节点高＋锚固						
4	墙身垂直钢筋.2	12	二级	长度计算公式	$3600-0.3 \times 34 \times d-150+34 \times d$	3736	34		3858	138	
				长度公式描述	墙实际高度－错开长度－节点高＋锚固						
5	墙身垂直钢筋.3	12	二级	长度计算公式	$3600-150+34 \times d$	3858	35				
				长度公式描述	墙实际高度－节点高＋锚固						
6	墙身垂直钢筋.4	12	二级	长度计算公式	$3600-0.3 \times 34 \times d-150+34 \times d$	3736	34				
				长度公式描述	墙实际高度－错开长度－节点高＋锚固						
7	墙身拉筋.1	6	一级	长度计算公式	$(300-2 \times 15)+2 \times(75+1.9 \times d)+(2 \times d)$	455			455		
				根数计算公式	$Floor(18900000/(400 \times 400))+1+$ $Floor(29700000/(400 \times 400))+1$		305			305	

从表2.9.60我们可以墙垂直筋的软件和手工计算结果不一致，是由于软件计算墙垂直筋是按照实际下料计算的考虑到了"错开长度"，而手工没有考虑到"错开长度"。

五、楼梯斜跑软件计算方法

（一）一层第1斜跑

楼梯斜跑软件用单构件输入的方法计算钢筋，操作步骤如下：

切换楼层到"首层"（为了方便，我们把一二层楼梯斜跑都在首层计算）→单击"单构件输入"→单击"构件管理"→单击"楼梯"→单击"添加构件"→修改"构件名称"为"一层斜跑1"→单击"确定"→单击"参数输入"→单击"选择图集"→单击"普通楼梯"前面"＋"号将其展开→单击"无休息平台"（与本图楼梯相符）→单击"选择"→填写楼梯钢筋信息如图2.9.1所示→单击"计算退出"计算结果见表2.9.61。

无休息平台普通楼梯

名　称	数　值
一级钢筋锚固（la_1）	27D
二级钢筋锚固（la_2）	34D
三级钢筋锚固（la_3）	40D
保护层厚度（bh_c）	15

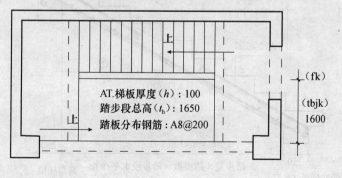

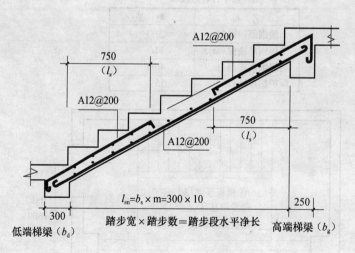

$l_{sn}=b_s \times m=300 \times 10$

踏步宽×踏步数=踏步段水平净长

图2.9.1

注：1. 楼梯板钢筋信息也可在下表中直接输入

607

表 2.9.61　一层楼梯第 1 斜跑钢筋软件计算结果

				软件答案				手工答案		
序号	筋号	直径	级别	公式	长度	根数	重量	长度	根数	重量
1	梯板下部纵筋	12	一级	长度计算公式　$3354 + 2 \times 100 + 12.5 \times d$	3704	9	29.596	3704	9	29.596
2	下梯梁端上部纵筋	12	一级	长度计算公式　$750 \times 1.118 + 324 + 100 - 2 \times 15 + 6.25 \times d$	1308	9	10.451	1308	9	10.451
3	上梯梁端上部纵筋	12	一级	长度计算公式　$750 \times 1.118 + 324 + 100 - 2 \times 15 + 6.25 \times d$	1308	9	10.451	1409	9	11.258
4	梯板分布钢筋	8	一级	长度计算公式　$1600 - 2 \times 15 + 12.5 \times d$	1670	28	18.451	1670	27	17.792

注解:这里上梯梁端上部钢筋对不上,主要是因为软件是按伸入梁内"一个锚固长度 + 弯钩"计算的,而手工是按下式计算的:伸入梁内的长度 = (梁宽 - 保护层) × 斜度系数 + 15 × d + 弯钩。

（二）一层第 2 斜跑以及二层的 1、2 斜跑

用同样的方法建立楼一层斜跑 2 如图 2.9.2 所示。

无休息平台普通楼梯

名　称	数　值
一级钢筋锚固（la_1）	27D
二级钢筋锚固（la_2）	34D
三级钢筋锚固（la_3）	40D
保护层厚度（bh_c）	15

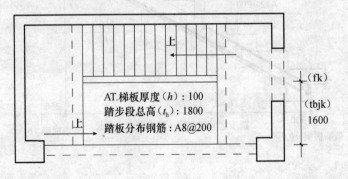

AT.梯板厚度（h）：100
踏步段总高（t_h）：1800
踏板分布钢筋：A8@200

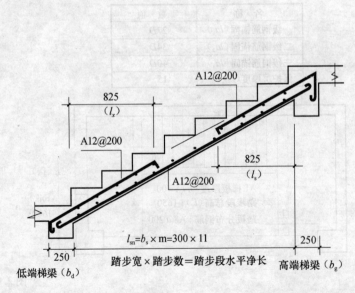

图 2.9.2

注：1. 楼梯板钢筋信息也可在下表中直接输入。

软件计算结果见表 2.9.62。

表 2.9.62 一层第 2 斜跑以及二层的 1、2 斜跑钢筋软件计算结果

序号	筋号	直径	级别	公式	长度	根数	重量	长度	根数	重量
				软件答案				手工答案		
1	梯板下部纵筋	12	一级	长度计算公式	$3689 + 2 \times 100 + 12.5 \times d$	4039	9	32.273	4039	9	32.273
2	下梯梁端上部纵筋	12	一级	长度计算公式	$825 \times 1.118 + 324 + 100 - 2 \times 15 + 6.25 \times d$	1391	9	11.115	1391	9	11.115
3	上梯梁端上部纵筋	12	一级	长度计算公式	$825 \times 1.118 + 324 + 100 - 2 \times 15 + 6.25 \times d$	1391	9	11.115	1493	9	11.93
4	梯板分布钢筋	8	一级	长度计算公式	$1600 - 2 \times 15 + 12.5 \times d$	1670	31	20.428	1670	31	20.428

附录　工程实例图

建筑设计说明

1. 本工程专门为初学者自学钢筋抽样和工程量计算而设计,在构思时更多考虑到手工计算和软件最基本的知识点,从结构上分析可能存在的不妥之处,非实际工程,勿照图施工。

2. 本工程为框架结构,地上三层,基础为平板式筏形基础。

3. 本工程墙为250厚,内墙为200厚,混凝土墙为300厚。墙体材质为陶粒砌块墙体,砂浆强度等级为混合砂浆 M5。

4. 内装修做法(选用图集88J1-1):

层号	房间名称	地面(楼面)	踢脚(高 120mm)	墙裙(高 1200mm)	墙面	天棚 吊顶(高 2700mm)
一层	大厅	地 19	踢 11C		内墙 26D	棚 23(吊顶)
	办公室、经理室	地 16	踢 6D		内墙 5D2	棚 7B(天棚)
	会议室、培训室	地 16		裙 10D2	内墙 5D2	棚 23(吊顶)
	卫生间	地 9F			内墙 38C-F	棚 23(吊顶)
	走廊、茶座室	地 9	踢 6D		内墙 5D2	棚 23(吊顶)
	楼梯间	地 9	踢 6D		内墙 5D2	棚 7B(天棚)
二层	办公室、经理室	楼 8C	踢 6D		内墙 5D2	棚 7B(天棚)
	会议室、培训室	楼 15D	踢 10C1		内墙 26D	棚 23(吊顶)
	卫生间	楼 8F2			内墙 38C-F	棚 23(吊顶)
	走廊、茶座室	楼 8C	踢 6D		内墙 5D2	棚 23(吊顶)
	楼梯间				内墙 5D2	棚 7B(天棚)
三层	办公室、经理室	楼 8C	踢 6D		内墙 5D2	棚 7B(天棚)
	会议室、培训室	楼 15D	踢 10C1		内墙 26D	棚 23(吊顶)
	卫生间	楼 8F2			内墙 38C-F	棚 23(吊顶)
	走廊、茶座室	楼 8C	踢 6D		内墙 5D2	棚 7B(天棚)
	楼梯间				内墙 5D2	棚 7B(天棚)

88J1-1 图集做法明细如下:

编号	装修名称	用料及分层做法
地 19	花岗石楼面	1. 20厚磨光花岗石板(正、背面及四周边满涂防污剂),灌稀水泥浆(或掺色)擦缝 2. 撒素水泥面(洒适量清水) 3. 30厚 1:3 干硬性水泥砂浆粘结层 4. 素水泥浆一道(内掺建筑胶) 5. 50厚 C10 混凝土 6. 150 厚 5~32 卵石灌 M2.5 混合砂浆,平板振捣器振捣密实 (或 100 厚 3:7 灰土) 7. 素土夯实,压实系数 0.90
地 9	铺地砖地面	1. 5~10 厚铺地砖,稀水泥浆 (或彩色水泥浆) 擦缝 2. 6厚建筑胶水泥砂浆粘结层 3. 20厚 1:3 水泥砂浆找平 4. 素水泥结合层一道 5. 50厚 C10 混凝土 6. 150 厚 5~32 卵石灌 M2.5 混合砂浆,平板振捣器振捣密实 (或 100 厚 3:7 灰土) 7. 素土夯实,压实系数 0.90

续表

编号	装修名称	用料及分层做法
地 16	大理石地面	1. 20厚大理石板(正、背面及四周边满涂防污剂),灌稀水泥浆(或彩色水泥浆)擦缝 2. 撒素水泥面(洒适量清水) 3. 30厚 1:3 干硬性水泥砂浆粘结层 4. 素水泥浆一道(内掺建筑胶) 5. 50厚 C10 混凝土 6. 150 厚 5~32 卵石灌 M2.5 混合砂浆,平板振捣器振捣密实(或 100 厚 3:7 灰土) 7. 素土夯实,压实系数 0.90
地 9F	铺地砖地面	1. 5~10 厚铺地砖,稀水泥浆(或彩色水泥浆)擦缝 2. 6 厚建筑胶水泥砂浆粘结层 3. 35 厚 C15 细石混凝土随打随抹 4. 3 厚高聚物改性沥青涂膜防水层(材料或按工程设计) 5. 最薄处 30 厚 C15 细石混凝土,从门口处向地漏找 1%坡 6. 150 厚 5~32 卵石灌 M2.5 混合砂浆,平板振捣器振捣密实 (或 100 厚 3:7 灰土) 7. 素土夯实,压实系数 0.90
楼 8C	铺地砖楼面	1. 5~10 厚铺地砖,稀水泥浆(或彩色水泥浆)擦缝 2. 6 厚建筑胶水泥砂浆粘结层 3. 素水泥浆一道(内掺建筑胶) 4. 34~39 厚 C15 细石混凝土找平层 5. 素水泥浆一道(内掺建筑胶) 6. 钢筋混凝土楼板
楼 15D	大理石楼面	1. 铺 20 厚大理石板(正、背面及四周边满涂防污剂),灌稀水泥浆(或彩色水泥浆)擦缝 2. 撒素水泥面 3. 30厚 1:3 干硬性水泥砂浆粘结层 4. 素水泥浆一道 5. 钢筋混凝土楼板
楼 8F2	铺地砖楼面	1. 5~10 厚铺地砖,稀水泥浆(或彩色水泥浆)擦缝 2. 撒素水泥面(洒适量清水) 3. 20厚 1:2 干硬性水泥砂浆粘结层 4. 20厚 1:3 水泥砂浆保护层(装修一步到位时无此道工序) 5. 1.5 厚聚氨酯涂膜防水层(材料或按工程设计) 6. 20厚 1:3 水泥砂浆找平层,四周及竖管根部位抹小八字角 7. 素水泥浆一道(内掺建筑胶) 8. 最薄处 30 厚 C15 细石混凝土从门口处向地漏找 1%坡 9. 防水砂浆填缝预制楼板缝,缝缝上铺 200 宽聚酯布,涂刷防水涂料两遍(现浇钢筋混凝土楼板时无此道工序) 10. 现浇(或预制)钢筋混凝土楼板
踢 11C	花岗石踢脚板	1. 10~15 厚花岗石板,正、背面及四周边满涂防污剂,稀水泥浆(或彩色水泥浆)擦缝 2. 12 厚 1:2 水泥砂浆(内掺建筑胶)粘结层 3. 素水泥浆一道(内掺建筑胶)
踢 10C1	大理石板踢脚	1. 10~15 厚大理石板,正、背面及四周边满涂防污剂,稀水泥浆(或彩色水泥浆)擦缝 2. 12 厚 1:2 水泥砂浆(内掺建筑胶)粘结层 3. 素水泥浆一道(内掺建筑胶)
踢 6D	铺地砖踢脚	1. 5~10 厚铺地砖踢脚,稀水泥浆(或彩色水泥浆)擦缝 2. 10厚 1:2 水泥砂浆(内掺建筑胶)粘结层 3. 界面剂一道甩毛(甩前先将墙面用水润湿)

工程名称	1号写字楼	
图名	建筑设计说明1	
图号	建施1	设计 张向荣

续表

编号	装修名称	用 料 及 分 层 做 法
裙 10D2	胶合板墙裙	1. 刷油漆 2. 钉 5 厚胶合板面层 3. 25×30 松木龙骨中距 450(正面抛光,满涂氟化钠防腐剂) 4. 刷高聚物改性沥青涂膜防潮层(材料或按工程设计) 5. 墙缝原浆抹平,聚合物水泥砂浆修补墙面 6. 扩孔钻扩孔,预埋木砖,孔内满填聚合物水泥砂浆将木砖卧牢,中距 450
内墙 5D2	水泥砂浆墙面	1. 喷(刷、辊)面浆饰面 2. 5 厚 1:2.5 水泥砂浆找平 3. 8 厚 1:1:6 水泥石灰砂浆打底扫毛或划出纹道 4. 3 厚外加剂专用砂浆抹基面刮糙或界面一道甩毛(抹前先将墙面用水湿润) 5. 聚合物水泥砂浆修补墙面
内墙 38C-F	釉面砖(陶瓷砖)防水墙面	1. 白水泥擦缝(或 1:1 彩色水泥细砂砂浆勾缝) 2. 5 厚釉面砖面层(粘贴前先将釉面砖浸水 2h 以上) 3. 4 厚强力胶粉泥黏结层,揉挤压实 4. 1.5 厚聚合物水泥基复合防水涂料防水层(防水层材料或按工程设计) 5. 9 厚 1:3 水泥砂浆打底压实抹平 6. 素水泥浆一道甩毛(内掺建筑胶)
内墙 26D	软木墙面	1. 钉边框、装饰分格条 2. 5 厚软木装饰面层,建筑胶粘贴 3. 6 厚 1:0.5:2.5 水泥石灰膏砂浆压实抹平 4. 9 厚 1:0.5:3 水泥石灰膏砂浆打底扫毛或划出纹道 5. 3 厚外加剂专用砂浆抹基面刮糙或界面剂一道甩毛(抹前先将墙面用水湿润) 6. 聚合物水泥砂浆修补墙面
棚 7B	板底抹水泥砂浆顶棚	1. 喷(刷、辊)面浆饰面 2. 3 厚 1:2.5 水泥砂浆找平 3. 5 厚 1:3 水泥砂浆打底扫毛或划出纹道 4. 素水泥浆一道甩毛(内掺建筑胶)
棚 23	胶合板吊顶	1. 钉装饰条(材质由设计人定) 2. 刷无光油漆(由设计人定) 3. 5 厚胶合板面层 4.50×50 木次龙骨(正面刨光),中距 450~600(或根据纤维板尺寸确定),与主龙骨固定,并用 12 号镀锌低碳钢丝每隔一道绑牢一道 4. 50×70 木主龙骨找平用 8 号镀锌低碳钢丝(或 φ6 钢筋)吊顶与上部预留钢筋吊环固定 5. 现浇钢筋混凝土板预留 φ8 钢筋吊环(勾),双向中距 900~1200(预留混凝土板可在板缝内预留吊环)

5. 门窗表

类别	名称	宽度(mm)	高度(mm)	离地高(mm)	材质	数 量			
						首层	二层	三层	总数
门	M1	4200	2900	0	全玻门	1	0	0	1
	M2	900	2400	0	胶合板门	6	7	7	20
	M3	750	2100	0	胶合板门	2	2	2	6
	M4	2100	2700	0	胶合板门	1	1	1	3
窗	C1	1500	2000	900	塑钢窗	6	6	6	18
	C2	3000	2000	900	塑钢窗	3	3	3	9
	C3	3300	2000	900	塑钢窗	1	2	2	5
窗台板	卫生间和楼梯间窗台做法同墙面,其余窗台用 20 厚的大理石,长度 = 窗宽 − 20mm,宽度 = 200mm								

6. 过梁表

类别	洞口名称	洞口宽度(mm)	过梁高度(mm)	过梁宽度(mm)	过梁长度(mm)	过梁配筋
门	M1	4200	无			
	M2	900	120	同墙宽	洞口宽 + 250	
	M3	750	120	同墙宽	洞口宽 + 470	
	M3	2100	无			
窗	C1	1500	无			
	C2	3000	无			
	C3	3300	无			

结构设计说明

1. 本工程结构类型为框架剪力墙结构,设防烈度为 8 度,抗震等级为二级抗震。

2. 混凝土强度等级:剪力墙、框架梁、现浇板、框架柱为 C30;楼梯、过梁、构造柱、压顶为 C25。

3. 混凝土保护层厚度板:

板:15mm;梁:30mm;柱:30mm;基础底板:40mm。

4. 钢筋接头形式:

钢筋直径≥18mm 采用机械连接,钢筋直径<18mm 采用绑扎连接。

5. 未注明的分布筋均为 φ8@200。

6. 砌块墙与框架柱及构造柱连接处均设置连接筋,须每隔 500mm 高度配 2 根 φ6 拉接筋,并伸进墙内 1000mm。

工程名称	1号写字楼
图 名	建筑设计说明2
图 号	建施2	设计	张向荣

611

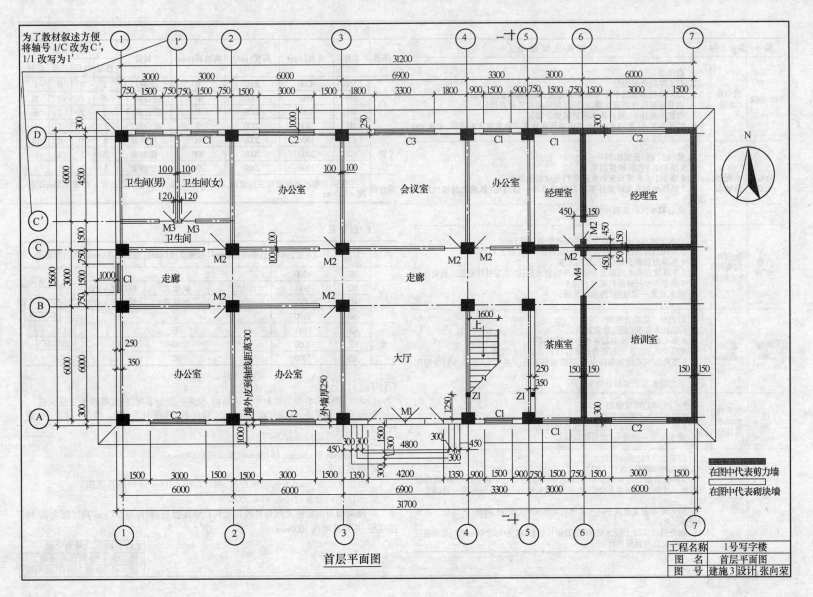

首层平面图

工程名称	1号写字楼	
图 名	首层平面图	
图 号	建施3	设计 张向荣

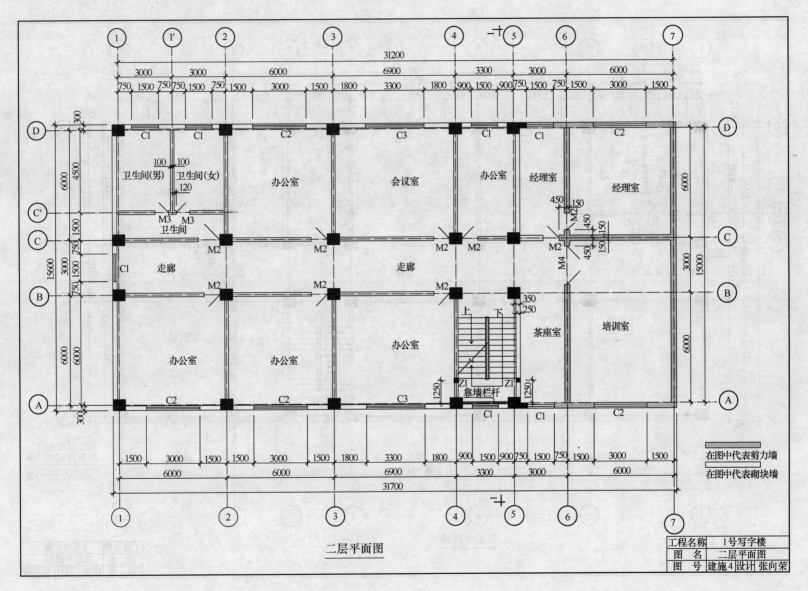

二层平面图

在图中代表剪力墙
在图中代表砌块墙

工程名称	1号写字楼
图 名	二层平面图
图 号	建施4 设计 张向荣

613

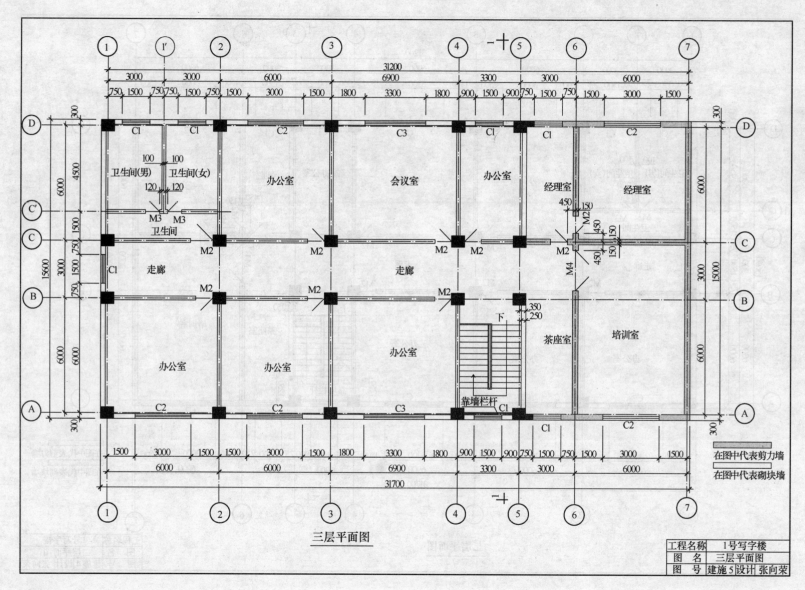

三层平面图

工程名称	1号写字楼		
图 名	三层平面图		
图 号	建施5	设计	张向荣

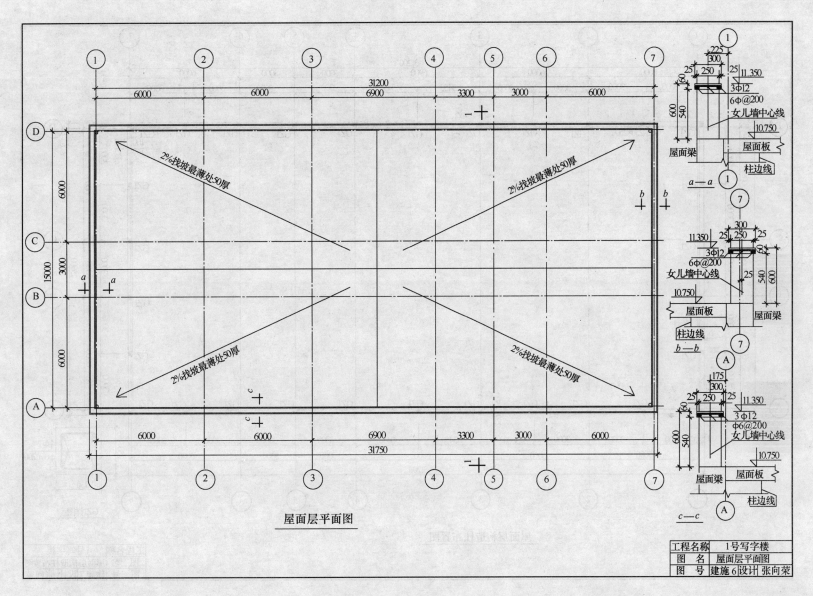

屋面层平面图

工程名称	1号写字楼
图　名	屋面层平面图
图　号	建施6 设计 张向荣

615

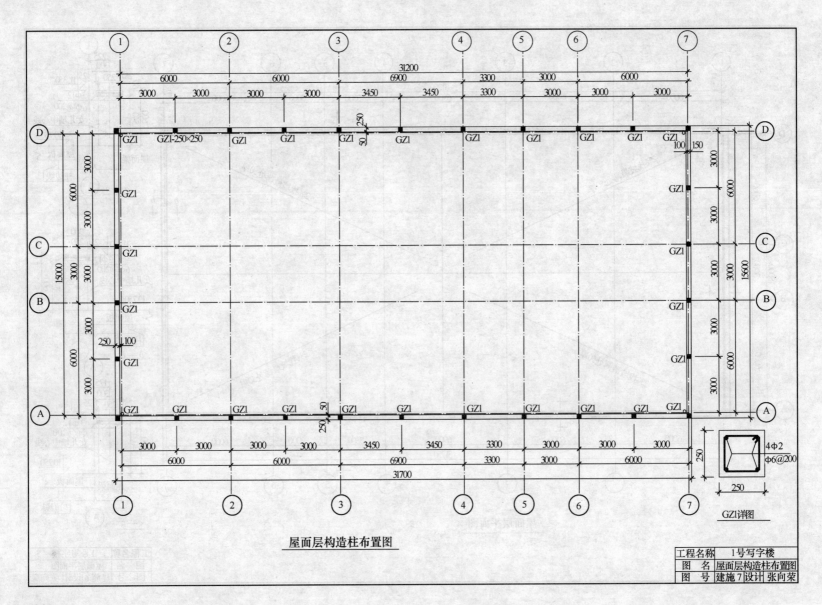

屋面层构造柱布置图

工程名称	1号写字楼		
图　名	屋面层构造柱布置图		
图　号	建施7	设计	张向荣

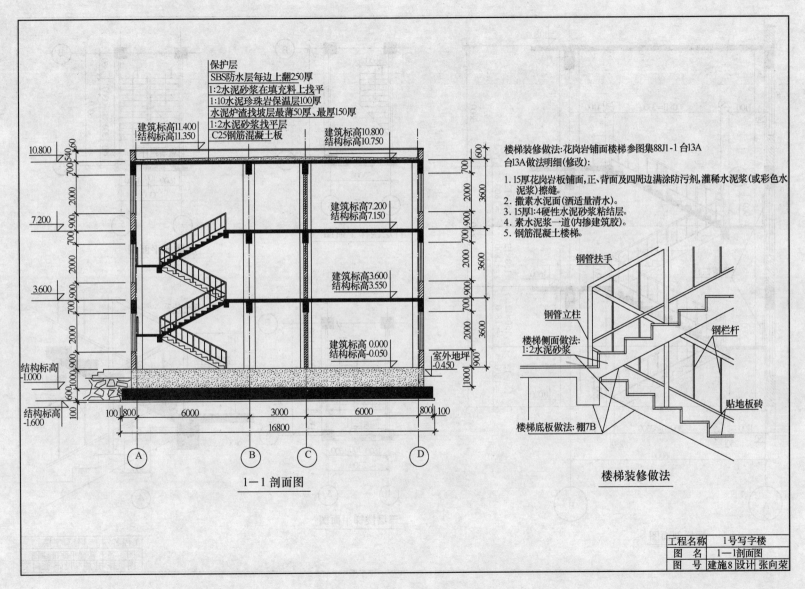

保护层
SBS防水层每边上翻250厚
1:2水泥砂浆在填充料上找平
1:10水泥珍珠岩保温层100厚
水泥炉渣找坡层最薄50厚、最厚150厚
1:2水泥砂浆找平层
C25钢筋混凝土板

建筑标高11.400
结构标高11.350

建筑标高10.800
结构标高10.750

建筑标高7.200
结构标高7.150

建筑标高3.600
结构标高3.550

建筑标高 0.000
结构标高-0.050

室外地坪
-0.450

结构标高
-1.000

结构标高
-1.600

10.800

7.200

3.600

16800

100 800   6000   3000   6000   800 100

Ⓐ   Ⓑ   Ⓒ   Ⓓ

1—1 剖面图

楼梯装修做法:花岗岩铺面楼梯参图集88J1-1 台13A

台13A做法明细(修改):

1. 15厚花岗岩板铺面,正、背面及四周边满涂防污剂,灌稀水泥浆(或彩色水泥浆)擦缝。
2. 撒素水泥面(洒适量清水)。
3. 15厚1:4硬性水泥砂浆粘结层。
4. 素水泥浆一道(内掺建筑胶)。
5. 钢筋混凝土楼梯。

钢管扶手

钢管立柱

钢栏杆

楼梯侧面做法:
1:2水泥砂浆

贴地板砖

楼梯底板做法:棚7B

楼梯装修做法

工程名称	1号写字楼	
图　名	1—1剖面图	
图　号	建施8	设计 张向荣

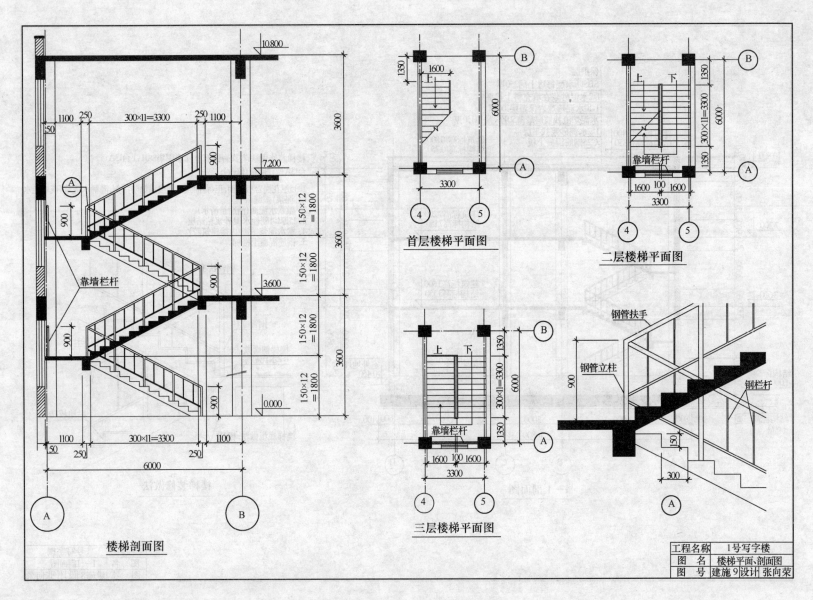

10.800

1100 | 250 | 300×11=3300 | 250 | 1100

7.200

150×12 =1800

900

靠墙栏杆

900

3.600

150×12 =1800

150×12 =1800

900

150×12 =1800

0.000

3600

3600

3600

900

50

1100 | 250 | 300×11=3300 | 250 | 1100

6000

Ⓐ   Ⓑ

楼梯剖面图

首层楼梯平面图

1350

1600

上

6000

3300

Ⓑ

Ⓐ

④   ⑤

二层楼梯平面图

上   下

1350

300×11=3300

1350

6000

靠墙栏杆

1600 | 100 | 1600

3300

Ⓑ

Ⓐ

④   ⑤

三层楼梯平面图

上   下

1350

300×11=3300

1350

6000

靠墙栏杆

1600 | 100 | 1600

3300

Ⓑ

Ⓐ

④   ⑤

钢管扶手

钢管立柱

900

钢栏杆

150

300

Ⓐ

工程名称	1号写字楼
图　名	楼梯平面、剖面图
图　号	建施9　设计 张向荣

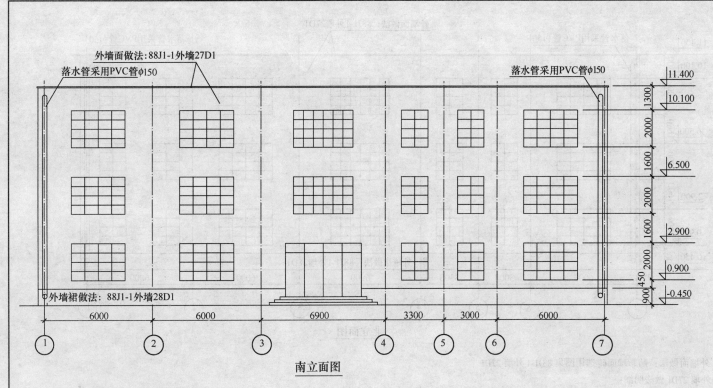

外墙面做法：88J1-1外墙27D1

落水管采用PVC管φ150

落水管采用PVC管φ150

外墙裙做法：88J1-1外墙28D1

11.400
1300
10.100
2000
6.500
1600
2000
2.900
1600
2000
0.900
450
900
-0.450

6000　6000　6900　3300　3000　6000

① ② ③ ④ ⑤ ⑥ ⑦

南立面图

外墙裙做法：贴仿石砖选用图集88J1-1 外墙28D1
外墙28D1做法明细：
1．1：1水泥（或白水泥掺色）砂浆（细砂）勾缝。
2．贴6-10厚仿石砖，在砖粘贴面上随贴随涂刷一遍。
　YJ-302混凝土界面处理剂增强粘结力。
3．6厚1：0.3：1.5水泥石灰膏砂浆（掺建筑胶）。
4．刷素水泥浆一道。
5．9厚1：1：6水泥石灰膏砂浆中层刮平扫毛或划出纹道。
6．3厚外加剂专用砂浆底面刮缝，或专用界面剂甩毛。
7．喷湿墙面。

工程名称	1号写字楼	
图　名	南立面图	
图　号	建施10	设计 张向荣

619

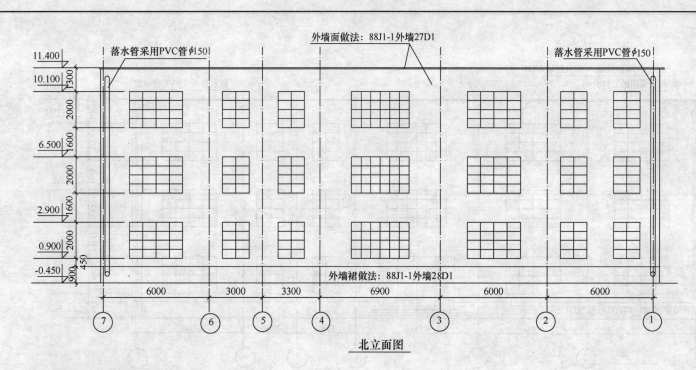

北立面图

外墙面做法：贴彩釉面砖选用图集 88J1-1 外墙 27D1

外墙 27D1 做法明细：

1．1:1 水泥（或白水泥掺色）砂浆（细砂）勾缝。

2．贴 6-10 厚彩釉面砖在砖粘贴面上随贴随涂刷一遍。

　　YJ-302 混凝土界面处理剂增强粘结力。

3．6 厚 1:0.3:1.5 水泥石灰膏砂浆（掺建筑胶）。

4．刷素水泥浆一道。

5．9 厚 1:1:6 水泥石灰膏砂浆中层刮平扫毛或划出纹道。

6．3 厚外加剂专用砂浆底面刮缝，或专用界面剂甩毛。

7．喷湿墙面。

工程名称	1号写字楼	
图　名	北立面图	
图　号	建施11	设计 张向荣

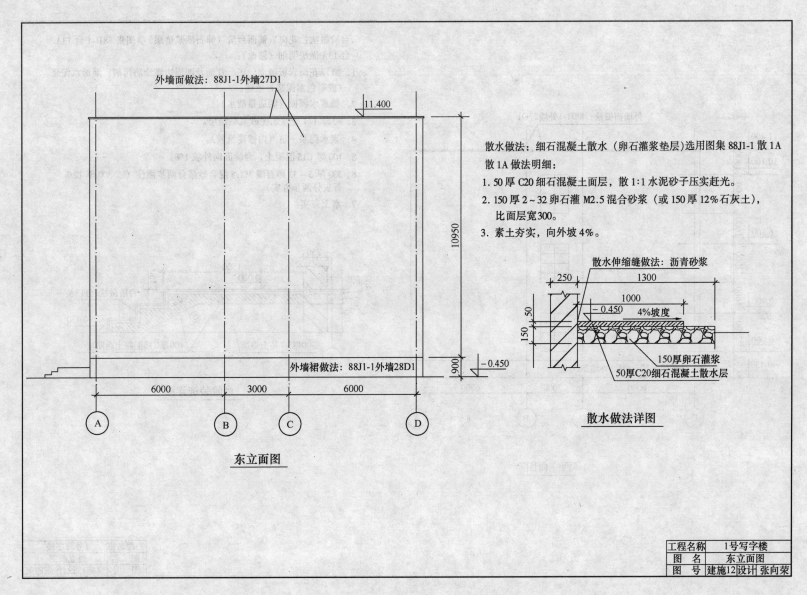

外墙面做法：88J1-1外墙27D1

11.400

散水做法：细石混凝土散水（卵石灌浆垫层)选用图集88J1-1 散 1A

散 1A 做法明细：

1. 50厚 C20 细石混凝土面层，散 1:1 水泥砂子压实赶光。

2. 150厚 2～32 卵石灌 M2.5 混合砂浆（或 150 厚 12% 石灰土），
   比面层宽300。

3. 素土夯实，向外坡 4%。

10950

散水伸缩缝做法：沥青砂浆

250   1300

1000

50   −0.450   4%坡度

150

150厚卵石灌浆

50厚C20细石混凝土散水层

外墙裙做法：88J1-1外墙28D1

900   −0.450

散水做法详图

6000   3000   6000

Ⓐ   Ⓑ   Ⓒ   Ⓓ

东立面图

工程名称	1号写字楼		
图　名	东立面图		
图　号	建施12	设计	张向荣

621

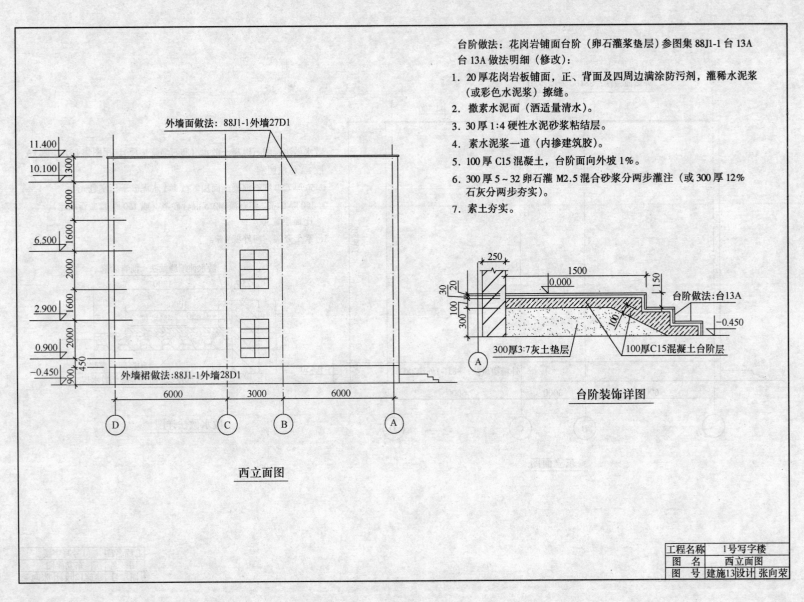

台阶做法：花岗岩铺面台阶（卵石灌浆垫层）参图集 88J1-1 台 13A
台 13A 做法明细（修改）：

1. 20 厚花岗岩板铺面，正、背面及四周边满涂防污剂，灌稀水泥浆
  （或彩色水泥浆）擦缝。

2. 撒素水泥面（洒适量清水）。

3. 30 厚 1:4 硬性水泥砂浆粘结层。

4. 素水泥浆一道（内掺建筑胶）。

5. 100 厚 C15 混凝土，台阶面向外坡 1%。

6. 300 厚 5～32 卵石灌 M2.5 混合砂浆分两步灌注（或 300 厚 12%
  石灰分两步夯实）。

7. 素土夯实。

外墙面做法：88J1-1外墙27D1

11.400
10.100
300
2000
6.500
1600
2000
2.900
1600
0.900
2000
−0.450
450
900

外墙裙做法：88J1-1外墙28D1

6000   3000   6000

D   C   B   A

西立面图

250
1500
0.000
150
30
20
100
300
100
台阶做法：台13A
−0.450

300厚3:7灰土垫层   100厚C15混凝土台阶层

A

台阶装饰详图

工程名称	1号写字楼	
图　名	西立面图	
图　号	建施13	设计 张向荣

622

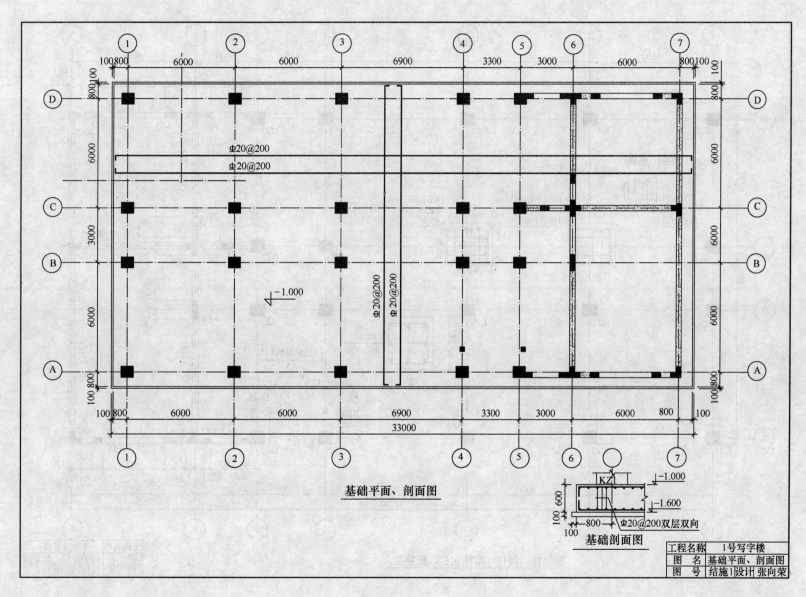

基础平面、剖面图

基础剖面图

工程名称	1号写字楼
图　名	基础平面、剖面图
图　号	结施1 设计 张向荣

623

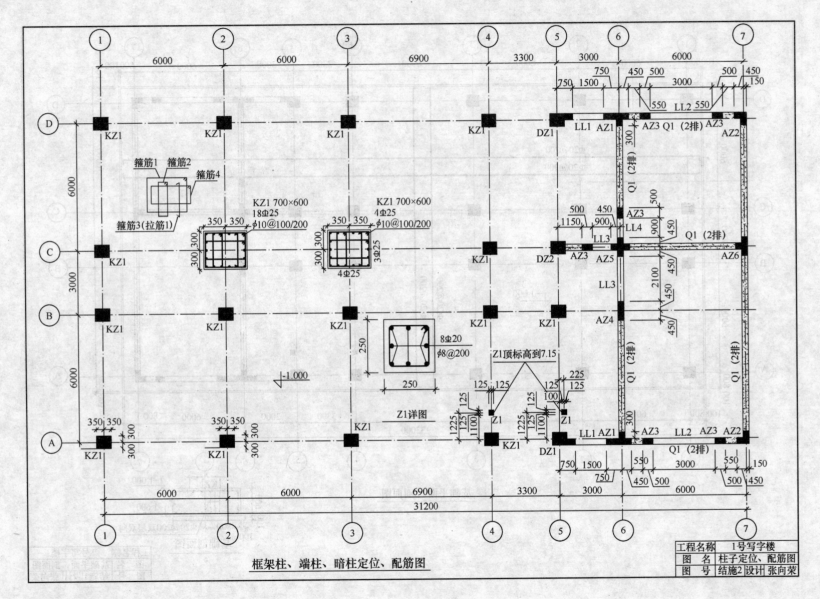

框架柱、端柱、暗柱定位、配筋图

工程名称	1号写字楼	
图　名	柱子定位、配筋图	
图　号	结施2	设计 张向荣

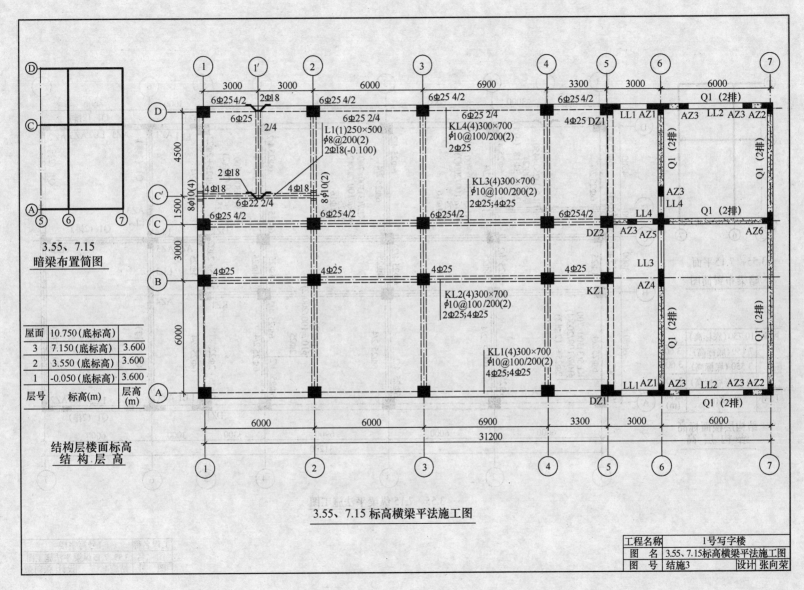

结构层楼面标高
结构层高

屋面	10.750(底标高)	
3	7.150(底标高)	3.600
2	3.550(底标高)	3.600
1	-0.050(底标高)	3.600
层号	标高(m)	层高(m)

3.55、7.15
暗梁布置简图

3.55、7.15 标高横梁平法施工图

工程名称	1号写字楼	
图 名	3.55、7.15标高横梁平法施工图	
图 号	结施3	设计 张向荣

625

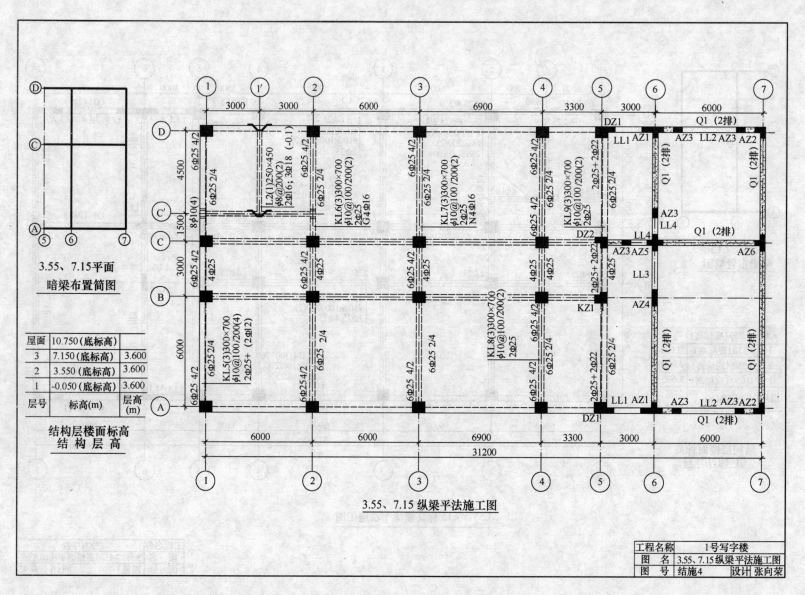

3.55、7.15平面
暗梁布置简图

屋面	10.750(底标高)	
3	7.150(底标高)	3.600
2	3.550(底标高)	3.600
1	-0.050(底标高)	3.600
层号	标高(m)	层高(m)

结构层楼面标高
结构层高

3.55、7.15 纵梁平法施工图

工程名称	1号写字楼	
图　名	3.55、7.15纵梁平法施工图	
图　号	结施4	设计 张向荣

626

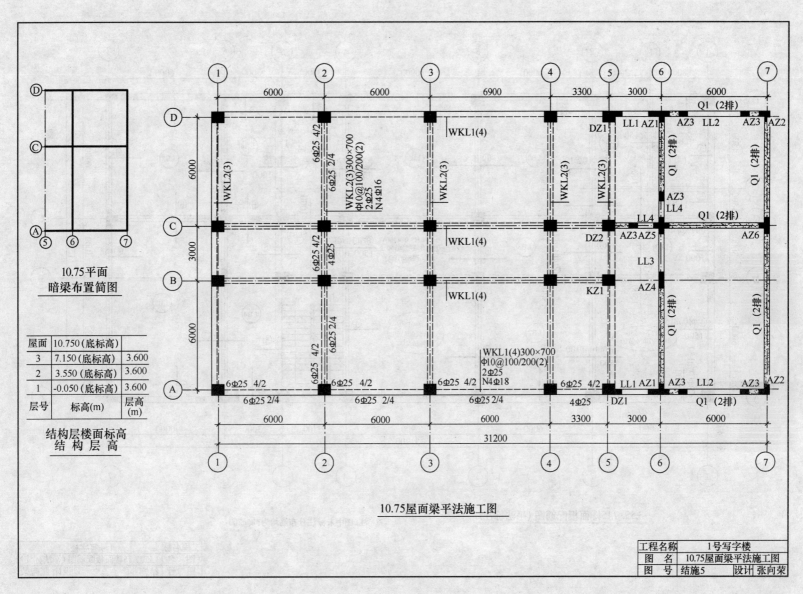

10.75平面
暗梁布置简图

屋面	10.750（底标高）	
3	7.150（底标高）	3.600
2	3.550（底标高）	3.600
1	-0.050（底标高）	3.600
层号	标高(m)	层高(m)

结构层楼面标高
结构层高

10.75屋面梁平法施工图

工程名称	1号写字楼	
图　名	10.75屋面梁平法施工图	
图　号	结施5	设计 张向荣

627

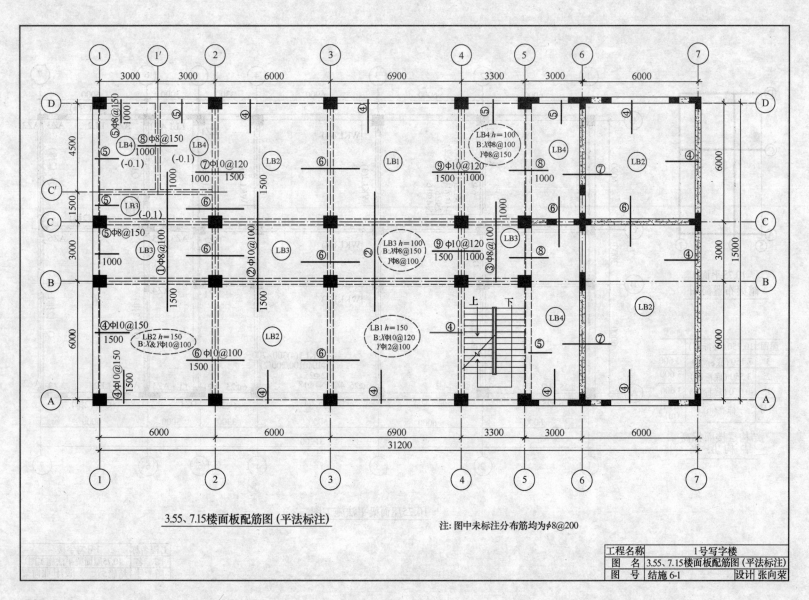

3.55、7.15楼面板配筋图（平法标注）

注：图中未标注分布筋均为φ8@200

工程名称	1号写字楼
图 名	3.55、7.15楼面板配筋图（平法标注）
图 号	结施 6-1	设计 张向荣

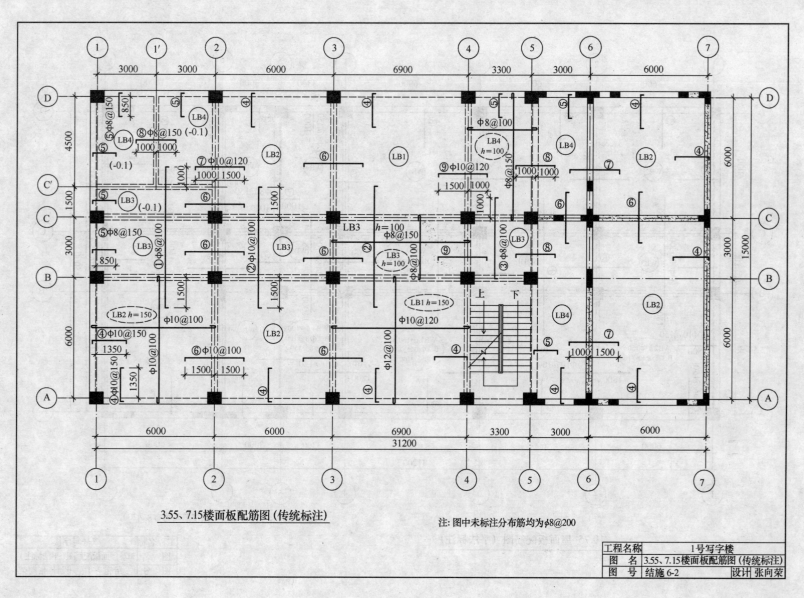

3.55、7.15楼面板配筋图（传统标注）

注：图中未标注分布筋均为φ8@200

工程名称	1号写字楼	
图　名	3.55、7.15楼面板配筋图（传统标注）	
图　号	结施 6-2	设计 张向荣

629

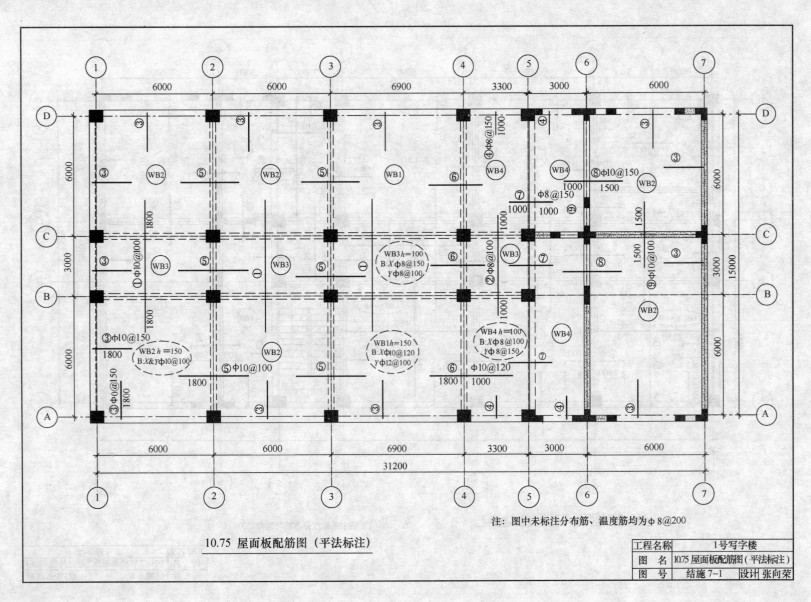

注：图中未标注分布筋、温度筋均为φ8@200

10.75 屋面板配筋图（平法标注）

工程名称	1号写字楼	
图　名	10.75 屋面板配筋图（平法标注）	
图　号	结施 7-1	设计 张向荣

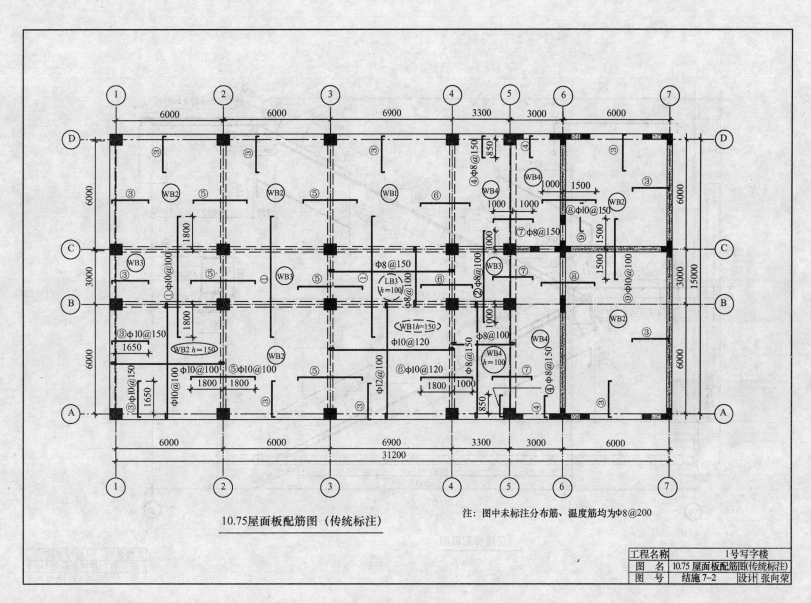

10.75屋面板配筋图（传统标注）

注：图中未标注分布筋、温度筋均为Φ8@200

工程名称	1号写字楼	
图　名	10.75屋面板配筋图(传统标注)	
图　号	结施7-2	设计 张向荣

631

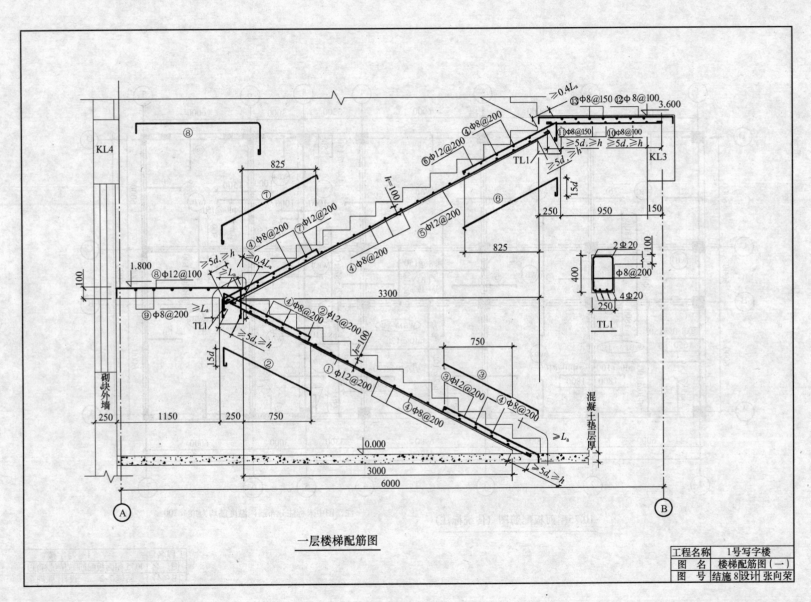

一层楼梯配筋图

工程名称	1号写字楼
图　名	楼梯配筋图(一)
图　号	结施8 设计 张向荣

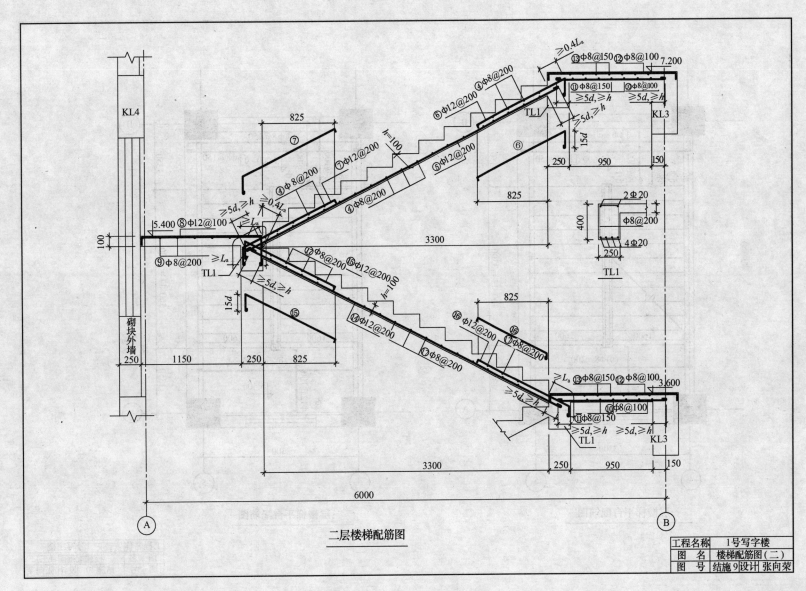

二层楼梯配筋图

工程名称	1号写字楼
图　名	楼梯配筋图（二）
图　号	结施9　设计　张向荣

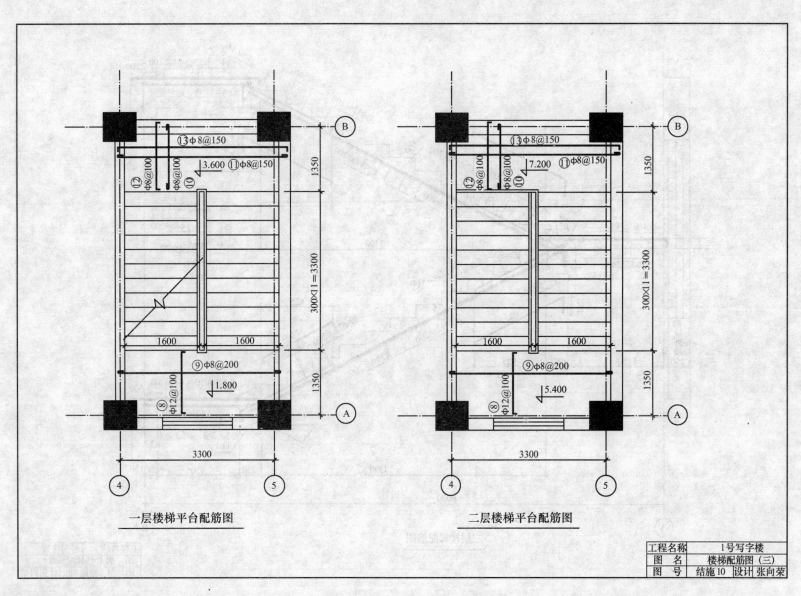

一层楼梯平台配筋图

二层楼梯平台配筋图

工程名称	1号写字楼	
图　名	楼梯配筋图（三）	
图　号	结施10	设计 张向荣

剪力墙柱表

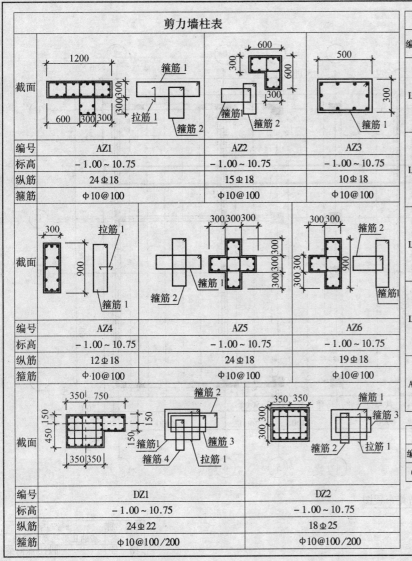

编号	AZ1	AZ2	AZ3
标高	−1.00～10.75	−1.00～10.75	−1.00～10.75
纵筋	24Φ18	15Φ18	10Φ18
箍筋	Φ10@100	Φ10@100	Φ10@100

编号	AZ4	AZ5	AZ6
标高	−1.00～10.75	−1.00～10.75	−1.00～10.75
纵筋	12Φ18	24Φ18	19Φ18
箍筋	Φ10@100	Φ10@100	Φ10@100

编号	DZ1	DZ2
标高	−1.00～10.75	−1.00～10.75
纵筋	24Φ22	18Φ25
箍筋	Φ10@100/200	Φ10@100/200

连梁、暗梁表

编号	所在楼层号	梁顶相对结构标高高差	梁截面 b×h	上部纵筋	下部纵筋	箍筋
LL1	1	相对结构标高 − 0.05：+ 0.900	300×500	4Φ22	4Φ22	Φ10@150(2)
	1/2	相对结构标高 + 3.55：+ 0.900	300×1600	4Φ22	4Φ22	Φ10@100(2)
	2/3	相对结构标高 + 7.15：+ 0.900	300×1600	4Φ22	4Φ22	Φ10@100(2)
	3	相对结构标高 + 10.75：+ 0.000	300×700	4Φ22	4Φ22	Φ10@100(2)
LL2	1	相对结构标高 − 0.05：+ 0.900	300×500	4Φ22	4Φ22	Φ10@150(2)
	1/2	相对结构标高 + 3.55：+ 0.900	300×1600	4Φ22	4Φ22	Φ10@100(2)
	2/3	相对结构标高 + 7.15：+ 0.900	300×1600	4Φ22	4Φ22	Φ10@100(2)
	3	相对结构标高 + 10.75：+ 0.000	300×700	4Φ22	4Φ22	Φ10@100(2)
LL3	1	相对结构标高 − 0.05：+ 0.000	300×500	4Φ22	4Φ22	Φ10@150(2)
	1	相对结构标高 + 3.55：+ 0.000	300×900	4Φ22	4Φ22	Φ10@100(2)
	2	相对结构标高 + 7.15：+ 0.000	300×900	4Φ22	4Φ22	Φ10@100(2)
	3	相对结构标高 + 10.75：+ 0.000	300×900	4Φ22	4Φ22	Φ10@100(2)
LL4	1	相对结构标高 − 0.05：+ 0.000	300×500	4Φ22	4Φ22	Φ10@150(2)
	1	相对结构标高 + 3.55：+ 0.000	300×1200	4Φ22	4Φ22	Φ10@100(2)
	2	相对结构标高 + 7.15：+ 0.000	300×1200	4Φ22	4Φ22	Φ10@100(2)
	3	相对结构标高 + 10.75：+ 0.000	300×1200	4Φ22	4Φ22	Φ10@100(2)
AL1	1	相对结构标高 + 3.55：+ 0.000	300×500	4Φ20	4Φ20	Φ10@150(2)
	2	相对结构标高 + 7.15：+ 0.000	300×500	4Φ20	4Φ20	Φ10@150(2)
	3	相对结构标高 + 10.75：+ 0.000	300×500	4Φ20	4Φ20	Φ10@150(2)

剪力墙身表

编号	标高	墙厚	水平分布筋	垂直分布筋	拉筋
Q1	−1.00～10.75	300	Φ12@200	Φ12@200	Φ6@400×400

工程名称	1号写字楼		
图　名	剪力墙暗柱、连梁、暗梁、墙身表		
图　号	结施11	设计	张向荣

635

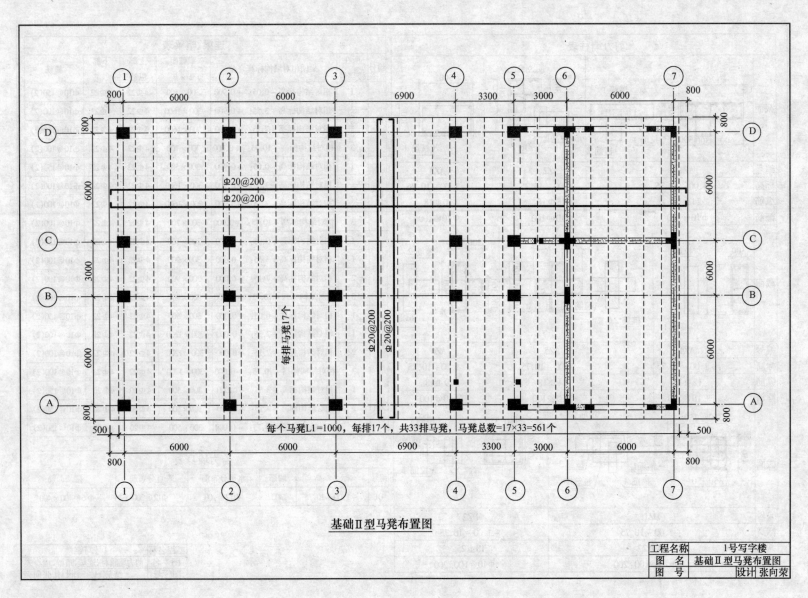

基础Ⅱ型马凳布置图

每排马凳17个

Φ20@200
Φ20@200
Φ20@200
Φ20@200

每个马凳L1=1000，每排17个，共33排马凳，马凳总数=17×33=561个

工程名称	1号写字楼	
图　名	基础Ⅱ型马凳布置图	
图　号		设计 张向荣

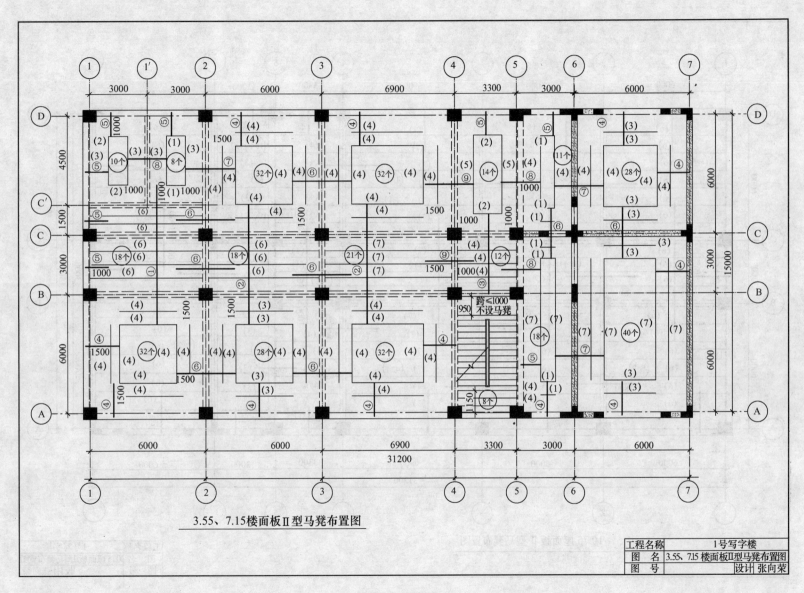

3.55、7.15楼面板Ⅱ型马凳布置图

工程名称	1号写字楼
图　名	3.55、7.15 楼面板Ⅱ型马凳布置图
图　号	设计 张向荣

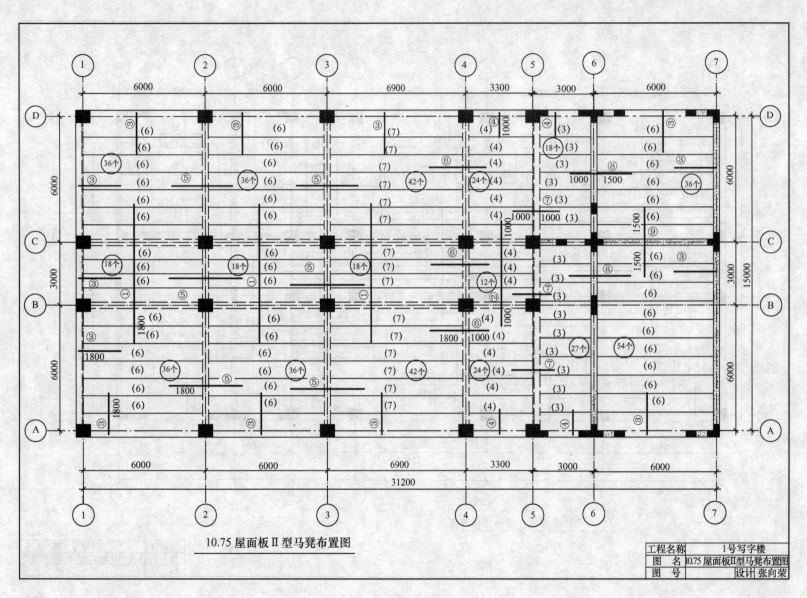

10.75 屋面板Ⅱ型马凳布置图

工程名称	1号写字楼
图　名	10.75屋面板Ⅱ型马凳布置图
图　号	设计 张向荣

1号写字楼单构件重量软件答案

一、首层构件

（一）过梁
首层过梁单构件重量软件答案见表1。

表1　首层过梁单构件重量软件答案（详见表2.4.2～表2.4.3）

层名称	构件位置	构件名称		单构件重量（kg）	构件数量
首层	M2上	过梁	GL－M2	4.236	6根
	M3上		GL－M3	4.036	2根

（二）连梁
首层连梁单构件重量软件答案见表2。

表2　首层连梁单构件重量软件答案（详见表2.4.4～表2.4.9）

层名称	构件位置	构件名称		单构件重量（kg）	构件数量
首层	A/5～6、D/5～6的C1上	连梁	LL1－300×1600	110.405	2根
	A/6～7、D/6～7的C2上		LL2－300×1600	185.096	2根
	6/A～C的M4上		LL3－300×900	120.004	1根
	C/5～6、6/C～D的M2上		LL4－300×1200	75.693	2根
	A/5～6、D/5～6的C1下		LL1－300×500	83.468	2根
	A/6～7、D/6～7的C2下		LL2－300×500	130.094	2根

（三）暗梁
首层暗梁单构件重量软件答案见表3。

表3 首层暗梁单构件重量软件答案（详见表 2.4.10 ~ 表 2.4.14）

层名称	构件位置	构件名称	单构件重量（kg）	构件数量
首层	A、D 轴线	暗梁 AL1	220.033	2 段
	C 轴线	AL1	211.449	1 段
	6 轴线	AL1	296.308	1 段
	7 轴线	AL1	404.043	1 段

（四）楼层框架梁

首层楼层框架梁单构件重量软件答案见表4。

表4 首层楼层框架梁单构件重量软件答案（详见表 2.4.15 ~ 表 2.4.31）

层名称	构件位置	构件名称	单构件重量（kg）	构件数量
首层	A 轴线	楼层框架梁 KL1 – 300×700	900.561	1 根
	B 轴线	KL2 – 300×700	865.742	1 根
	C 轴线	KL3 – 300×700	984.542	1 根
	D 轴线	KL4 – 300×700	1205.055	1 根
	1 轴线	KL5 – 300×700	965.859	1 根
	2 轴线	KL6 – 300×700	941.172	1 根
	3 轴线	KL7 – 300×700	934.762	1 根
	4 轴线	KL8 – 300×700	816.821	1 根
	5 轴线	KL9 – 300×700	723.473	1 根

（五）楼层非框架梁

首层楼层非框架梁单构件重量软件答案见表5。

表5 首层楼层非框架梁单构件重量软件答案（详见表 2.4.33 ~ 表 2.4.34）

层名称	构件位置	构件名称	单构件重量（kg）	构件数量
首层	C′轴线	楼层非框架梁 L1 – 250×500	184.487	1 根
	1′轴线	L2 – 250×450	58.512	1 根

640

（六）板

1. 板底筋

首层板底筋单构件重量软件答案见表6。

表6 首层板底筋单构件重量软件答案（详见表2.4.35~表2.4.38）

层名称	构件位置		构件名称		重量（kg）	层名称	构件位置		构件名称		重量（kg）
	钢筋位置	方向	名称	筋号			钢筋位置	方向	名称	筋号	
首层	1~2/A~B	x方向	板底筋	板受力筋.1	230.077	首层	4~5/B~C	y方向	板底筋	板受力筋.1	39.143
		y方向		板受力筋.1	228.259		1~2/C~C′	x方向		板受力筋.1	22.373
	2~3/A~B	x方向		板受力筋.1	222.802			y方向		板受力筋.1	37.249
		y方向		板受力筋.1	220.521		1~1′/C′~D	x方向		板受力筋.1	57.294
	3~4/A~B	x方向		板受力筋.1	212.228			y方向		板受力筋.1	37.486
		y方向		板受力筋.1	369.155		1′~2/C′~D	x方向		板受力筋.1	53.821
	5~6/A~C	x方向		板受力筋.1	101.843			y方向		板受力筋.1	35.611
		y方向		板受力筋.1	63.605		2~3/C~D	x方向		板受力筋.1	222.802
	6~7/A~C	x方向		板受力筋.1	336.091			y方向		板受力筋.1	220.521
		y方向		板受力筋.1	336.141		3~4/C~D	x方向		板受力筋.1	212.228
	1~2/B~C	x方向		板受力筋.1	47.232			y方向		板受力筋.1	369.155
		y方向		板受力筋.1	72.17		4~5/C~D	x方向		板受力筋.1	83.81
	2~3/B~C	x方向		板受力筋.1	45.732			y方向		板受力筋.1	54.256
		y方向		板受力筋.1	69.723		5~6/C~D	x方向		板受力筋.1	67.514
	3~4/B~C	x方向		板受力筋.1	52.48			y方向		板受力筋.1	41.925
		y方向		板受力筋.1	80.732		6~7/C~D	x方向		板受力筋.1	222.802
	4~5/B~C	x方向		板受力筋.1	26.99			y方向		板受力筋.1	220.521

641

2. 板负筋

首层板负筋单构件重量软件答案见表7。

表7 首层板负筋单构件重量软件答案（详见表2.4.39~表2.4.48）

层名称	构件位置		构件名称		重量（kg）	层名称	构件位置		构件名称		重量（kg）
	轴号	分段	筋名称	筋号			轴号	分段	筋名称	筋号	
首层	1	A~B	4号负筋	板负筋.1	53.501	首层	7	A~C	4号负筋	板负筋.1	83.733
	1	B~C	5号负筋	板负筋.1	9.146		7	C~D	4号负筋	板负筋.1	53.501
	1	C~C′	5号负筋	板负筋.1	4.33		A	1~2	4号负筋	板负筋.1	53.639
	1	C′~D	5号负筋	板负筋.1	20.262		A	2~3	4号负筋	板负筋.1	51.987
	1′	C′~D	8号负筋	板负筋.1	36.973		A	3~4	4号负筋	板负筋.1	61.069
	2	A~B	6号负筋	板负筋.1	136.916		A	5~6	4号负筋	板负筋.1	21.202
	2	B~C	6号负筋	板受力筋.1	52.27		A	6~7	4号负筋	板负筋.1	51.987
	2	C~C′	6号负筋	板负筋.1	26.667		D	1~1′	5号负筋	板负筋.1	12.587
	2	C′~D	7号负筋	板负筋.1	77.26		D	1′~2	5号负筋	板负筋.1	11.711
	3	A~B	6号负筋	板负筋.1	136.916		D	2~3	4号负筋	板负筋.1	51.987
	3	B~C	6号负筋	板负筋.1	52.27		D	3~4	4号负筋	板负筋.1	61.069
	3	C~D	6号负筋	板负筋.1	136.916		D	4~5	5号负筋	板负筋.1	14.142
	4	A~B	4号负筋	板负筋.1	53.254		D	5~6	5号负筋	板负筋.1	10.345
	4	B~C	9号负筋	板负筋.1	37.436		D	6~7	4号负筋	板负筋.1	51.987
	4	C~D	9号负筋	板负筋.1	99.575		C	5~6	6号负筋	板负筋.1	54.475
	5	A~B	5号负筋	板负筋.1	29.109		C	6~7	6号负筋	板负筋.1	132.092
	5	B~C	8号负筋	板负筋.1	19.682		B~C	1~2	1号负筋	板受力筋.1	213.017
	5	C~D	8号负筋	板负筋.1	50.349		B~C	2~3	2号负筋	板受力筋.1	255.751
	6	A~C	7号负筋	板负筋.1	153.269		B~C	3~4	2号负筋	板受力筋.1	300.319
	6	C~D	7号负筋	板负筋.1	98.588		B~C	4~5	3号负筋	板受力筋.1	66.78

（七）楼梯

首层楼梯单构件重量软件答案见表8。

表8　首层楼梯单构件重量软件答案（详见表2.4.49～表2.4.53）

层名称	构件位置	构件名称		单构件重量（kg）	构件数量
首层	4～5/A～B	楼梯梁	休息平台梁	67.139	2根
			楼层平台梁	66.522	2根
		楼梯休息平台板	x 方向9号筋	10.013	
			y 方向8号筋	57.072	
		楼梯楼层平台板	x 方向11号筋	9.944	
			y 方向10号筋	16.73	
			x 方向13号筋	10.496	
			y 方向12号筋	19.571	

（八）板马凳

首层板马凳单构件重量软件答案见表9。

表9　首层板马凳单构件重量软件答案（见表2.4.54）

层名称	马凳位置	构件名称 名称	构件名称 筋号	重量（kg）	层名称	马凳位置	构件名称 名称	构件名称 筋号	重量（kg）
首层	1～2/A～B	Ⅱ型马凳	马凳筋.1	66.764	首层	1～2/C～C′	Ⅱ型马凳	马凳筋.1	13.317
	2～3/A～B		马凳筋.1	68.184		1～1′/C′～D		马凳筋.1	23.971
	3～4/A～B		马凳筋.1	73.866		1′～2/C′～D		马凳筋.1	21.308
	5～6/A～C		马凳筋.1	41.284		2～3/C～D		马凳筋.1	71.025
	6～7/A～C		马凳筋.1	88.072		3～4/C～D		马凳筋.1	73.866
	1～2/B～C		马凳筋.1	19.976		4～5/C～D		马凳筋.1	27.966
	2～3/B～C		马凳筋.1	19.976		5～6/C～D		马凳筋.1	29.298
	3～4/B～C		马凳筋.1	23.971		6～7/C～D		马凳筋.1	71.025
	4～5/B～C		马凳筋.1	11.980		4～5/楼梯休息平台		马凳筋.1	5.327

（九）墙体加筋

首层墙体加筋单构件重量软件答案见表10。

表10　首层墙体加筋单构件重量软件答案（详见表2.4.55～表2.4.59）

层名称	加筋位置	名　称		单构件重量（kg）	层名称	加筋位置	名　称		单构件重量（kg）
		型号名称	筋　号				型号名称	筋　号	
首层	1/A	L-3形-1	砌体加筋.1	7.99	首层	3/B	L-3形-3	砌体加筋.1	5.371
	1/B	T-2形-1	砌体加筋.1	10.814		3/C	T-2形-2	砌体加筋.1	9.278
	1/C	T-2形-1	砌体加筋.1	8.328		3/D	T-2形-1	砌体加筋.1	11.897
	1/C′	T-1形-3	砌体加筋.1	12.856		4/A	T-2形-1	砌体加筋.1	10.991
	1/D	L-3形-1	砌体加筋.1	6.818		4/Z1	一字-2形-4	砌体加筋.1	5.238
	1′/C′	T-1形-4	砌体加筋.1	11.124		4/B	一字-4形-2	砌体加筋.1	4.617
	1′/D	T-1形-3	砌体加筋.1	11.4		4/C	T-2形-2	砌体加筋.1	6.836
	2/A	T-2形-1	砌体加筋.1	11.897		4/D	T-2形-1	砌体加筋.1	10.991
	2/B	T-2形-2	砌体加筋.1	9.278		5/A	L-3形-1	砌体加筋.1	7.085
	2/C	T-2形-2	砌体加筋.1	6.792		5/Z1	一字-2形-3	砌体加筋.1	5.416
	2/C′	T-1形-4	砌体加筋.1	12.856		5/B	一字-4形-1	砌体加筋.1	4.705
	2/D	T-2形-1	砌体加筋.1	10.75		5/C	L-3形-2	砌体加筋.1	7.902
	3/A	T-2形-1	砌体加筋.1	11.897		5/D	L-3形-1	砌体加筋.1	7.085

二、二层构件

墙体加筋：二层（3/B）、（4/B）交点墙体加筋单构件重量软件答案见表11。

表11　二层（3/B）、（4/B）交点墙体加筋单构件重量软件答案（详见表2.5.1）

层名称	加筋位置	名　称		单构件重量（kg）	层名称	加筋位置	名　称		单构件重量（kg）
		型号名称	筋　号				型号名称	筋　号	
二层	3/B	T-2形-2	砌体加筋.1	6.348	二层	4/B	L-3形-3	砌体加筋.1	3.418

三、三层构件

（一）连梁

三层连梁单构件重量软件答案见表12。

表12 三层连梁单构件重量软件答案（详见表2.6.1～表2.6.4）

层名称	构件位置	构件名称	单构件重量（kg）	构件数量
三层	A/5～6、D/5～6 的 C1 上	连梁	LL1－300×700	107.623	2 根
	A/6～7、D/6～7 的 C2 上		LL2－300×700	164.158	2 根
	6/A～C 的 M4 上		LL3－300×900	138.337	1 根
	C/5～6、6/C～D 的 M2 上		LL4－300×1200	98.465	2 根

（二）暗梁

三层暗梁单构件重量软件答案见表13。

表13 三层暗梁单构件重量软件答案（详见表2.6.5～表2.6.8）

层名称	构件位置	构件名称	单构件重量（kg）	构件数量
三层	A、D 轴线	暗梁	AL1	83.642	2 段
	C 轴线		AL1	211.449	1 段
	6 轴线		AL1	296.308	1 段
	7 轴线		AL1	404.043	1 段

（三）屋面梁

三层屋面梁单构件重量软件答案见表14。

表14 三层屋面梁单构件重量软件答案（详见表2.6.11～表2.6.13）

层名称	构件位置	构件名称	单构件重量（kg）	构件数量
三层	A、D 轴线	屋面层框架梁	WKL1	1412.742	2 根
	B、C 轴线		WKL1	1406.276	2 根
	1、2、3、4、5 轴线		WKL2	948.403	5 根

（四）板

1. 底筋、温度筋

三层板底筋、温度筋单构件重量软件答案见表15。

表15　三层板底筋、温度筋单构件重量软件答案（详见表2.6.14～表2.6.17）

层名称	钢筋位置		钢筋名称		重量（kg）	层名称	钢筋位置		钢筋名称		重量（kg）
	轴号	分段	筋名称	筋号			轴号	分段	筋名称	筋号	
三层	1～2/A～B	X	底筋	板受力筋.1	230.077	三层	3～4/B～C	X	底筋	板受力筋.1	52.48
		Y		板受力筋.1	228.259			Y		板受力筋.1	80.732
		X	温度筋	板受力筋.1	15.389		4～5/B～C	X	底筋	板受力筋.1	26.99
		Y		板受力筋.1	15.132			Y		板受力筋.1	39.143
	2～3/A～B	X	底筋	板受力筋.1	222.802		1～2/C～D	X	底筋	板受力筋.1	222.278
		Y		板受力筋.1	220.521			Y		板受力筋.1	228.259
		X	温度筋	板受力筋.1	14.363			X	温度筋	板受力筋.1	15.389
		Y		板受力筋.1	12.804			Y		板受力筋.1	13.968
	3～4/A～B	X	底筋	板受力筋.1	212.228		2～3/C～D	X	底筋	板受力筋.1	222.802
		Y		板受力筋.1	369.155			Y		板受力筋.1	220.521
		X	温度筋	板受力筋.1	18.98			X	温度筋	板受力筋.1	14.363
		Y		板受力筋.1	18.624			Y		板受力筋.1	12.804
	4～5/A～B	X	底筋	板受力筋.1	83.81		3～4/C～D	X	底筋	板受力筋.1	212.228
		Y		板受力筋.1	54.256			Y		板受力筋.1	369.155
		X	温度筋	板受力筋.1	15.744			X	温度筋	板受力筋.1	18.98
		Y		板受力筋.1	12.568			Y		板受力筋.1	18.624
	5～6/A～C	X	底筋	板受力筋.1	101.843		4～5/C～D	X	底筋	板受力筋.1	83.81
		Y		板受力筋.1	63.605			Y		板受力筋.1	54.256
		X	温度筋	板受力筋.1	15.626			X	温度筋	板受力筋.1	15.744
		Y		板受力筋.1	8.345			Y		板受力筋.1	12.568
	6～7/A～C	X	底筋	板受力筋.1	336.141		5～6/C～D	X	底筋	板受力筋.1	67.514
		Y		板受力筋.1	336.091			Y		板受力筋.1	41.925
		X	温度筋	板受力筋.1	35.473			X	温度筋	板受力筋.1	8.523
		Y		板受力筋.1	34.526			Y		板受力筋.1	4.794
	1～2/B～C	X	底筋	板受力筋.1	47.232		6～7/C～D	X	底筋	板受力筋.1	222.802
		Y		板受力筋.1	72.17			Y		板受力筋.1	220.521
	2～3/B～C	X	底筋	板受力筋.1	45.732			X	温度筋	板受力筋.1	17.125
		Y		板受力筋.1	69.723			Y		板受力筋.1	17.954

2. 板负筋

三层板负筋单构件重量软件答案见表16。

表16 三层板负筋单构件重量软件答案（详见表2.6.18～表2.6.27）

层名称	构件位置		构件名称		重量（kg）	层名称	构件位置		构件名称		重量（kg）
	轴号	分段	筋名称	筋号			轴号	分段	筋名称	筋号	
三层	1	A～B	3号负	板负筋.1	61.491	三层	A	1～2	3号负	板负筋.1	61.669
	1	B～C	3号负	板负筋.1	23.815		A	2～3	3号负	板负筋.1	59.674
	1	C～D	3号负	板负筋.1	60.207		A	3～4	3号负	板负筋.1	70.576
	2	A～B	5号负	板负筋.1	159.926		A	4～5	4号负	板负筋.1	14.142
	2	B～C	5号负	板负筋.1	62.258		A	5～6	4号负	板负筋.1	10.354
	2	C～D	5号负	板负筋.1	159.926		A	6～7	3号负	板负筋.1	60.74
	3	A～B	5号负	板负筋.1	159.926		D	1～2	3号负	板负筋.1	61.669
	3	B～C	5号负	板负筋.1	62.258		D	2～3	3号负	板负筋.1	59.674
	3	C～D	5号负	板负筋.1	159.926		D	3～4	3号负	板负筋.1	70.576
	4	A～B	6号负	板负筋.1	109.23		D	4～5	4号负	板负筋.1	14.142
	4	B～C	6号负	板负筋.1	41.69		D	5～6	4号负	板负筋.1	10.354
	4	C～D	6号负	板负筋.1	109.23		D	6～7	3号负	板负筋.1	60.74
	5	A～C	7号负	板负筋.1	72.43		C	5～6	9号负	板负筋.1	54.475
	5	D～C	7号负	板负筋.1	50.349		C	6～7	9号负	板负筋.1	130.435
	6	A～C	8号负	板负筋.1	130.208		B～C	1～2	1号跨板负	板负筋.1	285.428
	6	D～C	8号负	板负筋.1	82.833		B～C	2～3	1号跨板负	板负筋.1	274.469
	7	A～C	3号负	板负筋.1	98.895		B～C	3～4	1号跨板负	板负筋.1	323.787
	7	D～C	3号负	板负筋.1	62.557		B～C	4～5	2号跨板负	板负筋.1	81.948

3. 板马凳

三层板马凳单构件重量软件答案见表17。

表17 三层板马凳单构件重量软件答案（详见表2.6.28）

| 层名称 | 马凳位置 | 构件名称 | | 重量（kg） | 层名称 | 马凳位置 | 构件名称 | | 重量（kg） |
		名　称	筋　号				名　称	筋　号	
三层	1~2/A~B		马凳筋.1	42.615	三层	3~4/B~C		马凳筋.1	23.971
	2~3/A~B		马凳筋.1	42.615		4~5/B~C		马凳筋.1	10.654
	3~4/A~B		马凳筋.1	51.138		1~2/C~D		马凳筋.1	42.615
	4~5/A~B	Ⅱ型马凳	马凳筋.1	23.971		2~3/C~D	Ⅱ型马凳	马凳筋.1	42.615
	5~6/A~C		马凳筋.1	31.961		3~4/C~D		马凳筋.1	49.718
	6~7/A~C		马凳筋.1	68.184		4~5/C~D		马凳筋.1	26.263
	1~2/B~C		马凳筋.1	19.976		5~6/C~D		马凳筋.1	15.981
	2~3/B~C		马凳筋.1	19.976		6~7/C~D		马凳筋.1	42.615

四、屋面层

（一）压顶

三层压顶单构件重量软件答案见表18。

表18　三层压顶单构件重量软件答案（详见表2.7.1~表2.7.2）

层名称	构件位置	构件名称		单构件重量（kg）	构件数量
屋面层	A、D轴线	压顶	A轴线压顶，D轴线压顶同	103.023	1根
	1、7轴线		1轴线压顶，7轴线压顶同	50.048	1根

（二）构造柱

三层构造柱单构件重量软件答案见表19。

表19　三层构造柱单构件重量软件答案（详见表2.7.3）

层名称	构件位置	构件名称		单构件重量（kg）	构件数量
屋面层	女儿墙上	构造柱	GZ1	8.327	30根

（三）墙体加筋

三层墙体加筋单构件重量软件答案见表20。

表20　三层墙体加筋单构件重量软件答案（详见表2.7.4）

层名称	加筋位置	名　　称		单构件重量 （kg）	层名称	加筋位置	名　　称		单构件重量 （kg）
		型号名称	筋　号				型号名称	筋　号	
屋面层	4角	L－1形－1	砌体加筋.1	2.353	屋面层	非角处	一字－1形－1	砌体加筋.1	2.104

五、基础层

（一）筏形基础

基础层筏形基础单构件重量软件答案见表21。

表21　基础层筏形基础单构件重量软件答案（详见表2.8.1）

层　名　称	位　　置	方　　向	钢筋名称	重量（kg）
基础层	筏基底部	x方向	筏板受力筋.1	6877.627
		y方向	筏板受力筋.1	6917.579
	筏基顶部	x方向	筏板受力筋.1	6877.627
		y方向	筏板受力筋.1	6917.579
	筏基中部	平行纵向	马凳.1	3273.432

（二）连梁

基础层连梁单构件重量软件答案见表22。

表22　基础层连梁单构件重量软件答案（详见表2.8.2～表2.8.3）

层名称	构件位置	构件名称	单构件重量（kg）	构件数量
基础层	6/A～C 的 M4 下	连梁	LL3－300×500	102.118	1根
	C/5～6、6/C～D 的 M2 下		LL4－300×500	64.818	2根

六、垂直构件

（一）基础层

基础层垂直构件单构件重量软件答案见表23。

表23 基础层垂直构件单构件重量软件答案（详见表2.9.1～表2.9.15）

层名称	构件位置	构件名称		单构件重量（kg）	构件数量
基础层	见结施2	框架柱	KZ1	148.474	17 根
			Z1	40.121	2 根
	5/A、5/D	端柱	DZ1	157.178	2 根
	5/C		DZ2	148.474	1 根
	6/A、6/D	暗柱	AZ1	64.735	2 根
	7/A、7/D		AZ2	40.888	2 根
	A/6～7窗两边、D/6～7窗两边、C/5～6门一侧、6/C～D门一侧		AZ3	26.24	6 根
	6/A～C门一侧		AZ4	32.675	1 根
	6/C		AZ5	64.121	1 根
	7/C		AZ6	51.296	1 根
	A/5～7、D/5～7	剪力墙	Q1	123.348	2 段
	C/5～7		Q1	114.126	1 段
	6/A～D		Q1	201.84	1 段
	7/A～D		Q1	219.382	1 段

（二）首层

首层垂直构件单构件重量软件答案见表24。

650

表24 首层垂直构件单构件重量软件答案（详见表2.9.16～表2.9.29）

层名称	构 件 位 置	构 件 名 称		单构件重量（kg）	构 件 数 量
首层	见结施2	框架柱	KZ1	446.955	17根
			Z1	83.923	2根
	5/A、5/D	端柱	DZ1	564.4	2根
	5/C		DZ2	446.955	1根
	6/A、6/D	暗柱	AZ1	372.817	2根
	7/A、7/D		AZ2	242.859	2根
	A/6～7窗两边、D/6～7窗两边、C/5～6门一侧、6/C～D门一侧		AZ3	138.48	6根
	6/A～C门一侧		AZ4	193.47	1根
	6/C		AZ5	358.693	1根
	7/C		AZ6	296.231	1根
	A/5～7、D/5～7	剪力墙	Q1	462.076	2段
	C/5～7		Q1	673.24	1段
	6/A～D		Q1	1057.205	1段
	7/A～D		Q1	1080.106	1段

（三）二层

二层垂直构件单构件重量软件答案见表25。

表25 二层垂直构件单构件重量软件答案（详见表2.9.30～表2.9.43）

层名称	构 件 位 置	构 件 名 称		单构件重量（kg）	构 件 数 量
二层	见结施2	框架柱	KZ1	385.331	17根
			Z1	72.906	2根
	5/A、5/D	端柱	DZ1	471.722	2根
	5/C		DZ2	385.331	1根
	6/A、6/D	暗柱	AZ1	297.008	2根
	7/A、7/D		AZ2	193.552	2根

层名称	构 件 位 置	构 件 名 称		单构件重量（kg）	构 件 数 量
二层	A/6~7 窗两边、D/6~7 窗两边、C/5~6 门一侧、6/C~D 门一侧	暗柱	AZ3	110.192	6 根
	6/A~C 门一侧		AZ4	154.184	1 根
	6/C		AZ5	285.648	1 根
	7/C		AZ6	236.004	1 根
	A/5~7、D/5~7	剪力墙	Q1	271.887	2 段
	C/5~7		Q1	535.582	1 段
	6/A~D		Q1	821.747	1 段
	7/A~D		Q1	1080.106	1 段

（四）三层

三层垂直构件单构件重量软件答案见表26。

表26　三层垂直构件单构件重量软件答案（详见表2.9.44~表2.9.60）

层名称	构 件 位 置	构 件 名 称		单构件重量（kg）	构 件 数 量
三层	中柱	框架柱	KZ1	355.506	6 根
	A、D 轴线边柱		KZ1-边 x	362.558	6 根
	1、5 轴线边柱		KZ1-边 y	361.383	3 根
	1 轴线角柱		KZ1	367.259	2 根
	5/A、5/D	端柱	DZ1	414.751	2 根
	5/C		DZ2	361.383	1 根
	6/A、6/D	暗柱	AZ1	295.187	2 根
	7/A、7/D		AZ2	192.413	2 根
	A/6~7 窗两边、D/6~7 窗两边、6/C~D 门一侧		AZ3	109.433	5 根
	C/5~6 门一侧		AZ3	110.431	1 根
	6/A~C 门一侧		AZ4	153.273	1 根
	6/C		AZ5	283.826	1 根
	7/C		AZ6	234.562	1 根

层名称	构件位置	构件名称	单构件重量（kg）	构件数量
三层	A/5 ~ 7、D/5 ~ 7	剪力墙	268.96	2 段
	C/5 ~ 7		520.222	1 段
	6/A ~ D		797.236	1 段
	7/A ~ D		1044.072	1 段

七、楼梯斜跑

楼梯斜跑单构件重量软件答案见表27。

表27 楼梯斜跑单构件重量软件答案（详见表 2.9.61 ~ 表 2.9.62）

层名称	位置	筋号	重量（kg）
一层	一层第一斜跑	梯板下部纵筋	29.596
		下梯梁端上部纵筋	10.451
		上梯梁端上部纵筋	10.451
		梯板分布钢筋	18.451
	一层第二斜跑	梯板下部纵筋	32.273
		下梯梁端上部纵筋	11.115
		上梯梁端上部纵筋	11.115
		梯板分布钢筋	20.428
二层	二层第一斜跑	梯板下部纵筋	32.273
		下梯梁端上部纵筋	11.115
		上梯梁端上部纵筋	11.115
		梯板分布钢筋	20.428
	二层第二斜跑	梯板下部纵筋	32.273
		下梯梁端上部纵筋	11.115
		上梯梁端上部纵筋	11.115
		梯板分布钢筋	20.428